建筑工程施工图审查要点及条文
——水暖专业

主编 吉斐

哈尔滨工业大学出版社

内 容 提 要

本书根据《建筑给水排水设计规范(2009年版)》(GB 50015—2003)、《室外排水设计规范(2011年版)》(GB 50014—2006)、《建筑设计防火规范》(GB 50016—2006)、《高层民用建筑设计防火规范(2005年版)》(GB 50045—1995)、《住宅设计规范》(GB 50096—2011)、《中小学校设计规范》(GB 50099—2011)、《民用建筑供暖通风与空气调节设计规范》(GB 50736—2012)、《住宅建筑规范》(GB 50368—2005)、《宿舍建筑设计规范》(JGJ 36—2005)等相关规范和标准编写而成的。全书共分为4章,包括综合概述、审查主要内容及审查文件、施工图审查要点分析以及建筑水暖施工图审查常遇问题汇总等。

本书可供刚走上工作岗位的建筑设计人员及审图人员使用,也可供大专院校建筑设计及水暖专业师生阅读参考。

图书在版编目(CIP)数据

建筑工程施工图审查要点及条文.水暖专业/吉斐主编.—哈尔滨:哈尔滨工业大学出版社,2015.4
ISBN 978-7-5603-5343-2

Ⅰ.① 建… Ⅱ.①吉… Ⅲ.①给排水系统-建筑安装-工程施工-建筑制图-高等学校-教材 ②采暖设备-建筑安装-工程施工-建筑制图-高等学校-教材 Ⅳ.① TU204②TU8

中国版本图书馆 CIP 数据核字(2015)第 087064 号

策划编辑　郝庆多　段余男
责任编辑　王桂芝　段余男
封面设计　刘长友
出版发行　哈尔滨工业大学出版社
社　　址　哈尔滨市南岗区复华四道街 10 号　邮编 150006
传　　真　0451-86414749
网　　址　http://hitpress.hit.edu.cn
印　　刷　黑龙江省委党校印刷厂
开　　本　787mm×1092mm　1/16　印张 12　字数 320 千字
版　　次　2015 年 5 月第 1 版　2015 年 5 月第 1 次印刷
书　　号　ISBN 978-7-5603-5343-2
定　　价　28.00 元

编　委　会

主　编　吉　斐

参　编　冯义显　杜　岳　张一帆　邹　雯
　　　　戴成元　卢　玲　陈伟军　孙国栋
　　　　王向阳　常志学　赵德福　林志伟
　　　　杨建明

前　言

施工图设计文件审查是建设行政主管部门对建筑工程勘察设计质量监督管理的重要环节。施工图审查的关键为是否违反强制性条文，为了加深设计人员对规范的深入理解和正确执行规范条文，确保工程安全，提高个人业务水平，我们组织策划了此书。本书根据《建筑给水排水设计规范(2009 年版)》(GB 50015—2003)、《室外排水设计规范(2011 年版)》(GB 50014—2006)、《建筑设计防火规范》(GB 50016—2006)、《高层民用建筑设计防火规范(2005 年版)》(GB 50045—1995)、《住宅设计规范》(GB 50096—2011)、《中小学校设计规范》(GB 50099—2011)、《民用建筑供暖通风与空气调节设计规范》(GB 50736—2012)、《住宅建筑规范》(GB 50368—2005)、《宿舍建筑设计规范》(JGJ 36—2005)等相关规范和标准编写而成的。

本套丛书体例新颖，对水暖专业施工图中常出现和易出现问题的地方进行分析、讲解，使设人员在做设计的时候就能尽量避免犯同类型的错误，既清晰又简单明了。全书共分为四章，包括：综合概述、审查主要内容及审查文件、施工图审查要点分析以及建筑水暖施工图审查常遇问题汇总等。本书可供刚走上工作岗位的建筑设计人员及审图人员使用，也可供大专院校建筑设计及水暖专业师生阅读参考。

由于编者的经验和学识有限，尽管编者尽心尽力、反复推敲核实，但仍不免有疏漏之处，恳请广大读者提出宝贵意见。

编　者

2014 年 10 月

目　录

第1章 综合概述

1.1 室内空气计算参数

（1）只设供暖系统的民用建筑的室内设计计算温度宜按表 1.1 确定。

表 1.1　集中供暖系统室内设计计算温度

建筑类型及房间名称	室内温度/℃
①普通住宅	
卧室、起居室、一般卫生间	18
厨房	15
设供暖的楼梯间及走廊	14
②银行	
营业大厅	18
走道、洗手间	16
办公室	20
楼(电)梯	14
③高级住宅、公寓	
卧室、起居室、书房、餐厅、无沐浴设备的卫生间	18～20
有沐浴设备的卫生间	25
厨房	15～16
门厅、楼梯间、走廊	14～15
④办公楼	
门厅、楼(电)梯	16
一般办公室、设计绘图室	18～20
会议室、接待室、多功能厅	18
走道、洗手间、公共食堂	16
设有供暖系统的车库	5～10
⑤餐饮	
餐厅、饮食、小吃、办公	18
洗碗间	16
制作间、洗手间、配餐	16
厨房、热加工间	10
干菜、饮料库	8

续表 1.1

建筑类型及房间名称	室内温度/℃
⑥影剧院	
门厅、走道	14～18
观众厅、放映室、洗手间	16～20
休息厅、吸烟室	16～20
化妆间、舞台	20～22
⑦体育	
比赛厅(不含体操)、练习(不含体操)厅	16
体操练习厅	18
休息厅	18
运动员、教练员更衣、休息	20
游泳池区	26～28
观众区	22～24
检录处、一般项目	20
体操	24
⑧集体宿舍、无中央空调系统的旅馆、招待所	
大厅、接待处	16
客房、办公室	20
餐厅、会议室	18
走道、楼(电)梯间	16
公共浴室	25
公共洗手间	16
⑨商业	
营业厅(百货、书籍)	18
鱼肉、蔬菜营业厅	14
副食(油、盐、杂货)、洗手间	16
办公	20
米面贮藏室	5
百货仓库	10
⑩图书馆	
大厅	16
洗手间	16
办公室、阅览室	20
报告厅、会议室	18
特藏、胶卷、书库	14
⑪交通	
民航候机厅、办公室	20
候车厅、售票厅	16
公共洗手间	16

续表1.1

建筑类型及房间名称	室内温度/℃
⑫医疗及疗养建筑	
成人病房、诊室、治疗室、化验室、活动室、餐厅等	20
儿童病房、婴儿室、高级病房、放射诊断及治疗室	22
门厅、挂号处、药房、洗衣房、走廊、病人厕所等	18
消毒、污物、解剖、工作人员厕所、洗碗间、厨房	16
太平间、药品库	12
⑬学校	
厕所、门厅、走道、楼梯间	16
教室、阅览室、实验室、科技活动室、教研室、办公室	18
人体写生美术教室模特所在局部区域	26
带围护结构的风雨操场	14
⑭幼儿园、托儿所	
活动室、卧室、乳儿室、喂奶室、隔离室、医务室、办公室	20
盥洗室、厕所	22
浴室及其更衣室	25
洗衣房	18
厨房、门厅、走廊、楼梯间	16
⑮未列入各类公共建筑的共同部分	
电梯机房	5
电话总机房、控制中心等	18
汽车修理间	12～16
空调机房、水泵房等	10

注:普通住宅的卫生间宜设计成分段升温模式,平时保持18 ℃,洗浴时,可借助辅助加热设备(如浴霸)升温至25 ℃

　(2)空调房间的室内设计计算参数宜符合表1.2 的规定。

表1.2　空调房间的室内设计计算参数

建筑类型	房间类型	夏季		冬季	
		温度/℃	相对湿度/%	温度/℃	相对湿度/%
住宅	卧室和起居室	26～28	60～65	18～20	—
旅馆	客房	25～27	50～65	18～20	≥30
	宴会厅、餐厅	25～27	55～65	18～20	≥30
	文体娱乐房间	25～27	50～65	18～20	≥30
	大厅、休息厅、服务部门	26～28	50～65	16～18	≥30

续表1.2

建筑类型	房间类型	夏季		冬季	
		温度/℃	相对湿度/%	温度/℃	相对湿度/%
医院	病房	25～27	≤60	18～22	40～55
	手术室、产房	22～25	35～60	22～26	35～60
	检查室、诊断室	25～27	≤60	18～20	40～60
办公楼	一般办公室	26～28	<65	18～20	—
	高级办公室	24～27	40～60	20～22	40～55
	会议室	25～27	<65	16～18	—
	计算机房	25～27	45～65	16～18	—
	电话机房	24～28	45～65	18～20	—
影剧院	观众厅	24～28	50～70	16～20	≥30
	舞台	24～28	≤65	16～20	≥30
	化妆间	24～28	≤60	20～22	≥30
	休息厅	26～28	<65	16～18	—
学校	教室	26～28	≤65	16～18	—
	礼堂	26～28	≤65	16～18	—
	实验室	25～27	≤65	16～20	—
图书馆	阅览室	26～28	40～65	18～20	40～60
博物馆	展览厅	24～26	45～60	16～18	40～50
美术馆	善本、舆图、珍藏、档案库和书库	22～24	45～60	12～16	45～60
档案馆	缩微母片库	≤15	35～45	≥13	35～45
	缩微拷贝片库	≤24	40～60	≥14	40～60
	档案库	≤24	45～60	≥14	45～60
	保护技术试验室	≤28	40～60	≥18	40～60
	阅览室	≤28	≤65	≥18	—
	展览厅	≤28	45～60	≥14	45～60
	裱糊室	≤28	50～70	≥18	50～70
体育馆	观众席	26～28	≤65	16～18	≥30
	比赛厅	26～28	55～65	16～18	≥30
	练习厅	23～25	≤65	16	—
	运动员、裁判员休息室	25～27	≤65	20	—
	观众休息厅	26～28	≤65	16	—
	检录处　一般项目	25～27	≤65	20	—
	检录处　体操	25～27	≤65	24	—
	游泳池大厅	26～29	60～70	26～28	60～70
	泳池观众区	26～29	60～70	22～24	≤60

续表 1.2

建筑类型	房间类型	夏季		冬季	
		温度/℃	相对湿度/%	温度/℃	相对湿度/%
百货商店	营业厅	26～28	50～65	16～18	30～50
电视、广播中心	播音室、演播室	25～27	40～60	18～20	40～50
	控制室	24～26	40～60	20～22	40～55
	机房	25～27	40～60	16～18	40～55
	节目制作室、录音室	25～27	40～60	18～20	40～50

（3）公共建筑主要空间的设计新风量，应符合表 1.3 的规定。

表 1.3　公共建筑主要空间的设计新风量

建筑类型与房间名称			新风量/[(m³·h⁻¹·p⁻¹)]
旅游旅馆	客房	5 星级	50
		4 星级	40
		3 星级	30
	餐厅、宴会厅、多功能厅	5 星级	30
		4 星级	25
		3 星级	20
		2 星级	15
	大堂、四季厅	4～5 星级	10
	商业、服务	4～5 星级	20
		2～3 星级	10
	美容、理发、康乐设施		30
旅店	客房	1～3 级	30
		4 级	20
文化娱乐	影剧院、音乐厅、录像厅		20
	游艺厅、舞厅（包括卡拉 OK 歌厅）		30
	酒吧、茶座、咖啡厅		10
	体育馆		20
	商场（店）、书店		20
	饭馆（餐厅）		20
	办公室		30
学校	教室	小学	11
		初中	14
		高中	17

（4）在设有空调的大型公共建筑物中，有放散热、湿、油烟、气味等的一些房间，一般情况下应通过热平衡计算，确定其通风换气量。当方案设计与初步设计缺乏计算通风量的资料或有其他困难时，可参考表1.4所列换气次数估算。

表1.4 房间换气次数参考值

房间名称	换气次数/(次·h^{-1})
卫生间	5～10
开水间、暗室	≥5
制冷机房	4～6
配电室	3～4
全封闭蓄电池室	3～5
柴油发电机房贮油间	≥5
电梯机房	5～15
吸烟室	≥10
中餐厨房	40～50
西餐厨房	30～40
职工餐厅厨房	25～35
车库	6
浴室（无窗）	5～10
洗衣房	15～20
换热站	10～15
水泵房	3～5
污水泵房	≥8

1.2　室外空气计算参数

（1）主要城市的室外空气计算参数应按表1.5采用。对于表1.5未列入的城市，应按本节的规定进行计算确定，若基本观测数据不满足本节要求，其冬夏两季室外计算温度，也可按下列简化方法确定。

表 1.5 室外空气计算参数

省/直辖市/自治区	北京(1)	天津		河北(10)				
市/区/自治州	北京	天津	塘沽	石家庄	唐山	邢台	保定	张家口
台站名称及编号	54511	54527	54623	53698	54534	53798	54602	54401
北纬	39°48′	39°05′	39°00′	38°02′	39°40′	37°04′	38°51′	40°47′
东经	116°28′	117°04′	117°43′	114°25′	118°09′	114°30′	115°31′	114°53′
海拔/m	31.3	2.5	2.8	81	27.8	76.8	17.2	724.2
统计年份	1971~2000	1971~2000	1971~2000	1971~2000	1971~2000	1971~2000	1971~2000	1971~2000
年平均温度/℃	12.3	12.7	12.6	13.4	11.5	13.9	12.9	8.8
供暖室外计算温度/℃	-7.6	-7.0	-6.8	-6.2	-9.2	-5.5	-7.0	-13.6
冬季通风室外计算温度/℃	-3.6	-3.5	-3.3	-2.3	5.1	-1.6	-3.2	-8.3
冬季空气调节室外计算温度/℃	-9.9	-9.6	-9.2	-8.8	-11.6	-8.0	-9.5	-16.2
冬季空气调节室外计算相对湿度/%	44	56	59	55	55	57	55	41.0
夏季空气调节室外计算干球温度/℃	33.5	33.9	32.5	35.1	32.9	35.1	34.8	32.1
夏季空气调节室外计算湿球温度/℃	26.4	26.8	26.9	26.8	26.3	26.9	26.6	22.6
夏季通风室外计算温度/℃	29.7	29.8	28.8	30.8	29.2	31.0	30.4	27.8
夏季通风室外计算相对湿度/%	61	63	68	60	63	61	61	50.0
夏季空气调节室外计算日平均温度/℃	29.6	29.4	29.6	30.0	28.5	30.2	29.8	27.0
夏季室外平均风速/(m·s⁻¹)	2.1	2.2	4.2	1.7	2.3	1.7	2.0	2.1
夏季最多风向	C SW	C S	SSE	C S	C ESE	C SSW	C SW	C SE
夏季最多风向的频率/%	18 10	15 9	12	26 13	14 11	23 13	18 14	19 15
夏季室外最多风向的平均风速/(m·s⁻¹)	3.0	2.4	4.3	2.6	2.8	2.3	2.5	2.9
冬季室外最多风向的平均风速/(m·s⁻¹)	2.6	2.4	3.9	1.8	2.2	1.4	1.8	2.8
冬季最多风向	C N	C N	NNW	C NNE	C WNW	C NNE	C SW	N
冬季最多风向的频率/%	19 12	20 11	13	25 12	22 11	27 10	23 12	35.0
年最多风向的平均风速/(m·s⁻¹)	4.7	4.8	5.8	2	2.9	2.0	2.3	3.5
年最多风向	C SW	C SW	NNW	C S	C ESE	C SSW	C SW	N
年最多风向的频率/%	17 10	16 9	8	25 12	17 8	24 13	19 14	26
最大日照百分率/%	64	58	63	56	60	56	56	65.0
最大冻土深度/cm	66	58	59	56	72	46	58	136.0
冬季室外大气压力/hPa	1021.7	1027.1	1026.3	1017.2	1023.6	1017.7	1025.1	939.5
夏季室外大气压力/hPa	1000.2	1005.2	1004.6	995.8	1002.4	996.2	1002.9	925.0
日平均温度≤+5℃的天数	123	121	122	111	130	105	119	146
日平均温度≤+5℃的起止日期	11.12~03.14	11.13~03.13	11.15~03.16	11.15~03.05	11.10~03.19	11.19~03.03	11.13~03.11	11.03~03.28
平均温度≤+5℃期间内的平均温度/℃	-0.7	-0.6	-0.4	0.1	-1.6	0.5	-0.5	-3.9
日平均温度≤+8℃的天数	144	142	143	140	146	129	142	168.0
日平均温度≤+8℃的起止日期	11.04~03.27	11.06~03.27	11.07~03.29	11.07~03.26	11.04~03.29	11.08~03.16	11.05~03.27	10.20~04.05
平均温度≤+8℃期间内的平均温度/℃	0.3	0.4	0.6	1.5	-0.7	1.8	0.7	-2.6
极端最高温度/℃	41.9	40.5	40.9	41.5	39.6	41.1	41.6	39.2
极端最低温度/℃	-18.3	-17.8	-15.4	-19.3	-22.7	-20.2	-19.6	-24.6

左侧分类：台站信息；室外计算温湿度；风向、风速及频率；大气压力；设计计算用供暖期天数及其平均温度

续表 1.5

项目	河北(10)					山西(10)		
省/直辖市/自治区	河北(10)					山西(10)		
市/区/自治州	承德	秦皇岛	沧州	廊坊	衡水	太原	大同	阳泉
台站名称	承德	秦皇岛	沧州	霸州	饶阳	太原	大同	阳泉
台站编号	54423	54449	54616	54518	54606	53772	53487	53782
北纬	40°58′	39°56′	38°20′	39°07′	38°14′	37°47′	40°06′	37°51′
东经	117°56′	119°36′	116°50′	116°23′	115°44′	112°33′	113°20′	113°33′
海拔/m	377.2	2.6	9.6	9.0	18.9	778.3	1067.2	741.9
统计年份	1971~2000	1971~2000	1971~2000	1971~2000	1971~2000	1971~2000	1971~2000	1971~2000
年平均温度/℃	9.1	11.0	12.9	12.2	12.5	10.0	7.0	11.3
供暖室外计算温度/℃	-13.3	-9.6	-7.1	-8.3	-7.9	-10.1	-16.3	-8.3
冬季通风室外计算温度/℃	-9.1	-4.8	-3.0	-4.4	-3.9	-5.5	-10.6	-3.4
冬季空气调节室外计算温度/℃	-15.7	-12.0	-9.6	-11.0	-10.4	-12.8	-18.9	-10.4
夏季空气调节室外计算相对湿度/%	51	51	57	54	59	50	50	43
夏季空气调节室外计算干球温度/℃	32.7	30.6	34.3	34.4	34.8	31.5	30.9	32.8
夏季空气调节室外计算湿球温度/℃	24.1	25.9	26.7	26.6	26.9	23.8	21.2	23.6
夏季通风室外计算温度/℃	28.7	27.5	30.1	30.1	30.5	27.8	26.4	28.2
夏季室外计算相对湿度/%	55	55	63	61	61	58	49	55
夏季空气调节室外计算日平均温度/℃	27.4	27.7	29.7	29.6	29.6	26.1	25.3	27.4
夏季室外平均风速/(m·s⁻¹)	0.9	2.3	2.9	2.2	2.2	1.8	2.5	1.6
冬季最多风向	C SSW	C WSW	SW	C SW	C SW	C N	C NNE	C ENE
冬季最多风向的频率/%	61 6	19 10	12	12 9	15 11	30 10	17 12	33 9
冬季室外最多风向的平均风速/(m·s⁻¹)	2.5	2.7	2.7	2.5	3.0	2.4	3.1	2.3
冬季室外平均风速/(m·s⁻¹)	1.0	2.5	2.6	2.1	2.0	2.0	2.8	2.2
夏季最多风向	C NW	C WNW	SW	C NE	C SW	C N	C N	C NNW
夏季最多风向的频率/%	66 10	19 13	12	19 11	19 9	30 13	19	30 19
夏季室外最多风向的平均风速/(m·s⁻¹)	3.3	3.0	2.8	3.3	2.6	2.6	3.3	3.7
年最多风向	C NW	C WNW	SW	C SW	C SW	C N	C NNE	C NNW
年最多风向的频率/%	61 6	18 10	14	14 10	15 11	29 11	16 15	31 13
年最大日照百分率/%	65	64	64	57	63	57	61	62
最大冻土深度/cm	126	85	43	67	77	72	186	62
冬季室外大气压力/hPa	980.5	1026.4	1027.0	1026.4	1024.9	933.5	899.9	937.1
夏季室外大气压力/hPa	963.3	1005.6	1004.0	1004.4	1002.8	919.8	889.1	923.8
日平均温度≤+5℃的天数	145	135	118	124	122	141	163	126
日平均温度≤+5℃的起止日期	11.03~03.27	11.12~03.26	11.15~03.12	11.11~03.14	11.12~03.13	11.06~03.26	10.24~04.4	11.12~03.17
平均温度≤+5℃期间内的平均温度/℃	-4.1	-1.2	-0.5	-1.3	-0.9	-1.7	-4.8	-0.5
日平均温度≤+8℃的天数	166	153	141	143	143	160	183	146
日平均温度≤+8℃的起止日期	10.21~04.04	11.04~04.05	11.07~03.27	11.05~03.27	11.05~03.27	10.23~03.31	10.14~04.14	11.04~03.29
平均温度≤+8℃期间内的平均温度/℃	-2.9	-0.3	0.7	-0.3	0.2	-0.7	-3.5	0.3
极端最高温度/℃	43.3	39.2	40.5	41.3	41.2	37.4	37.2	40.2
极端最低温度/℃	-24.2	-20.8	-19.5	-21.5	-22.6	-22.7	-27.2	-16.2

续表 1.5

山西（10）

类别	项目	运城	晋城	朔州	晋中	忻州	临汾	吕梁
台站信息	省/直辖市/自治区　市/区/自治州	运城	晋城	朔州	晋中	忻州	临汾	吕梁
	台站名称及编号	运城　53959	阳城　53975	右玉　53478	榆社　53787	原平　53673	临汾　53868	离石　53764
	北纬	35°02'	35°29'	40°00'	37°04'	38°44'	36°04'	37°30'
	东经	111°01'	112°24'	112°27'	112°59'	112°43'	111°30'	111°06'
	海拔/m	376.0	659.5	1345.8	1041.4	828.2	449.5	950.8
	统计年份	1971~2000	1971~2000	1971~2000	1971~2000	1971~2000	1971~2000	1971~2000
室外计算温度、湿度	年平均温度/℃	14.0	11.8	3.9	8.8	9	12.6	9.1
	供暖室外计算温度/℃	-4.5	-6.6	-20.8	-11.1	-12.3	-6.6	-12.6
	冬季通风室外计算温度/℃	-0.9	-2.6	-14.4	-6.6	-7.7	-2.7	-7.6
	冬季空气调节室外计算温度/℃	-7.4	-9.1	-25.4	-13.6	-14.7	-10.0	-16.0
	冬季空气调节室外计算相对湿度/%	57	53	61	49	47	58	55
	夏季空气调节室外计算干球温度/℃	35.8	32.7	29.0	30.8	31.8	34.6	32.4
	夏季空气调节室外计算湿球温度/℃	26.0	24.6	19.8	22.3	22.9	25.7	22.9
	夏季通风室外计算温度/℃	31.3	28.8	24.5	26.8	27.6	30.6	28.1
	夏季通风室外计算相对湿度/%	55	59	50	55	53	56	52
	夏季空气调节室外计算日平均温度/℃	31.5	27.3	22.5	24.8	26.2	29.3	26.3
风向、风速及频率	夏季室外平均风速/$(m \cdot s^{-1})$	3.1	1.7	2.1	1.5	1.9	1.8	2.6
	冬季最多风向	SSE	C SSE	C ESE	C SSW	C NNW	C SW	C NE
	冬季最多风向的频率/%	16	35　11	30　11	39　9	20　11	24　9	22　17
	冬季室外最多风向的平均风速/$(m \cdot s^{-1})$	5.0	2.9	2.8	2.8	2.4	3.0	2.5
	冬季室外平均风速/$(m \cdot s^{-1})$	2.4	1.9	2.3	1.3	2.3	1.6	2.1
	夏季最多风向	C	C	NW	NW	E	NNE	SW
	夏季最多风向的频率/%	24	42	12	11	14	14	7
	夏季室外最多风向的平均风速/$(m \cdot s^{-1})$	2.8	4.9	5.0	4.2	3.8	2.6	2.5
	年最多风向	C SSE	C NW	C WNW	C E	C NNE	C SW	NE
	年最多风向的频率/%	18　11	37　9	32　8	38　9	22　12	31　9	20
大气压力	冬季日照百分率/%	49	58	71	62	60	47	58
	最大冻土深度/cm	39	39	169	76	121	57	104
	冬季大气压力/hPa	982.0	947.4	868.6	902.6	926.9	972.5	914.5
	夏季大气压力/hPa	962.7	932.4	860.7	892.0	913.8	954.2	901.3
设计计算用供暖天数及其平均温度	日平均温度≤+5℃的天数	101	120	182	144	145	114	143
	日平均温度≤+5℃的起止日期	11.22~03.22	11.14~03.13	10.14~04.13	11.05~03.28	11.03~03.27	11.13~03.06	11.05~03.27
	平均温度≤+5℃期间内的平均温度/℃	0.9	0.0	-6.9	-2.6	-3.2	-0.2	-3
	日平均温度≤+8℃的天数	127	143	208	168	168	142	166
	日平均温度≤+8℃的起止日期	11.08~03.14	11.06~03.28	10.01~04.26	10.20~04.05	10.20~04.05	11.06~03.27	10.20~04.03
	平均温度≤+8℃期间内的平均温度/℃	2.0	1.0	-5.2	-1.3	-1.9	1.1	-1.7
极端温度	极端最高气温/℃	41.2	38.5	34.4	36.7	38.1	40.5	38.4
	极端最低气温/℃	-18.9	-17.2	-40.4	-25.1	-25.8	-23.1	-26.0

续表 1.5

省/直辖市/自治区	内蒙古(12)							
市/区/自治州	呼和浩特	包头	赤峰	通辽	鄂尔多斯	呼伦贝尔	呼伦贝尔	巴彦淖尔
台站名称及编号	呼和浩特	包头	赤峰	通辽	东胜	满洲里	海拉尔	临河
	53463	53446	54218	54135	53543	50514	50527	53513
北纬	40°49′	40°40′	42°16′	43°36′	39°50′	49°34′	49°13′	40°45′
东经	111°41′	109°51′	118°56′	122°16′	109°59′	117°26′	119°45′	107°25′
海拔/m	1063.0	1067.2	568.0	178.5	1460.4	661.7	610.2	1039.3
统计年份	1971~2000	1971~2000	1971~2000	1971~2000	1971~2000	1971~2000	1971~2000	1971~2000
年平均温度/℃	6.7	7.2	7.5	6.6	6.2	-0.7	-1.0	8.1
供暖室外计算温度/℃	-17.0	-16.6	-16.2	-19.0	-16.8	-28.6	-31.6	-15.3
冬季通风室外计算温度/℃	-11.6	-11.1	-10.7	-13.5	-10.5	-23.3	-25.1	-9.9
冬季空气调节室外计算温度/℃	-20.3	-19.7	-18.8	-21.8	-19.6	-31.6	-34.5	-19.1
夏季空气调节室外计算干球温度/℃	30.6	31.7	32.7	32.3	29.1	29.0	29.0	32.7
夏季空气调节室外计算湿球温度/℃	21.0	20.9	22.6	24.5	19.0	19.9	20.5	20.9
夏季通风室外计算温度/℃	26.5	27.4	28.0	28.2	24.8	24.1	24.3	28.4
夏季空气调节室外计算相对湿度/%	48	43	50	57	43	52	54	39
夏季空气调节室外计算日平均温度/℃	25.9	26.5	27.4	27.3	24.6	23.6	23.5	27.5
冬季室外平均风速/(m·s⁻¹)	1.8	2.6	2.2	3.5	3.1	3.8	3.0	2.1
冬季最多风向	C SW	C SE	C WSW	SSW	SSW	C E	C SSW	C E
冬季最多风向的频率/%	36 8	14 11	20 13	17	19	13 10	13 8	20 10
冬季室外最多风向的平均风速/(m·s⁻¹)	3.4	2.9	2.5	4.6	3.7	4.4	3.1	2.5
夏季室外平均风速/(m·s⁻¹)	1.5	2.4	2.3	3.7	2.9	3.7	2.3	2.0
夏季最多风向	C NNW	N	C W	NW	SSW	WSW	C SSW	C W
夏季最多风向的频率/%	50 9	21	26 14	16	14	23	22 19	30 13
夏季室外最多风向的平均风速/(m·s⁻¹)	3.4	3.4	3.1	4.4	3.1	3.9	2.5	3.4
年最多风向	C NNW	N	C W	SSW	SSW	WSW	C SSW	C W
年最多风向的频率/%	40 7	16	21 13	11	17	13	15 12	24 10
年日照百分率/%	63	68	70	76	73	70	62	72
最大冻土深度/cm	156	157	201	179	150	389	242	138
冬季室外大气压力/hPa	901.2	901.2	955.1	1002.6	856.7	941.9	947.9	903.9
夏季室外大气压力/hPa	889.6	889.1	941.1	984.1	849.5	930.3	935.7	891.1
日平均温度≤+5℃的天数	167	164	161	166	168	210	208	157
日平均温度≤+5℃的起止日期	10.20~04.04	10.21~04.02	10.26~04.04	10.21~04.04	10.20~04.05	09.30~04.27	10.01~04.26	10.24~03.29
平均温度≤+5℃期间内的平均温度/℃	-5.3	-5.1	-5.0	-6.7	-4.9	-12.4	-12.7	-4.4
日平均温度≤+8℃的天数	184	182	179	184	189	229	227	175
日平均温度≤+8℃的起止日期	10.12~04.13	10.13~04.12	10.16~04.12	10.13~04.14	10.11~04.17	09.21~05.05	09.22~05.06	10.16~04.08
平均温度≤+8℃期间内的平均温度/℃	-4.1	-3.9	-3.8	-5.4	-3.6	-10.8	-11.0	-3.3
极端最高气温/℃	38.5	39.2	40.4	38.9	35.3	37.9	36.6	39.4
极端最低气温/℃	-30.5	-31.4	-28.8	-31.6	-28.4	-40.5	-42.3	-35.3

续表 1.5

项目	内蒙古 (12)				辽宁 (12)			
省/直辖市/自治区	乌兰察布	兴安盟	锡林郭勒盟 (2)		沈阳	大连	鞍山	抚顺
市/区/自治州	乌兰察布	兴安盟	锡林郭勒盟		沈阳	大连	鞍山	抚顺
台站名称及编号	集宁 53480	乌兰浩特 50838	二连浩特 53068	锡林浩特 54102	沈阳 54342	大连 54662	鞍山 54339	抚顺 54351
北纬	41°02′	46°05′	43°39′	43°57′	41°44′	38°54′	41°05′	41°55′
东经	112°04′	122°03′	111°58′	116°04′	123°27′	121°38′	123°00′	124°05′
海拔/m	1419.3	274.7	964.7	989.5	44.7	91.5	77.3	118.5
统计年份	1971~2000	1971~2000	1971~2000	1971~2000	1971~2000	1971~2000	1971~2000	1971~2000
年平均温度/℃	4.3	5.0	4.0	2.6	8.4	10.9	9.6	6.8
供暖室外计算温度/℃	-18.9	-20.5	-24.3	-25.2	-16.9	-9.8	-15.1	-20.0
冬季通风室外计算温度/℃	-13.0	-15.0	-18.1	-18.8	-11.0	-3.9	-8.6	-13.5
冬季空气调节室外计算温度/℃	-21.9	-23.5	-27.8	-27.8	-20.7	-13.0	-18.0	-23.8
冬季空气调节室外计算相对湿度/%	55	54	69	72	60	56	54	68
夏季空气调节室外计算干球温度/℃	28.2	31.8	33.2	31.1	31.5	29.0	31.6	31.5
夏季空气调节室外计算湿球温度/℃	18.9	23	19.3	19.9	25.3	24.9	25.1	24.8
夏季通风室外计算温度/℃	23.8	27.1	27.9	26.0	28.2	26.3	28.2	27.8
夏季空气调节室外计算相对湿度/%	49	55	33	44	65	71	63	65
夏季室外计算平均日平均温度/℃	22.9	26.6	27.5	25.4	27.5	26.5	28.1	26.6
夏季室外平均风速/(m·s⁻¹)	2.4	2.6	4.0	3.3	2.6	4.1	2.7	2.2
夏季最多风向	C WNW	C NE	NW	C SW	SW	SSW	SW	C NE
夏季最多风向的频率/%	29 9	23 7	8	13 9	16	19	13	15 12
夏季室外最多风向的平均风速/(m·s⁻¹)	3.6	3.9	5.2	3.4	3.5	4.6	3.6	2.2
冬季室外平均风速/(m·s⁻¹)	3.0	2.6	3.6	3.2	2.6	5.2	2.9	2.3
冬季最多风向	C NW	C NW	NW	WSW	C NNE	NNE	NE	ENE
冬季最多风向的频率/%	33 13	27 17	16	19	13 10	24.0	14	20
冬季室外最多风向的平均风速/(m·s⁻¹)	4.9	4.0	5.3	4.3	3.6	7.0	3.5	2.1
年最多风向	C WNW	C NW	NW	C WSW	SW	NNE	SW	NE
年最多风向的频率/%	29 12	22 11	13	15 13	13	15	12	16
年最大日照百分率/%	72	69	76	71	56	65	60	61
最大冻土深度/cm	184	249	310	265	148	90	118	143
冬季室外大气压力/hPa	860.2	989.1	910.5	906.4	1020.8	1013.9	1018.5	1011.0
夏季室外大气压力/hPa	853.7	973.3	898.3	895.9	1000.9	997.8	998.8	992.4
日平均温度≤+5℃的天数	181	176	181	189	152	132	143	161
平均温度≤+5℃的起止日期	10.16~04.14	10.17~04.10	10.14~04.12	10.11~04.17	10.30~03.30	11.16~03.27	11.06~03.28	10.26~04.04
平均温度≤+5℃期间内的平均温度/℃	-6.4	-7.8	-9.3	-9.7	-5.1	-0.7	-3.8	-6.3
日平均温度≤+8℃的天数	206	193	196	209	172	152	163	182
平均温度≤+8℃的起止日期	10.03~04.26	10.09~04.19	10.07~04.20	10.01~04.27	10.20~04.09	11.06~04.06	10.26~04.06	10.14~04.13
平均温度≤+8℃期间内的平均温度/℃	-4.7	-6.5	-8.1	-8.1	-3.6	-0.3	-2.5	-4.8
极端最高气温/℃	33.6	40.3	41.1	39.2	36.1	35.3	36.5	37.7
极端最低气温/℃	-32.4	-33.7	-37.1	-38.0	-29.4	-18.8	-26.9	-35.9

续表 1.5

省/直辖市/自治区		辽宁(12)							
台站信息	市/(区)/自治州	本溪	丹东	锦州	营口	阜新	铁岭	朝阳	葫芦岛
	台站名称及编号	本溪	丹东	锦州	营口	阜新	开原	朝阳	兴城
		54346	54497	54337	54471	54237	54254	54324	54455
	北纬	41°19'	40°03'	41°08'	40°40'	42°05'	42°32'	41°33'	40°35'
	东经	123°47'	124°20'	121°07'	122°16'	121°43'	124°03'	120°27'	120°42'
	海拔/m	185.2	13.8	65.9	3.3	166.8	98.2	169.9	8.5
	统计年份	1971~2000	1971~2000	1971~2000	1971~2000	1971~2000	1971~2000	1971~2000	1971~2000
	年平均温度/℃	7.8	8.9	9.5	9.5	8.1	7.0	9.0	9.2
室外计算温度、湿度	供暖室外计算温度/℃	−18.1	−12.9	−13.1	−14.1	−15.7	−20.0	−15.3	−12.6
	冬季通风室外计算温度/℃	−11.5	−7.4	−7.9	−8.5	−10.6	−13.4	−9.7	−7.7
	冬季空气调节室外计算温度/℃	−21.5	−15.9	−15.5	−17.1	−18.5	−23.5	−18.3	−15.0
	冬季空气调节室外计算相对湿度/%	64	55	52	62	49	49	43	52
	夏季空气调节室外计算干球温度/℃	31.0	29.6	31.4	30.4	32.5	31.1	33.5	29.5
	夏季空气调节室外计算湿球温度/℃	24.3	25.3	25.2	25.5	24.7	25	25	25.5
	夏季通风室外计算温度/℃	27.4	26.8	27.9	27.7	28.4	27.5	28.9	26.8
	夏季通风室外计算相对湿度/%	63	71	67	68	60	60	58	76
	夏季空气调节室外计算日平均温度/℃	27.1	25.9	27.1	27.5	27.3	26.8	28.3	26.4
风向、风速及频率	夏季室外平均风速/(m·s⁻¹)	2.2	2.3	3.3	3.7	2.1	2.7	2.5	2.4
	夏季最多风向	C ESE	C SSW	SW	SW	C SW	SSW	C SSW	C SSW
	夏季最多风向的频率/%	19 15	17 13	18	17.0	29 21	17.0	32 22	26 16
	夏季室外最多风向的平均风速/(m·s⁻¹)	2.0	3.2	4.3	4.8	3.4	3.1	3.6	3.9
	冬季室外平均风速/(m·s⁻¹)	2.4	3.4	3.2	3.6	2.1	2.7	2.4	2.2
	冬季最多风向	ESE	N	C NNE	NE	C N	C SW	C SSW	C NNE
	冬季最多风向的频率/%	25	21	21 15	16	36 9	16 15	40 12	34 13
	冬季室外最多风向的平均风速/(m·s⁻¹)	2.3	5.2	5.1	4.3	4.1	3.8	3.5	3.4
	年最多风向	ESE	C ENE	C SW	SW	C SW	SW	C SSW	C SW
	年最多风向的频率/%	18	14 13	17 12	15	31 14	16	33 16	28 10
	年最多日照百分率/%	57	64	67	67	68	62	69	72
大气压力	最大冻土深度/cm	149	88	108	101	139	137	135	99
	冬季室外大气压力/hPa	1003.3	1023.7	1017.8	1026.1	1007.0	1013.4	1004.5	1025.5
	夏季室外大气压力/hPa	985.7	1005.5	997.8	1005.5	988.1	994.6	985.5	1004.7
设计计算用供暖期天数及其平均温度	日平均温度≤+5℃的天数	157	145	144	144	159	160	145	145
	平均温度≤+5℃期间内的平均温度/℃	−5.1	−2.8	−3.4	−3.6	−4.8	−6.4	−4.7	−3.2
	日平均温度≤+5℃的起止日期	10.28~04.03	11.07~03.31	11.05~03.28	11.06~03.29	10.27~04.03	10.27~04.04	11.04~03.28	11.06~03.30
	日平均温度≤+8℃的天数	175	167	164	164	176	180	167	167
	平均温度≤+8℃期间内的平均温度/℃	−3.8	−1.7	−2.2	−2.4	3.7	−4.9	−3.2	−1.9
	日平均温度≤+8℃的起止日期	10.18~04.10	10.27~04.11	10.26~04.06	10.26~04.07	10.18~04.11	10.16~04.13	10.21~04.05	10.26~04.10
温度	极端最高气温/℃	37.5	35.3	41.8	34.7	40.9	36.6	43.3	40.8
	极端最低气温/℃	−33.6	−25.8	−22.8	−28.4	−27.1	−36.3	−34.4	−27.5

续表 1.5

台站信息／项目		吉林（8）							
省/直辖市/自治区		长春	吉林	四平	通化	白山	松原	白城	延边
市/区/自治州		长春	吉林	四平	通化	临江	乾安	白城	延吉
台站名称及编号	名称	长春	吉林	四平	通化	临江	乾安	白城	延吉
	编号	54161	54172	54157	54363	54374	50948	50936	54292
北纬		43°54′	43°57′	43°11′	41°41′	41°48′	45°00′	45°38′	42°53′
东经		125°13′	126°28′	124°20′	125°54′	126°55′	124°01′	122°50′	129°28′
海拔/m		236.8	183.4	164.2	402.9	332.7	146.3	155.2	176.8
统计年份		1971～2000	1971～2000	1971～2000	1971～2000	1971～2000	1971～2000	1971～2000	1971～2000
室外计算温度	年平均温度/℃	5.7	4.8	6.7	5.6	5.3	5.4	5.0	5.4
	供暖室外计算温度/℃	−21.1	−24.0	−19.7	−21.0	−21.5	−21.6	−21.7	−18.4
	冬季通风室外计算温度/℃	−15.1	−17.2	−13.5	−14.2	−15.6	−16.1	−16.4	−13.6
	冬季空气调节室外计算温度/℃	−24.3	−27.5	−22.8	−24.2	−24.4	−24.5	−25.3	−21.3
	夏季空气调节室外计算干球温度/℃	30.5	30.4	30.7	29.9	30.8	31.8	31.8	31.3
	夏季空气调节室外计算湿球温度/℃	24.1	24.1	24.5	23.2	23.6	24.2	23.9	23.7
	夏季通风室外计算温度/℃	26.6	26.6	27.2	26.3	27.3	27.6	27.5	26.7
室外计算湿度	夏季空气调节室外计算相对湿度/%	66	72	66	68	71	64	57	59
	夏季通风室外计算相对湿度/%	65	65	65	64	61	59	58	63
	夏季室外计算平均日平均温度/℃	26.3	26.1	26.7	25.3	25.4	27.3	26.9	25.6
风向、风速及频率	冬季室外平均风速/(m·s^{-1})	3.2	2.6	2.5	1.6	1.2	3.0	2.9	2.1
	冬季最多风向	WSW	C SSE	SW	C SW	C NNE	SSW	C SSW	C E
	冬季最多风向的频率/%	15	20 11	17	41 12	42 14	14	13 10	31 19
	夏季室外平均风速/(m·s^{-1})	3.7	2.3	3.8	3.5	1.6	3.8	3.8	3.7
	夏季最多风向	WSW	C WSW	C SW	C SW	C NNE	WNW	C WNW	C WNW
	夏季最多风向的频率/%	20	31 18	15 15	53 7	61 11	12	11 10	42 19
	冬季室外最多风向的平均风速/(m·s^{-1})	4.7	4.0	3.9	3.6	1.6	3.2	3.4	5.0
	年最多风向	WSW	C WSW	SW	C SW	C NNE	SSW	C NNE	C WNW
	年最多风向的频率/%	17	22 13	16	43 11	46 14	11	10 9	37 13
	冬季日照百分率/%	64	52	69	50	55	67	73	57
	最大冻土深度/cm	169	182	148	139	136	220	750	198
大气压力	冬季室外大气压力/hPa	994.4	1001.9	1004.3	974.7	983.9	1005.5	1004.6	1000.7
	夏季室外大气压力/hPa	978.4	984.8	986.7	961.0	969.1	987.9	986.9	986.8
设计计算用供暖期天数及其平均温度	日平均温度≤+5℃的天数	169	172	163	170	170	170	172	171
	日平均温度≤+5℃的起止日期	10.20～04.06	10.18～04.07	10.25～04.05	10.20～04.07	10.20～04.07	10.19～04.06	10.18～04.07	10.20～04.08
	日平均温度≤+5℃期间内的平均温度/℃	−7.6	−8.5	−6.6	−6.6	−7.2	−8.4	−8.6	−6.6
	日平均温度≤+8℃的天数	188	191	184	189	191	190	191	192
	日平均温度≤+8℃的起止日期	10.21～04.17	10.11～04.19	10.13～04.14	10.12～04.18	10.11～04.19	10.11～04.18	10.10～04.18	10.11～04.20
	日平均温度≤+8℃期间内的平均温度/℃	−6.1	−7.1	−5.0	−5.3	−5.7	−6.9	−7.1	−5.1
平均温度	极端最高气温/℃	35.7	35.7	37.3	35.6	37.9	38.5	38.6	37.7
	极端最低气温/℃	−33.0	−40.3	−32.3	−33.1	−33.8	−34.8	−38.1	−32.7

续表 1.5

省/直辖市/自治区	黑龙江(12)							
市/区/自治州	哈尔滨	齐齐哈尔	鸡西	鹤岗	伊春	佳木斯	牡丹江	双鸭山
台站名称	哈尔滨	齐齐哈尔	鸡西	鹤岗	伊春	佳木斯	牡丹江	宝清
编号	50953	50745	50978	50775	50774	50873	54094	50888
北纬	45°45'	47°23'	45°17'	47°22'	47°44'	46°49'	44°34'	46°19'
东经	126°46'	123°55'	130°57'	130°20'	128°55'	130°17'	129°36'	132°11'
海拔/m	142.3	145.9	238.3	227.9	240.9	81.2	241.4	83.0
统计年份	1971~2000	1971~2000	1971~2000	1971~2000	1971~2000	1971~2000	1971~2000	1971~2000
年平均温度/℃	4.2	3.9	4.2	3.5	1.2	3.6	4.3	4.1
供暖室外计算温度/℃	-24.2	-23.8	-21.5	-22.7	-28.3	-24.0	-22.4	-23.2
冬季通风室外计算温度/℃	-18.4	-18.6	-16.4	-17.2	-22.5	-18.5	-17.3	-17.5
冬季空气调节室外计算温度/℃	-27.1	-27.2	-24.4	-25.3	-31.3	-27.4	-25.8	-26.4
冬季空气调节室外计算相对湿度/%	73	67	64	63	73	70	69	65
夏季空气调节室外计算干球温度/℃	30.7	31.1	30.5	29.9	29.8	30.8	31.0	30.8
夏季空气调节室外计算湿球温度/℃	23.9	23.5	23.2	22.7	22.5	23.6	23.5	23.4
夏季通风室外计算温度/℃	26.8	26.7	26.3	25.5	25.7	26.6	26.9	26.4
夏季空气调节室外相对湿度/%	62	58	61	62	60	61	59	61
夏季空气调节室外计算日平均温度/℃	26.3	26.7	25.7	25.6	24.0	26.0	25.9	26.1
夏季室外平均风速/(m·s⁻¹)	3.2	3.0	2.3	2.9	2.0	2.8	2.1	3.1
夏季最多风向	SSW	SSW	C WNW	C ESE	C ENE	C WSW	C WSW	SSW
夏季最多风向的频率/%	12.0	10	22 11	11 11	20 11	20 12	18 14	18
冬季室外平均风速/(m·s⁻¹)	3.9	3.8	3.0	3.2	2.0	3.7	2.6	3.5
冬季最多风向	SW	NNW	WNW	NW	C WNW	C W	C WSW	C NNW
冬季最多风向的频率/%	14	13	20	21	30 16	21 19	27 13	18 14
年最多风向	SSW	NNW	WNW	NW	C WNW	C WSW	SSW	C NNW
年最多风向的频率/%	12	10	20	13	22 13	18 15	20 14	6.4
年日照百分率/%	56	68	63	63	58	57	56	61
最大冻土深度/cm	205	209	238	221	278	220	191	260
冬季室外大气压力/hPa	1004.2	1005.0	991.9	991.3	991.8	1011.3	992.2	1010.5
夏季室外大气压力/hPa	987.7	987.9	979.7	979.5	978.5	996.4	978.9	996.7
日平均温度≤+5℃的天数	176	181	179	184	190	180	177	179
日平均温度≤+5℃的起止日期	10.17~04.11	10.15~04.13	10.17~04.13	10.14~04.15	10.10~04.17	10.16~04.15	10.17~04.11	10.17~04.13
平均温度≤+5℃期间内的平均温度/℃	-9.4	-9.5	-8.3	-9.0	-11.8	-9.6	-8.6	-8.9
日平均温度≤+8℃的天数	195	198	195	206	212	198	194	194
日平均温度≤+8℃的起止日期	10.08~04.20	10.06~04.21	10.09~04.21	10.04~04.27	09.30~04.29	10.06~04.21	10.09~04.20	10.10~04.21
平均温度≤+8℃期间内的平均温度/℃	-7.8	-8.1	-7.0	-7.3	-9.9	-8.1	-7.3	-7.7
极端最高气温/℃	36.7	40.1	37.6	37.7	36.3	38.1	38.4	37.2
极端最低气温/℃	-37.7	-36.4	-32.5	-34.5	-41.2	-39.5	-35.1	-37.0

续表 1.5

省/直辖市/自治区	黑龙江(12)				上海(1)	江苏(9)		
市(区)/自治州	黑河	绥化	大兴安岭地区		徐汇	南京	徐州	南通
台站名称及编号	黑河 50468	绥化 50853	漠河 50136	加格达奇 50442	上海徐家汇 58367	南京 58238	徐州 58027	南通 58259
北纬	50°15′	46°37′	52°58′	50°24′	31°10′	32°00′	34°17′	31°59′
东经	127°27′	126°58′	122°31′	124°07′	121°26′	118°48′	117°09′	120°53′
海拔/m	166.4	179.6	433	371.7	2.6	8.9	41	6.1
统计年份	1971~2000	1971~2000	1971~2000	1971~2000	1971~2000	1971~2000	1971~2000	1971~2000
年平均温度/℃	0.4	2.8	-4.3	-0.8	16.1	15.5	14.5	15.3
供暖室外计算温度/℃	-29.5	-26.7	-37.5	-29.7	-0.3	-1.8	-3.6	-1.0
冬季通风室外计算温度/℃	-23.2	-20.9	-29.6	-23.3	4.2	2.4	0.4	3.1
冬季空气调节室外计算温度/℃	-33.2	-30.3	-41.0	-32.9	-2.2	-4.1	-5.9	-3.0
冬季空气调节室外计算相对湿度/%	70	76	73	72	75	76	66	75
夏季空气调节室外计算干球温度/℃	29.4	30.1	29.1	28.9	34.4	34.8	34.3	33.5
夏季空气调节室外计算湿球温度/℃	22.3	23.4	20.8	21.2	27.9	28.1	27.6	28.1
夏季通风室外计算温度/℃	25.1	26.2	24.4	24.2	31.2	31.2	30.5	30.5
夏季通风室外计算相对湿度/%	62	63	57	61	69	69	67	72
夏季空气调节室外计算日平均温度/℃	24.2	25.6	21.6	22.2	30.8	31.2	30.5	30.3
夏季室外平均风速/(m·s⁻¹)	2.6	3.5	1.9	2.2	3.1	2.6	2.6	3.0
夏季最多风向	C NNW	SSE	C NW	C NW	SE	C SSE	C ESE	SE
夏季最多风向的频率/%	17 16	11	24 8	23 12	14	18 11	15 11	13
夏季室外最多风向的平均风速/(m·s⁻¹)	2.8	3.6	2.9	2.6	3.0	3	3.5	2.9
冬季室外平均风速/(m·s⁻¹)	2.8	3.2	1.3	1.6	2.6	2.4	2.3	3.0
冬季最多风向	NNW	NNW	C N	C NW	NW	C ENE	C E	N
冬季最多风向的频率/%	41	9	55 10	47 19	14	28 10	23 12	12
冬季室外最多风向的平均风速/(m·s⁻¹)	3.4	3.3	3.0	3.4	3.0	3.5	3.0	3.5
年最多风向	NNW	SSW	C NW	C NW	SE	C E	C E	ESE
年最多风向的频率/%	27	10	34 9	31 16	10	23 9	20 12	10
冬季日照百分率/%	69	66	60	65	40	43	48	45
最大冻土深度/cm	263	715	—	288	8	9	21	12
冬季室外大气压力/hPa	1000.6	1000.4	984.1	974.9	1025.4	1025.5	1022.1	1025.9
夏季室外大气压力/hPa	986.2	984.9	969.4	962.7	1005.4	1004.3	1000.8	1005.5
日平均温度≤+5℃的天数	197	184	224	208	42	77	97	57
日平均温度≤+5℃的起止日期	10.06~04.20	10.13~04.14	09.23~05.04	10.02~04.27	01.01~02.11	12.08~02.13	11.27~03.03	12.19~02.13
平均温度≤+5℃期间内的平均温度/℃	-12.5	-10.8	-16.1	-12.4	4.1	3.2	2.0	3.6
日平均温度≤+8℃的天数	219	206	244	227	93	109	124	110
日平均温度≤+8℃的起止日期	09.29~05.05	10.03~04.26	09.13~05.14	09.22~05.06	12.05~03.07	11.24~03.12	11.14~03.17	11.27~03.16
平均温度≤+8℃期间内的平均温度/℃	-10.6	-8.9	-14.2	-10.8	5.2	4.2	3.0	4.7
极端最高气温/℃	37.2	38.3	38	37.2	39.4	39.7	40.6	38.5
极端最低气温/℃	-44.5	-41.8	-49.6	-45.4	-10.1	-13.1	-15.8	-9.6

台站信息、室外计算温度、湿度、风向、风速及频率、大气压力、设计计算用供暖期天数及其平均温度

续表 1.5

省/直辖市/自治区	江苏(9)						浙江(10)	
市/区/自治州	连云港	常州	淮安	盐城	扬州	苏州	杭州	温州
台站名称	赣榆	常州	淮阴	射阳	高邮	吴县东山	杭州	温州
台站编号	58040	58343	58144	58150	58241	58358	58457	58659
台站信息 北纬	34°50′	31°46′	33°36′	33°46′	32°48′	31°04′	30°14′	28°02′
东经	119°07′	119°56′	119°02′	120°15′	119°27′	120°26′	120°10′	120°39′
海拔/m	3.3	4.9	17.5	2	5.4	17.5	41.7	28.3
统计年份	1971~2000	1971~2000	1971~2000	1971~2000	1971~2000	1971~2000	1971~2000	1971~2000
室外计算温度、湿度 年平均温度/℃	13.6	15.8	14.4	14.0	14.8	16.1	16.5	18.1
供暖室外计算温度/℃	-4.2	-1.2	-3.3	-3.1	-2.3	-0.4	0.0	3.4
冬季通风室外计算温度/℃	-0.3	3.1	1	1.1	1.8	3.7	4.3	8
冬季空气调节室外计算温度/℃	-6.4	-3.5	-5.6	-5.0	-4.3	-2.5	-2.4	-1.4
冬季空气调节室外计算相对湿度/%	67	75	72	74	75	77	76	76
夏季空气调节室外计算干球温度/℃	32.7	34.6	33.4	33.2	34.0	34.4	35.6	33.8
夏季空气调节室外计算湿球温度/℃	27.8	28.1	28.1	28.0	28.3	28.3	27.9	28.3
夏季通风室外计算温度/℃	29.1	31.3	29.9	29.8	30.5	31.3	32.3	31.5
夏季空气调节室外计算日平均温度/℃	29.5	31.5	30.2	29.7	30.6	31.3	31.6	29.9
夏季空气调节室外计算相对湿度/%	75	68	72	73	72	70	64	72
风向、风速及频率 冬季室外平均风速/(m·s⁻¹)	2.9	2.8	2.6	3.2	2.6	3.5	2.4	2.0
冬季最多风向	E	SE	ESE	SSE	SE	SE	SW	C ESE
冬季最多风向的频率/%	12	17	12	17	14	15	17	29 18
冬季室外最多风向的平均风速/(m·s⁻¹)	3.8	3.1	2.9	3.4	2.8	3.9	2.9	3.4
夏季室外平均风速/(m·s⁻¹)	2.6	2.4	2.5	3.2	2.6	3.5	2.3	1.8
夏季最多风向	NNE	C NE	C ENE	N	NE	N	C N	C NW
夏季最多风向的频率/%	11.0	9	14 9	11	9	16	20 15	30 16
夏季室外最多风向的平均风速/(m·s⁻¹)	2.9	3.0	3.2	4.2	2.9	4.8	3.3	2.9
年最多风向	E	SE	C ESE	SSE	SE	SE	C N	C SE
年最多风向的频率/%	9	13	11 9	11	10	10	18 11	31 13
冬季日照百分率/%	57	42	48	50	47	41	36	36
最大冻土深度/cm	20	12	20	21	14	8	—	—
大气压力 冬季室外大气压力/hPa	1026.3	1026.1	1025.0	1026.3	1026.2	1024.1	1021.1	1023.7
夏季室外大气压力/hPa	1005.1	1005.3	1003.9	1005.6	1005.2	1003.7	1000.9	1007.0
设计计算用供暖期天数及其平均温度 日平均温度≤+5℃的天数	102	56	93	94	87	50	40	0
平均温度≤+5℃期间内的平均温度/℃	1.4	3.6	2.3	2.2	2.8	3.8	4.2	—
日平均温度≤+5℃的起止日期	11.25~03.07	12.19~02.12	12.02~03.04	12.02~03.05	12.07~03.03	12.24~02.11	01.02~02.10	—
日平均温度≤+8℃的天数	134	102	130	130	119	96	90	33
平均温度≤+8℃期间内的平均温度/℃	2.9	4.7	3.7	3.4	4.0	5.0	5.4	7.5
日平均温度≤+8℃的起止日期	11.14~03.27	11.27~03.08	11.17~03.26	11.19~03.28	11.23~03.21	12.02~03.07	12.06~03.05	1.10~02.11
极端最高气温/℃	38.7	39.4	38.2	37.7	38.2	38.8	39.9	39.6
极端最低气温/℃	-13.8	-12.8	-14.2	-12.3	-11.5	-8.3	-8.6	-3.9

续表 1.5

省/直辖市/自治区 市/区/自治州		浙江(10)							
	台站名称及编号	金华 金华 58549	衢州 衢州 58633	宁波 鄞州 58562	嘉兴 平湖 58464	绍兴 嵊州 58556	舟山 定海 58477	台州 玉环 58667	丽水 丽水 58646
台站信息	北纬	29°07'	28°58'	29°52'	30°37'	29°36'	30°02'	28°05'	28°27'
	东经	119°39'	118°52'	121°34'	121°05'	120°49'	122°06'	121°16'	119°55'
	海拔/m	62.6	66.9	4.8	5.4	104.3	35.7	95.9	60.8
	统计年份	1971~2000	1971~2000	1971~2000	1971~2000	1971~2000	1971~2000	1971~2000	1971~2000
	年平均温度/℃	17.3	17.3	16.5	15.8	16.5	16.4	17.1	18.1
室外计算温、湿度	供暖室外计算温度/℃	0.4	0.8	0.5	-0.7	-0.3	1.4	2.1	1.5
	冬季通风室外计算温度/℃	5.2	5.4	4.9	3.9	4.5	5.8	7.2	6.6
	冬季空气调节室外计算温度/℃	-1.7	-1.1	-1.5	-2.6	-2.6	-0.5	0.1	-0.7
	夏季空气调节室外计算干球温度/℃	36.2	35.8	35.1	33.5	35.8	32.2	30.3	36.8
	夏季空气调节室外计算湿球温度/℃	27.6	27.7	28.0	28.3	27.7	27.5	27.3	27.7
	夏季通风室外计算温度/℃	33.1	32.9	31.9	30.7	32.5	30.0	28.9	34.0
	夏季空气调节室外计算日平均温度/℃	32.1	31.5	30.6	30.7	31.1	28.9	28.4	31.5
风向、风速及频率	夏季室外平均风速/(m·s⁻¹)	2.4	2.3	2.6	2.6	2.1	3.1	5.2	1.3
	夏季最多风向	ESE	C E	S	SSE	C NE	C SSE	WSW	C ESE
	夏季最多风向的频率/%	20	18 18	17	17	29 9	16 15	11	41 10
	夏季室外最多风向的平均风速/(m·s⁻¹)	2.7	3.1	2.7	4.4	3.9	3.7	4.6	2.3
	冬季室外平均风速/(m·s⁻¹)	2.7	2.5	2.3	3.1	2.7	3.1	5.3	1.4
	冬季最多风向	ESE	E	C N	NNW	C NNE	C N	NNE	C E
	冬季最多风向的频率/%	28	27	18 17	14	28 23	19 18	25	45 14
	冬季室外最多风向的平均风速/(m·s⁻¹)	3.4	3.9	3.4	4.1	4.3	4.1	5.8	3.1
	年最多风向	ESE	S	C S	ESE	C NE	C N	NNE	C E
	年最多风向的频率/%	25	25	15 10	10	28 16	18 11	16	43 11
	冬季日照百分率/%	37	35	37	42	37	41	39	33
	最大冻土深度/cm	—	—	—	—	—	—	—	—
大气压力	冬季室外大气压力/hPa	1017.9	1017.1	1025.7	1025.4	1012.9	1021.1	1012.9	1017.9
	夏季室外大气压力/hPa	998.6	997.8	1005.9	1005.3	994.0	1004.3	997.3	999.2
设计计算用供暖期天数及其平均温度	日平均温度≤+5℃的天数	27	9	32	44	40	8	0	0
	日平均温度≤+5℃的起止日期	01.11~02.06	01.12~01.20	01.09~02.09	12.31~02.12	01.02~02.10	01.29~02.00	—	—
	平均温度≤+5℃期间内的平均温度/℃	4.8	4.8	4.6	3.9	4.4	4.8	—	—
	日平均温度≤+8℃的天数	68	68	88	99	91	77	43	57
	日平均温度≤+8℃的起止日期	12.09~02.14	12.09~02.14	12.08~03.05	11.29~03.07	12.05~03.05	12.19~03.05	01.02~02.13	12.18~02.12
	平均温度≤+8℃期间内的平均温度/℃	6.0	6.2	5.8	5.2	5.6	6.3	6.9	6.8
	极端最高气温/℃	40.5	40.0	39.5	38.4	40.3	38.6	34.7	41.3
	极端最低气温/℃	-9.6	-10.0	-8.5	-10.6	-9.6	-5.5	-4.6	-7.5

续表 1.5

分类	项目	合肥	芜湖	蚌埠	安庆	六安	亳州	黄山	滁州
	省/直辖市/自治区	安徽（12）							
	市/区/自治州	合肥	芜湖	蚌埠	安庆	六安	亳州	黄山	滁州
台站信息	台站名称及编号	合肥 58321	芜湖 58334	蚌埠 58221	安庆 58424	六安 58311	亳州 58102	黄山 58437	滁州 58236
	北纬	31°52′	31°20′	32°57′	30°32′	31°45′	33°52′	30°08′	32°18′
	东经	117°14′	118°23′	117°23′	117°03′	116°30′	115°46′	118°09′	118°18′
	海拔/m	27.9	14.8	18.7	19.8	60.5	37.7	1840.4	27.5
	统计年份	1971~2000	1971~2000	1971~2000	1971~2000	1971~2000	1971~2000	1971~2000	1971~2000
室外计算温、湿度	年平均温度/℃	15.8	16.0	15.4	16.8	15.7	14.7	8.0	15.4
	供暖室外计算温度/℃	-1.7	-1.3	-2.6	-0.2	-1.8	-3.5	-9.9	-1.8
	冬季通风室外计算温度/℃	2.6	3	1.8	4	2.6	0.6	-2.4	2.3
	冬季空气调节室外计算温度/℃	-4.2	-3.5	-5.0	-2.9	-4.6	-5.7	-13.0	-4.2
	冬季空气调节室外计算相对湿度/%	76	77	71	75	76	68	63.0	73
	夏季空气调节室外计算干球温度/℃	35.0	35.3	35.4	35.3	35.5	35.0	22.0	34.5
	夏季空气调节室外计算湿球温度/℃	28.1	27.7	28.0	28.1	28	27.8	19.2	28.2
	夏季通风室外计算温度/℃	31.4	31.7	31.3	31.8	31.4	31.1	19.0	31.0
	夏季空气调节室外计算相对湿度/%	69	68	66	66	68	66	90	70
	夏季空气调节室外计算日平均温度/℃	31.7	31.9	31.6	32.1	31.4	30.7	19.9	31.2
风向、风速及频率	夏季室外平均风速/(m·s⁻¹)	2.9	2.3	2.5	2.9	2.1	2.3	6.1	2.4
	夏季最多风向	C SSW	C ESE	C E	ENE	C SSE	C SSW	WSW	C SSW
	夏季最多风向的频率/%	11 10	16 15	14 10	24	16 12	13 10	12	17 10
	夏季室外最多风向的平均风速/(m·s⁻¹)	3.4	1.3	2.8	3.4	2.7	2.9	7.7	2.5
	冬季室外平均风速/(m·s⁻¹)	2.7	2.2	2.3	3.2	2.0	2.5	6.3	2.2
	冬季最多风向	C E	C E	C E	NEN	C SE	C NNE	NNW	C N
	冬季最多风向的频率/%	17 10	20 11	18 11	33	21 9	11 9	17	22 9
	冬季室外最多风向的平均风速/(m·s⁻¹)	3.0	2.8	3.1	4.1	2.8	3.3	7.0	2.8
	年最多风向	C E	C ESE	C E	ENE	C SSE	C SSW	NNW	C ESE
	年最多风向的频率/%	14 9	18 14	16 11	30	19 10	12 8	10	20 8
	冬季日照百分率/%	40	38	44	36	45	48	48	42
	最大冻土深度/cm	8	9	11	13	10	18	—	11
大气压力	冬季室外大气压力/hPa	1022.3	1024.3	1024.0	1023.3	1019.3	1021.9	817.4	1022.9
	夏季室外大气压力/hPa	1001.2	1003.1	1002.6	1002.3	998.2	1000.4	814.3	1001.8
设计计算用供暖期天数及其平均温度	日平均温度≤+5℃的天数	64	62	83	48	64	93	148	67
	日平均温度≤+5℃期间内的平均温度/℃	3.4	3.4	2.9	4.1	3.3	2.1	0.3	3.2
	日平均温度≤+5℃的起止日期	12.11~02.12	12.15~02.14	12.07~02.27	12.25~02.10	12.11~02.12	11.30~03.02	11.09~04.15	12.10~02.14
	日平均温度≤+8℃的天数	103	104	111	92	103	121	177	110
	日平均温度≤+8℃期间内的平均温度/℃	4.3	4.5	3.8	5.3	4.3	3.2	1.4	4.2
	日平均温度≤+8℃的起止日期	11.24~03.06	12.02~03.15	11.23~03.13	12.03~03.04	11.24~03.06	11.15~03.15	10.24~04.18	11.24~03.13
	极端最高气温/℃	39.1	39.5	40.3	39.5	40.6	41.3	27.6	38.7
	极端最低气温/℃	-13.5	-10.1	-13.0	-9.0	-13.6	-17.5	-22.7	-13.0

续表 1.5

省/直辖市/自治区	安徽(12)				福建(7)			
市/区/自治州	阜阳	宿州	巢湖	宣城	福州	厦门	漳州	三明
台站名称及编号	阜阳 58203	宿州 58122	巢湖 58326	宁国 58436	福州 58847	厦门 59134	漳州 59126	泰宁 58820
北纬	32°55'	33°38'	31°37'	30°37'	26°05'	24°29'	24°30'	26°54'
东经	115°49'	116°59'	117°52'	118°59'	119°17'	118°04'	117°39'	117°10'
海拔 m	30.6	25.9	22.4	89.4	84	139.4	28.9	342.9
统计年份	1971~2000	1971~2000	1971~2000	1971~2000	1971~2000	1971~2000	1971~2000	1971~2000
年平均温度/℃	15.3	14.7	16.0	15.5	19.8	20.6	21.3	17.1
供暖室外计算温度/℃	-2.5	-3.5	-1.2	-1.5	6.3	8.3	8.9	1.3
冬季通风室外计算温度/℃	1.8	0.8	2.9	2.9	10.9	12.5	13.2	6.4
冬季空气调节室外计算温度/℃	-5.2	-5.6	-3.8	-4.1	4.4	6.6	7.1	-1.0
冬季空气调节室外计算相对湿度/%	71	68	75	79	74	79	76	86
夏季空气调节室外计算干球温度/℃	35.2	35.0	35.3	36.1	35.9	33.5	35.2	34.6
夏季空气调节室外计算湿球温度/℃	28.1	27.8	28.4	27.4	28.0	27.5	27.6	26.5
夏季通风室外计算温度/℃	31.3	31.0	31.1	32.0	33.1	31.3	32.6	31.9
夏季空气调节室外计算日平均温度/℃	31.4	30.7	32.1	30.8	29.7	30.8	28.6	60
夏季室外平均风速/(m·s⁻¹)	2.3	2.4	2.4	1.9	3.0	3.1	1.7	1.0
夏季最多风向	C SSE	ESE	C E	C SSW	SSE	SSE	C SE	C WSW
夏季最多风向的频率/%	11 10	11	21 13	28 10	24	10	31 10	59 6
夏季室外最多风向的平均风速/(m·s⁻¹)	2.4	2.4	2.5	2.2	4.2	3.4	2.8	2.7
冬季室外平均风速/(m·s⁻¹)	2.5	2.2	2.5	1.7	2.4	3.3	1.6	0.9
冬季最多风向	C ESE	ENE	C E	C N	C NNW	ESE	C SE	C WSW
冬季最多风向的频率/%	10 9	14	22 16	35 13	17 23	23	34 18	59 14
冬季室外最多风向的平均风速/(m·s⁻¹)	2.5	2.9	3.0	3.5	3.1	4.0	2.8	2.5
年最多风向	C ESE	ENE	C E	C N	C SSE	ESE	C SE	C WSW
年最多风向的频率/%	10 9	12	21 15	32 9	18 14	18	32 15	59 9
年最大日照百分率/%	43	50	41	38	32	33	40	30
最大冻土深度/cm	13	14	9	11				7
冬季室外大气压力/hPa	1022.5	1023.9	1023.8	1015.7	1012.9	1006.5	1018.1	982.4
夏季室外大气压力/hPa	1000.8	1002.3	1002.5	995.8	996.6	994.5	1003.0	967.3
日平均温度≤+5℃的天数	71	93	59	65	0	0	0	0
日平均温度≤+5℃的起止日期	12.06~02.14	12.01~03.03	12.16~02.12	12.10~02.12	—	—	—	—
日平均温度≤+8℃的天数	111	121	101	104	0	0	0	0
日平均温度≤+8℃的起止日期	11.22~03.12	11.16~03.16	11.26~03.06	11.24~03.07	—	—	—	12.09~02.12
日平均温度≤+8℃期间内的平均温度/℃	3.8	3.3	4.5	4.5	—	—	—	6.8
极端最高气温/℃	40.8	40.9	39.3	41.1	39.9	38.5	38.6	38.9
极端最低气温/℃	-14.9	-18.7	-13.2	-15.9	-1.7	1.5	-0.1	-10.6

续表 1.5

省/自治区/直辖市 市/区/自治州	福建(7)			江西(9)				
台站名称及编号	南平 南平 58834	龙岩 龙岩 58927	宁德 屏南 58933	南昌 南昌 58606	景德镇 景德镇 58527	九江 九江 58502	上饶 玉山 58634	赣州 赣州 57993
北纬	26°39'	25°06'	26°55'	28°36'	29°18'	29°44'	28°41'	25°51'
东经	118°10'	117°02'	118°59'	115°55'	117°12'	116°00'	118°15'	114°57'
海拔/m	125.6	342.3	869.5	46.7	61.5	36.1	116.3	123.8
统计年份	1971~2000	1971~2000	1971~2000	1971~2000	1971~2000	1971~2000	1971~2000	1971~2000
年平均温度/℃	19.5	20	15.1	17.6	17.4	17.0	17.5	19.4
供暖室外计算温度/℃	4.5	6.2	0.7	0.7	1.0	0.4	1.1	2.7
冬季通风室外计算温度/℃	9.7	11.6	5.8	5.3	5.3	4.5	5.5	8.2
冬季空气调节室外计算温度/℃	2.1	3.7	-1.7	-1.5	-1.1	-2.3	-1.2	0.5
冬季空气调节室外计算相对湿度/%	78	73	82	77	78	77	80	77
夏季空气调节室外计算干球温度/℃	36.1	34.6	30.9	35.5	36.0	35.8	36.1	35.4
夏季空气调节室外计算湿球温度/℃	27.1	25.5	23.8	28.2	27.7	27.8	27.4	27.0
夏季通风室外计算温度/℃	33.7	32.1	28.1	32.7	33.0	32.7	33.1	33.2
夏季通风室外计算相对湿度/%	55	55	63	63	62	64	60	57
夏季空气调节室外计算日平均温度/℃	30.7	29.4	25.9	32.1	31.5	32.5	31.6	31.7
夏季室外平均风速/(m·s^{-1})	1.1	1.6	1.9	2.2	2.1	2.3	2	1.8
夏季最多风向	C SSE	C SSW	C WSW	C WSW	C NE	C ENE	ENE	C SW
夏季最多风向的频率%	39 7	32 12	36 10	21 11	18 13	17 12	22	23 15
夏季室外最多风向的平均风速/(m·s^{-1})	1.8	2.5	3.1	3.1	2.3	2.3	2.5	2.5
冬季室外平均风速/(m·s^{-1})	1.0	1.5	1.4	2.6	1.9	2.7	2.4	1.6
冬季最多风向	C ENE	C NE	C NE	NE	C NE	ENE	ENE	C NNE
冬季最多风向的频率%	42 10	41 15	42 10	26	20 17	20	29	29 28
冬季室外最多风向的平均风速/(m·s^{-1})	2.1	2.2	2.5	3.6	2.8	4.1	3.2	2.4
年最多风向	C ENE	C NE	C ENE	NE	C NE	ENE	ENE	C NNE
年最多风向的频率%	41 8	38 11	39 9	20	18 16	17	28	27 19
冬季日照百分率%	31	41	36	33	35	30	33	31
最大冻土深度/cm	—	0	8	—	—	—	—	—
冬季室外大气压力/hPa	1008.0	981.1	921.7	1019.5	1017.9	1021.7	1011.4	1008.7
夏季室外大气压力/hPa	991.5	968.1	911.6	999.5	998.5	1000.7	992.9	991.2
日平均温度≤+5℃的天数	0	0	0	26	25	46	8	0
日平均温度≤+5℃期间内的平均温度/℃	—	—	—	4.7	4.8	4.6	4.9	—
日平均温度≤+5℃的起止日期	—	—	—	01.11~02.05	01.11~02.04	12.24~02.10	01.12~01.19	—
日平均温度≤+8℃的天数	0	0	87	66	68	80	67	12
日平均温度≤+8℃期间内的平均温度/℃	—	—	6.5	6.2	6.1	5.5	6.3	7.7
日平均温度≤+8℃的起止日期	—	—	12.08~03.04	12.10~02.13	12.08~02.13	12.07~03.05	12.10~02.14	01.11~01.22
极端最高气温/℃	39.4	39.0	35.0	40.1	40.4	40.3	40.7	40.0
极端最低气温/℃	-5.1	-3.0	-9.7	-9.7	-9.6	-7.0	-9.5	-3.8

行组说明：台站信息；室外计算温度、湿度；风向、风速及频率；大气压力；设计计算供暖期天数及其平均温度；温度

续表 1.5

类别	项目	江西(9)				山东(14)			
	省/直辖市/自治区　市/区/自治州	吉安	宜春	抚州	鹰潭	济南	青岛	淄博	烟台
台站信息	台站名称及编号	吉安 57799	宜春 57793	广昌 58813	贵溪 58626	济南 54823	青岛 54857	淄博 54830	烟台 54765
	北纬	27°07'	27°48'	26°51'	28°18'	36°41'	36°04'	36°50'	37°32'
	东经	114°58'	114°23'	116°20'	117°13'	116°59'	120°20'	118°00'	121°24'
	海拔/m	76.4	131.3	143.8	51.2	51.6	76	34	46.7
	统计年份	1971~2000	1971~2000	1971~2000	1971~2000	1971~2000	1971~2000	1971~1994	1971~1991
	年平均温度/℃	18.4	17.2	18.2	18.3	14.7	12.7	13.2	12.7
室外计算温度、湿度	冬季供暖室外计算温度/℃	1.7	1.0	1.6	1.8	-5.3	-5	-7.4	-5.8
	冬季通风室外计算温度/℃	6.5	5.4	6.6	6.2	-0.4	-0.5	-2.3	-1.1
	冬季空气调节室外计算温度/℃	-0.5	-0.8	-0.6	-0.6	-7.7	-7.2	-10.3	-8.1
	冬季空气调节室外计算相对湿度/%	81	81	81	78	53	63	61	59
	夏季空气调节室外计算干球温度/℃	35.9	35.4	35.7	36.4	34.7	29.4	34.6	31.1
	夏季空气调节室外计算湿球温度/℃	27.6	27.4	27.1	27.6	26.8	26.0	26.7	25.4
	夏季通风室外计算温度/℃	33.4	32.3	33.2	33.6	30.9	27.3	30.9	26.9
	夏季空气调节室外计算相对湿度/%	58	63	56	58	61	73	62	75
	夏季空气调节室外计算日平均温度/℃	32	30.8	30.9	32.7	31.3	27.3	30.0	28
风向、风速及频率	夏季室外平均风速/(m·s⁻¹)	2.4	1.8	1.6	1.9	2.8	4.6	2.4	3.1
	夏季最多风向	SSW	C WNW	C SW	C ESE	SW	S	SW	C SW
	夏季最多风向的频率/%	21	19 11	27 17	21 16	14	17	17	18 12
	夏季室外最多风向的平均风速/(m·s⁻¹)	3.2	3.2	2.1	2.4	3.6	4.6	2.7	3.5
	冬季室外平均风速/(m·s⁻¹)	2.0	1.9	1.6	1.8	2.9	5.4	2.7	4.4
	冬季最多风向	NNW	C WNW	C NE	C ESE	E	N	SW	N
	冬季最多风向的频率/%	28	18 16	29 25	25 17	16	23	15	20
	冬季室外最多风向的平均风速/(m·s⁻¹)	2.5	3.5	2.6	3.1	3.7	6.6	3.3	5.9
	年最多风向	NNE	C WNW	C NE	C ESE	SW	S	SW	C SW
	年最多风向的频率/%	21	18 14	29 18	22 18	17	14	18	13 11
	冬季日照百分率/%	28	27	30	32	56	59	51	49
	最大冻土深度/cm	—	—	—	—	35		46	46
大气压力	冬季室外大气压力/hPa	1015.4	1009.4	1006.7	1018.7	1019.1	1017.4	1023.7	1021.1
	夏季室外大气压力/hPa	996.3	990.4	989.2	999.3	997.9	1000.4	1001.4	1001.2
设计用供暖天数及其平均温度	日平均温度≤+5℃的天数	0	9	0	0	99	108	113	112
	平均温度≤+5℃期间内的平均温度/℃	—	4.8	—	—	1.4	1.3	0.0	0.7
	日平均温度≤+5℃的起止日期	—	01.12~01.20	—	—	11.22~03.03	11.28~03.15	11.18~03.10	11.26~03.17
	日平均温度≤+8℃的天数	53	66	54	56	122	141	140	140
	平均温度≤+8℃期间内的平均温度/℃	6.7	6.2	6.8	6.6	2.1	2.6	1.3	1.9
	日平均温度≤+8℃的起止日期	12.21~02.11	12.10~02.13	12.20~02.11	12.19~02.12	11.13~03.14	11.15~04.04	11.08~03.27	11.15~04.03
	极端最高气温/℃	40.3	39.6	40	40.4	40.5	37.4	40.7	38.0
	极端最低气温/℃	-8.0	-8.5	-9.3	-9.3	-14.9	-14.3	-23.0	-12.8

续表1.5

省/直辖市/自治区 市/区/自治州	山东(14)							
台站名称及编号	潍坊 潍坊	临沂 临沂	德州 德州	菏泽 菏泽	日照 日照	威海 威海	济宁 济宁	泰安 泰安
	54843	54938	54714	54906	54945	54774	54916	54827
北纬	36°45′	35°03′	37°26′	35°15′	35°23′	37°28′	35°34′	36°10′
东经	119°11′	118°21′	116°19′	115°26′	119°32′	122°08′	116°51′	117°09′
海拔/m	22.2	87.9	21.2	49.7	16.1	65.4	51.7	128.8
统计年份	1971~2000	1971~1997	1971~1994	1971~1994	1971~2000	1971~2000	1971~2000	1971~1991
年平均温度/℃	12.5	13.5	13.2	13.8	13.0	12.5	13.6	12.8
供暖室外计算温度/℃	-7.0	-4.7	-6.5	-4.9	-4.4	-5.4	-5.5	-6.7
冬季空气调节室外计算温度/℃	-9.3	-6.8	-9.1	-7.2	-6.5	-7.7	-7.6	-9.4
冬季通风室外计算温度/℃	-2.9	-0.7	-2.4	-0.9	-0.3	-0.9	-1.3	-2.1
夏季空气调节室外计算干球温度/℃	34.2	33.3	34.2	34.4	30.0	30.2	34.1	33.1
夏季空气调节室外计算湿球温度/℃	26.9	27.2	26.9	27.4	26.8	25.7	27.4	26.5
夏季通风室外计算温度/℃	30.2	29.7	30.6	30.6	27.7	26.8	30.6	29.7
夏季空气调节室外计算相对湿度/%	63	62	60	66	75	75	66	66
夏季通风室外计算相对湿度/%	63	68	63	66	75	75	65	66
夏季室外计算平均日平均温度/℃	29.0	29.2	29.7	29.9	28.1	27.5	29.7	28.6
夏季室外平均风速/(m·s⁻¹)	3.4	2.7	2.2	1.8	3.1	4.2	2.4	2.0
夏季最多风向	S	ESE	C SSW	C SSW	S	SSW	SSW	C ENE
夏季最多风向的频率/%	19	12	19 12	26 10	9	15	13	25 12
夏季室外最多风向的平均风速/(m·s⁻¹)	4.1	2.7	2.4	1.7	3.6	5.4	3.0	1.9
冬季室外平均风速/(m·s⁻¹)	3.5	2.8	2.1	2.2	3.4	5.4	2.5	2.7
冬季最多风向	SSW	NE	C ENE	C NNE	N	N	C S	C E
冬季最多风向的频率/%	13	14.0	20 10	20 12	14	21	10 9	21 18
冬季室外最多风向的平均风速/(m·s⁻¹)	3.2	4.0	2.9	3.3	4.0	7.3	2.8	3.8
年最多风向	SSW	NE	C SSW	C S	NNE	N	S	C E
年最多风向的频率/%	14	12	19 12	24 10	9	11	11	25 13
年最大日照百分率/%	58	55	49	46	59	54	54	52
最大冻土深度/cm	50	40	46	21	25	47	48	31
冬季室外大气压力/hPa	1022.1	1017.0	1025.5	1021.5	1024.8	1020.9	1020.8	1011.2
夏季室外大气压力/hPa	1000.9	996.4	1002.8	999.4	1006.6	1001.8	999.4	990.5
日平均温度≤+5℃的天数	118	103	114	105	108	116	104	113
日平均温度≤+5℃的起止日期	11.16~03.13	11.24~03.06	11.17~03.10	11.2~03.06	11.06~03.14	11.26~03.14	11.22~03.05	11.19~03.11
平均温度≤+5℃期间内的平均温度/℃	-0.3	0.9	1.3	0.9	1.4	1.2	0.6	0.6
日平均温度≤+8℃的天数	141	135	141	130	136	141	137	140
日平均温度≤+8℃的起止日期	11.08~03.28	11.13~03.27	11.07~03.27	11.09~03.18	11.15~03.30	11.14~04.03	11.10~03.26	11.08~03.27
平均温度≤+8℃期间内的平均温度/℃	0.8	2.3	1.3	2.2	2.4	2.1	2.1	1.3
极端最高气温/℃	40.7	38.4	39.4	40.5	38.3	38.4	39.9	38.1
极端最低气温/℃	-17.9	-14.3	-20.1	-16.5	-13.8	-13.2	-19.3	-20.7

续表 1.5

省/直辖市/自治区		山东(14)		河南(12)					
市/区/自治州		滨州	东营	郑州	开封	洛阳	新乡	安阳	三门峡
台站信息	台站名称及编号	惠民 54725	东营 54736	郑州 57083	开封 57091	洛阳 57073	新乡 53986	安阳 53898	三门峡 57051
	北纬	37°30'	37°26'	34°43'	34°46'	34°38'	35°19'	36°07'	34°48'
	东经	117°31'	118°40'	113°39'	114°23'	112°28'	113°53'	114°22'	111°12'
	海拔/m	11.7	6	110.4	72.5	137.1	72.7	75.5	409.9
	统计年份	1971~2000	1971~2000	1971~2000	1971~2000	1971~1990	1971~2000	1971~2000	1971~2000
	年平均温度/℃	12.6	13.1	14.3	14.2	14.7	14.2	14.1	13.9
室外计算温度、湿度	供暖室外计算温度/℃	-7.6	-6.6	-3.8	-3.9	-3.0	-3.9	-4.7	-3.8
	冬季通风室外计算温度/℃	-3.3	-2.6	0.1	0.0	0.8	-0.2	-0.9	-0.3
	冬季空气调节室外计算温度/℃	-10.2	-9.2	-6	-6.0	-5.1	-5.8	-7	-6.2
	夏季空气调节室外计算相对湿度/%	62	62	61	63	59	61	60	55
	夏季空气调节室外计算干球温度/℃	34	34.2	34.9	34.4	35.4	34.4	34.7	34.8
	夏季空气调节室外计算湿球温度/℃	27.2	26.8	27.4	27.6	26.9	27.6	27.3	25.7
	夏季通风室外计算温度/℃	30.4	30.2	30.9	30.7	31.3	30.5	31.0	30.3
	夏季空气调节室外计算日平均温度/℃	64	64	64	66	63	65	63	59
	夏季空气调节室外计算相对湿度/%	29.4	29.8	30.2	30.0	30.5	29.8	30.2	30.1
风向、风速及频率	夏季室外平均风速/(m·s⁻¹)	2.7	3.6	2.2	2.6	1.6	1.9	2	2.5
	冬季最多风向	ESE	S	C S	C SSW	C E	C E	C SSW	ESE
	冬季最多风向的频率/%	10	18	21 11	12 11	31 9	25 13	28 17	23
	冬季室外平均风速/(m·s⁻¹)	2.8	4.4	2.8	3.2	3.1	2.8	3.3	3.4
	夏季最多风向	3.0	3.4	2.7	2.9	2.1	2.1	1.9	2.4
	夏季最多风向的频率/%	WSW	NW	C NW	NE	C WNW	C E	C SSW	C ESE
	夏季室外最多风向的平均风速/(m·s⁻¹)	10	10	22 12	16	30 11	29 17	32 11	25 14
	年最多风向	3.4	3.7	4.9	3.9	2.4	3.6	3.1	3.7
	年最多风向的频率/%	WSW	S	C ENE	C NE	C WNW	C E	C SSW	C ESE
	冬季日照百分率/%	11	13	21 10	13 21	30 9	28 14	28 16	21 18
	最大冻土深度/cm	58	61	47	46	49	49	47	48
大气压力	冬季室外大气压力/hPa	50	47	27	26	20	21	35	32
	夏季室外大气压力/hPa	1026.0	1026.6	1013.3	1018.2	1009.0	1017.9	1017.9	977.6
设计用采暖期及其天数及平均温度	日平均温度≤+5℃的天数	1003.9	1004.9	992.3	996.8	988.2	996.6	996.6	959.3
	日平均温度≤+5℃的起止日期	120	115	97	99	92	99	101	99
	平均每年日平均温度≤+5℃期间内的平均温度/℃	11.14~03.13	11.19~03.13	11.26~03.02	11.25~03.03	12.01~03.02	11.24~03.02	11.23~03.03	11.24~03.02
	日平均温度≤+8℃的天数	-0.5	0.0	1.7	1.7	2.1	1.5	1	1.4
	日平均温度≤+8℃的起止日期	142	140	125	125	118	124	126	128
	平均每年日平均温度≤+8℃期间内的平均温度/℃	11.06~03.27	11.09~03.28	11.12~03.16	11.12~03.16	11.17~03.14	11.12~03.15	11.10~03.15	11.09~03.16
	极端最高气温/℃	0.6	1.1	3.0	2.8	3.0	2.6	2.2	2.6
	极端最低气温/℃	39.8	40.7	42.3	42.5	41.7	42.0	41.5	40.2
		-21.4	-20.2	-17.9	-16.0	-15.0	-19.2	-17.3	-12.8

续表 1.5

省/直辖市/自治区	河南(12)						湖北(11)	
市/区/自治州	南阳	商丘	信阳	许昌	驻马店	周口	武汉	黄石
台站名称及编号	南阳 57178	商丘 58005	信阳 57297	许昌 57089	驻马店 57290	西华 57193	武汉 57494	黄石 58407
北纬	33°02′	34°27′	32°08′	34°01′	33°00′	33°47′	30°37′	30°15′
东经	112°35′	115°40′	114°03′	113°51′	114°01′	114°31′	114°08′	115°03′
海拔/m	129.2	50.1	114.5	66.8	82.7	52.6	23.1	19.6
统计年份	1971~2000	1971~2000	1971~2000	1971~2000	1971~2000	1971~2000	1971~2000	1971~2000
年平均温度/℃	14.9	14.1	15.3	14.5	14.9	14.4	16.6	17.1
供暖室外计算温度/℃	−2.1	−4	−2.1	−3.2	−2.9	−3.2	−0.3	0.7
冬季通风室外计算温度/℃	1.4	−0.1	2.2	0.7	1.3	0.6	3.7	4.5
冬季空气调节室外计算温度/℃	−4.5	−6.3	−4.6	−5.5	−5.5	−5.7	−2.6	−1.4
夏季空气调节室外计算干球温度/℃	34.3	34.6	34.5	35.1	35	35.0	35.2	35.8
夏季空气调节室外计算湿球温度/℃	27.8	27.9	27.6	27.9	27.8	28.1	28.4	28.3
夏季通风室外计算温度/℃	30.5	30.8	30.7	30.9	30.9	30.9	32.0	32.5
夏季空气调节室外计算相对湿度/%	69	67	68	66	67	67	67	65
夏季空气调节室外计算日平均温度/℃	30.1	30.2	30.9	30.3	30.7	30.2	32.0	32.5
夏季室外计算平均风速/(m·s⁻¹)	2	2.4	2.4	2.2	2.2	2.0	2.0	2.2
冬季最多风向	C ENE	C S	C SSW	C NE	C SSW	C SSW	C ENE	C ESE
冬季最多风向的频率/%	21 14	14 10	19 10	21 9	15 10	20 8	23 8	19 16
冬季室外最多风向的平均风速/(m·s⁻¹)	2.7	2.7	3.2	3.1	2.8	2.6	2.3	2.8
夏季最多风向	C ENE	C N	C NNE	C NE	C N	C NNE	C NE	C NW
夏季最多风向的频率/%	26 18	13 10	25 14	22 13	15 11	17 11	28 13	28 11
夏季室外最多风向的平均风速/(m·s⁻¹)	3.4	3.1	3.8	3.9	3.2	3.3	3.0	3.1
年最多风向	C ENE	C S	C NNE	C NE	C N	C NE	C ENE	C SE
年最多风向的频率/%	25 16	14 8	22 11	22 11	16 9	19 8	26 10	24 12
年日照百分率/%	39	46	42	43	42	45	37	34
最大冻土深度/cm	10	18	—	15	14	12	9	7
冬季室外大气压力/hPa	1011.2	1020.8	1014.3	1018.6	1016.7	1020.6	1023.5	1023.4
夏季室外大气压力/hPa	990.4	999.4	993.4	997.2	995.4	999.0	1002.1	1002.5
日平均温度≤+5℃的天数	86	99	64	95	87	91	50	38
日平均温度≤+5℃的起止日期	12.04~02.27	11.25~03.03	12.11~02.12	11.28~03.02	12.04~02.28	11.27~03.02	12.22~02.09	01.01~02.07
平均温度≤+5℃期间内的平均温度/℃	2.6	1.6	3.1	2.2	2.5	2.1	3.9	4.5
日平均温度≤+8℃的天数	116	125	105	122	115	123	98	88
日平均温度≤+8℃的起止日期	11.19~03.14	11.13~03.17	11.23~03.07	11.14~03.15	11.21~03.15	11.13~03.15	11.27~03.04	12.06~03.03
平均温度≤+8℃期间内的平均温度/℃	3.8	2.8	4.2	3.3	3.5	3.3	5.2	5.7
极端最高气温/℃	41.4	41.3	40.0	41.9	40.6	41.9	39.3	40.2
极端最低气温/℃	−17.5	−15.4	−16.6	−19.6	−18.1	−17.4	−18.1	−10.5

续表 1.5

省（直辖市、自治区）	湖北（11）							
市（区、县）/自治州	宜昌	恩施州	荆州	襄樊	荆门	十堰	黄冈	咸宁
台站名称及编号	宜昌	恩施	荆州	襄阳	钟祥	房县	麻城	嘉鱼
台站编号	57461	57447	57476	57279	57378	57259	57399	57583
北纬	30°41′	30°17′	30°20′	32°02′	30°10′	32°02′	31°11′	29°59′
东经	111°18′	109°28′	112°11′	112°45′	112°34′	110°46′	115°01′	113°55′
海拔/m	133.1	457.1	32.6	125.5	65.8	426.9	59.3	36
统计年份	1971~2000	1971~2000	1971~2000	1971~2000	1971~2000	1971~2000	1971~2000	1971~2000
年平均温度/℃	16.8	16.2	16.5	15.6	16.1	14.3	16.3	17.1
供暖室外计算温度/℃	0.9	2.0	0.3	−1.6	−0.5	−1.5	−0.4	0.3
冬季通风室外计算温度/℃	4.9	5.0	4.1	2.4	3.5	1.9	3.5	4.4
冬季空调室外计算温度/℃	−1.1	0.4	−1.9	−3.7	−2.4	−3.4	−2.5	−2
冬季空调室外计算相对湿度/%	74	84	77	71	74	71	74	79
夏季空调室外计算干球温度/℃	35.6	34.3	34.7	34.7	34.5	34.4	35.5	35.7
夏季空调室外计算湿球温度/℃	27.8	26.0	28.5	27.6	28.2	26.3	28.0	28.5
夏季通风室外计算温度/℃	31.8	31.0	31.4	31.2	31.0	30.3	32.1	32.3
夏季通风室外计算相对湿度/%	66	57	70	66	70	63	65	65
夏季空调室外计算日平均温度/℃	31.1	29.6	31.1	31.0	31.0	28.9	31.6	32.4
夏季室外平均风速/(m·s⁻¹)	1.5	0.7	2.3	2.4	3.0	1.0	2.0	2.1
夏季最多风向	C SSE	C SSW	SSW	SSE	N	C ESE	C NNE	C NNE
夏季最多风向的频率/%	31 11	63 5	15	15	19	55 15	25 15	14 9
夏季室外最多风向的平均风速/(m·s⁻¹)	2.6	1.9	3.0	2.6	3.6	2.5	2.6	2.6
冬季室外平均风速/(m·s⁻¹)	1.3	0.5	2.1	2.3	3.1	1.1	2.1	2.0
冬季最多风向	C SSE	C SSW	C NE	C SSE	N	C ESE	C NNE	C NE
冬季最多风向的频率/%	36 14	72 11	22 17	17 11	26	60 18	29 28	18 14
冬季室外最多风向的平均风速/(m·s⁻¹)	2.2	1.5	3.2	2.6	4.4	3.0	3.5	2.9
年最多风向	C SSE	C SSW	C NNE	C SSE	N	C ESE	C NNE	C NE
年最多风向的频率/%	33 12	67 4	19 14	16 13	23	57 17	27 22	16 11
冬季日照百分率/%	27	14	31	40	37	35	42	34
最大冻土深度/cm	—	—	5	—	6	—	5	—
冬季室外大气压力/hPa	1010.4	970.3	1022.4	1011.4	1018.7	974.1	1019.5	1022.1
夏季室外大气压力/hPa	990.0	954.6	1000.9	990.8	997.5	956.8	998.8	1000.9
日平均温度≤+5℃的天数	28	13	44	64	54	72	54	37
日平均温度≤+5℃的起止日期	01.09~02.05	01.11~01.23	12.27~02.08	12.11~02.12	12.18~02.09	12.05~02.14	12.19~02.10	01.02~02.07
平均温度≤+5℃期间内的平均温度/℃	4.7	4.8	4.2	3.1	3.8	2.9	3.7	4.4
日平均温度≤+8℃的天数	85	90	91	102	95	121	100	87
日平均温度≤+8℃的起止日期	12.08~03.03	12.04~03.03	12.04~03.04	11.25~03.06	12.01~03.05	11.15~03.15	11.26~03.05	12.07~03.03
平均温度≤+8℃期间内的平均温度/℃	5.9	6.0	5.4	4.2	4.9	4.1	5	5.6
极端最高气温/℃	40.4	40.3	38.6	40.7	38.6	41.4	39.8	39.4
极端最低气温/℃	−9.8	−12.3	−14.9	−15.1	−15.3	−17.6	−15.3	−12.0

续表 1.5

省/首辖市/自治区	湖北(11)	湖南(12)						
台站名称及编号	随州 广水	长沙 马坡岭	常德 常德	衡阳 衡阳	邵阳 邵阳	岳阳 岳阳	郴州 郴州	张家界 桑植
台站编号	57385	57679	57662	57872	57766	57584	57972	57554
北纬	31°37′	28°12′	29°03′	26°54′	27°14′	29°23′	25°48′	29°24′
东经	113°49′	113°05′	111°41′	112°36′	111°28′	113°05′	113°02′	110°10′
海拔/m	93.3	44.9	35	104.7	248.6	53	184.9	322.2
统计年份	1971~2000	1972~1986	1971~2000	1971~2000	1971~2000	1971~2000	1971~2000	1971~2000
年平均温度/℃	15.8	17.0	16.9	18.0	17.1	17.2	18.0	16.2
供暖室外计算温度/℃	-1.1	0.3	0.6	1.2	0.8	0.4	1.0	1.0
冬季通风室外计算温度/℃	2.7	4.6	4.7	5.9	5.2	4.8	6.2	4.7
冬季空气调节室外计算温度/℃	-3.5	-1.9	-1.6	-0.9	-1.2	-2.0	-1.1	0.9
冬季空气调节室外计算相对湿度/%	71	83	80	81	80	78	84	78
夏季空气调节室外计算干球温度/℃	34.9	35.8	35.4	36.0	34.8	34.1	35.6	34.7
夏季空气调节室外计算湿球温度/℃	28.0	27.7	28.6	27.7	26.8	28.3	26.7	26.9
夏季通风室外计算温度/℃	31.4	32.9	31.9	33.2	31.9	31.0	32.9	31.3
夏季空气调节室外计算日平均温度/℃	67	61	66	58	62	72	55	66
夏季通风室外计算相对湿度/%	31.1	31.6	32.0	32.4	30.9	32.2	31.7	30.0
夏季室外平均风速/(m·s⁻¹)	2.2	2.6	1.9	2.1	1.7	2.8	1.6	1.2
夏季最多风向	C SSE	C NNW	C NE	C SSW	C S	S	C SSW	C ENE
夏季最多风向的频率/%	21 11	16 13	23 8	16 13	27 8	11	39 14	47 12
夏季室外最多风向的平均风速/(m·s⁻¹)	2.6	1.7	3.0	2.5	2.4	3.2	3.2	2.7
冬季室外平均风速/(m·s⁻¹)	2.2	2.3	1.6	1.6	1.5	2.6	1.2	1.2
冬季最多风向	C NNE	NNW	C NE	C ENE	C ESE	ENE	C NNE	C ENE
冬季最多风向的频率/%	26 15	32	33 15	28 20	32 13	20	45 19	52 15
冬季室外最多风向的平均风速/(m·s⁻¹)	3.6	3.0	3.0	2.7	2.0	3.3	2.0	3.0
年最多风向	C NNE	NNW	C NE	C ENE	C ESE	ENE	C NNE	C ENE
年最多风向的频率/%	24 12	22	28 12	23 16	30 10	16	44 13	50 14
年最大日照百分率/%	41	26	27	23	23	29	21	17
最大冻土深度/cm	—	—	—	—	5	2	0	—
冬季室外大气压力/hPa	1015.0	1019.6	1022.3	1012.6	995.1	1019.5	1002.2	987.3
夏季室外大气压力/hPa	994.1	999.2	1000.8	993.0	976.9	998.7	984.3	969.2
日平均温度≤+5℃的天数	63	48	30	0	11	27	0	30
日平均温度≤+5℃的起止日期	12.11~02.11	12.26~02.11	01.08~02.06	—	01.12~01.22	01.10~02.05	—	01.08~02.06
平均温度≤+5℃期间内的平均温度/℃	3.3	4.3	4.5	—	4.7	4.5	—	4.5
日平均温度≤+8℃的天数	102	88	86	56	67	68	55	88
日平均温度≤+8℃的起止日期	11.25~03.06	12.06~03.03	12.08~03.03	12.19~02.12	12.10~02.14	12.09~02.14	12.19~02.11	12.07~03.04
平均温度≤+8℃期间内的平均温度/℃	4.3	5.5	5.8	6.4	6.1	5.9	6.5	5.8
极端最高气温/℃	39.8	39.7	40.1	40.0	39.5	39.3	40.5	40.7
极端最低气温/℃	-16.0	-11.3	-13.2	-7.9	-10.5	-11.4	-6.8	-10.2

续表 1.5

	益阳 沅江	永州 零陵	怀化 芷江	娄底 双峰	湘西州 吉首	广州 广州	湛江 湛江	汕头 汕头
省/直辖市/自治区	湖南(12)					广东(15)		
市/区/自治州	益阳	永州	怀化	娄底	湘西州	广州	湛江	汕头
台站名称及编号	沅江 57671	零陵 57866	芷江 57745	双峰 57774	吉首 57649	广州 59287	湛江 59658	汕头 59316
北纬	28°51'	26°14'	27°27'	27°27'	28°19'	23°10'	21°13'	23°24'
东经	112°22'	111°37'	109°41'	112°10'	109°44'	113°20'	110°24'	116°41'
海拔/m	36.0	172.6	272.2	100	208.4	41.7	25.3	1.1
统计年份	1971~2000	1971~2000	1971~2000	1971~2000	1971~2000	1971~2000	1971~2000	1971~2000
年平均温度/℃	17.0	17.8	16.5	17.0	16.6	22.0	23.3	21.5
供暖室外计算温度/℃	0.6	1.0	0.8	0.6	1.3	8.0	10.0	9.4
冬季通风室外计算温度/℃	4.7	6.0	4.9	4.8	5.1	13.6	15.9	13.8
冬季空气调节室外计算温度/℃	-1.6	-1.0	-1.1	-1.6	-0.6	5.2	7.5	7.1
夏季空气调节室外计算干球温度/℃	35.1	34.9	34.0	35.6	34.8	34.2	33.9	33.2
夏季空气调节室外计算湿球温度/℃	28.4	26.9	26.8	27.5	27	27.8	28.1	27.7
夏季通风室外计算温度/℃	31.7	32.1	31.2	32.7	31.7	31.8	31.5	30.9
夏季空气调节室外计算相对湿度/%	67.0	60	66	60	64	68	70	72
夏季空气调节室外计算日平均温度/℃	32.0	31.3	29.7	31.5	30.0	30.7	30.8	30.0
夏季室外计算平均风速/(m·s⁻¹)	2.7	3.0	1.3	2.0	1.0	1.7	2.6	2.6
夏季最多风向	S	SSW	C ENE	C NE	C NE	C SSE	SSE	C WSW
夏季最多风向的频率/%	14	19	44 10	31 11	44 10	28 12	15	18 10
夏季室外最多风向的平均风速/(m·s⁻¹)	3.3	3.2	2.6	2.7	1.6	2.3	3.1	3.3
冬季室外计算平均风速/(m·s⁻¹)	2.4	3.1	1.6	1.7	0.9	1.7	2.6	2.7
冬季最多风向	NNE	NE	C ENE	C ENE	C ENE	C NNE	ESE	E
冬季最多风向的频率/%	22.0	26	40 24	39 21	49 10	34 19	17	24
冬季室外最多风向的平均风速/(m·s⁻¹)	3.8	4.0	3.1	3.0	2.0	2.7	3.1	3.7
年最多风向	NNE	NE	C ENE	C ENE	C NE	C NNE	SE	E
年最多风向的频率/%	18	18	42 18	37 16	46 10	31 11	13	18
年最大日照百分率/%	27.0	23	19	24	18	36	34	42
最大冻土深度/cm	—	—	—	—	—	—	—	—
冬季室外大气压力/hPa	1021.5	1012.6	991.9	1013.2	1000.5	1019.0	1015.5	1020.2
夏季室外大气压力/hPa	1000.4	993.0	974.0	993.4	981.3	1004.0	1001.3	1005.7
日平均温度≤+5℃的天数	29.0	0	29	30	11	0	0	0
日平均温度≤+5℃期间内的平均温度/℃	4.5	—	4.7	4.6	4.8	—	—	—
日平均温度≤+5℃的起止日期	01.09~02.06	—	01.08~02.05	01.08~02.06	01.10~01.20	—	—	—
日平均温度≤+8℃的天数	85.0	56	69	87	68	0	0	0
日平均温度≤+8℃期间内的平均温度/℃	5.8	6.6	5.9	5.9	6.1	—	—	—
日平均温度≤+8℃的起止日期	12.09~02.12	12.19~02.12	12.08~02.14	12.07~03.03	12.09~02.14	—	—	—
极端最高气温/℃	38.9	39.7	39.1	39.7	40.2	38.1	38.1	38.6
极端最低气温/℃	-11.2	-7	-11.5	-11.7	-7.5	0.0	2.8	0.3

行分组标注：台站信息；室外计算温、湿度；风向、风速及频率；大气压力；设计计算用供暖期天数及其平均温度。

续表 1.5

省/直辖市/自治区	广东(15)							
市/区/自治州	韶关	阳江	深圳	江门	茂名	肇庆	惠州	梅州
台站名称	韶关	阳江	深圳	台山	信宜	高要	惠阳	梅州
台站编号	59082	59663	59493	59478	59456	59278	59298	59117
北纬	24°41'	21°52'	22°33'	22°15'	22°21'	23°02'	23°05'	24°16'
东经	113°36'	111°58'	114°06'	112°47'	110°56'	112°27'	114°25'	116°06'
海拔/m	60.7	23.3	18.2	32.7	84.6	41	22.4	87.8
统计年份	1971~2000	1971~2000	1971~2000	1971~2000	1971~2000	1971~2000	1971~2000	1971~2000
年平均温度/℃	20.4	22.5	22.6	22.0	22.5	22.3	21.9	21.3
供暖室外计算温度/℃	5.0	9.4	9.2	8.0	8.5	8.4	8.0	6.7
冬季通风室外计算温度/℃	10.2	15.1	14.9	13.9	14.7	13.9	13.7	12.4
冬季空气调节室外计算温度/℃	2.6	6.8	6.0	5.2	6.0	6.0	4.8	4.3
冬季空气调节室外计算相对湿度/%	75	74	72	75	74	68	71	77
夏季空气调节室外计算干球温度/℃	35.4	33.0	33.7	33.6	34.3	34.6	34.1	35.1
夏季空气调节室外计算湿球温度/℃	27.3	27.8	27.5	27.6	27.6	27.8	27.6	27.2
夏季通风室外计算温度/℃	33.0	30.7	31.2	31.0	32.0	32.1	31.5	32.7
夏季通风室外计算相对湿度/%	60	74	70	71	66	74	69	60
夏季空气调节室外计算日平均温度/℃	31.2	29.9	30.5	29.9	30.1	31.1	30.4	30.6
冬季室外最多风向的平均风速/(m·s⁻¹)	1.6	2.6	2.2	2.0	1.5	1.6	1.6	1.2
冬季最多风向	C SSW	SSW	C ESE	SSW	C SW	C SE	C SSE	C SW
冬季最多风向的频率/%	41 17	13	21 11	23	41 12	27 12	26 14	36 8
冬季室外平均风速/(m·s⁻¹)	2.8	2.8	2.7	2.7	2.5	2.0	2.0	2.1
夏季室外最多风向的平均风速/(m·s⁻¹)	1.5	2.9	2.8	2.6	2.9	1.7	2.7	1.0
夏季最多风向	C NNW	ENE	ENE	NE	NE	C ENE	NE	C NNE
夏季最多风向的频率/%	46 11	31	20	30	26	28 27	29	46 9
夏季室外平均风速/(m·s⁻¹)	2.9	3.7	2.9	3.9	4.1	2.6	4.6	2.4
年最多风向	C SSW	ENE	ESE	C NE	C NE	C ENE	C NE	C NNE
年最多风向的频率/%	44 8	20	14	19 18	31 16	28 20	23 18	41 6
年日照百分率/%	30	37	43	38	36	35	42	39
最大冻土深度/cm	—	—	—	—	—	—	—	—
冬季室外大气压力/hPa	1014.5	1016.9	1016.6	1016.3	1009.3	1019.0	1017.9	1011.3
夏季室外大气压力/hPa	997.6	1002.6	1002.4	1001.8	995.2	1003.7	1003.2	996.3
日平均温度≤+5℃的天数	0	0	0	0	0	0	0	0
日平均温度≤+5℃的起止日期	—	—	—	—	—	—	—	—
平均温度≤+5℃期间内的平均温度/℃	—	—	—	—	—	—	—	—
日平均温度≤+8℃的天数	0	0	0	0	0	0	0	0
日平均温度≤+8℃的起止日期	—	—	—	—	—	—	—	—
平均温度≤+8℃期间内的平均温度/℃	—	—	—	—	—	—	—	—
极端最高气温/℃	40.3	37.5	38.7	37.3	37.8	38.7	38.2	39.5
极端最低气温/℃	-4.3	2.2	1.7	1.6	1.0	1	0.5	-3.3

续表 1.5

台站信息	省/直辖市/自治区	广东				广西（13）			
	市/区/自治州	汕尾	河源	清远	揭阳	南宁	柳州	桂林	梧州
	台站名称及编号	汕尾 59501	河源 59293	连州 59072	惠来 59317	南宁 59431	柳州 59046	桂林 57957	梧州 59265
	北纬	22°48'	23°44'	24°47'	23°02'	22°49'	24°21'	25°19'	23°29'
	东经	115°22'	114°41'	112°23'	116°18'	108°21'	109°24'	110°18'	111°18'
	海拔/m	17.3	40.6	98.3	12.9	73.1	96.8	164.4	114.8
	统计年份	1971~2000	1971~2000	1971~2000	1971~2000	1971~2000	1971~2000	1971~2000	1971~2000
	年平均温度/℃	22.2	21.5	19.6	21.9	21.8	20.7	18.9	21.1
室外计算温度、湿度	供暖室外计算温度/℃	10.3	6.9	4.0	10.3	7.6	5.1	3.0	6.0
	冬季通风室外计算温度/℃	14.8	12.7	9.1	14.5	12.9	10.4	7.9	11.9
	冬季空气调节室外计算温度/℃	7.3	3.9	1.8	8.0	5.7	3.0	1.1	3.6
	冬季空气调节室外计算相对湿度/%	73	70	77	74	78	75	74	76
	夏季空气调节室外计算干球温度/℃	32.2	34.5	35.1	32.8	34.5	34.8	34.2	34.8
	夏季空气调节室外计算湿球温度/℃	27.8	27.5	27.4	27.6	27.9	27.5	27.3	27.9
	夏季通风室外计算温度/℃	30.2	32.1	32.7	30.7	31.8	32.4	31.7	32.5
	夏季空气调节室外计算相对湿度/%	77	65	61	74	68	65	65	65
	夏季室外计算日平均温度/℃	29.6	30.4	30.6	29.6	30.7	31.4	30.4	30.5
风向、风速及频率	冬季室外平均风速/(m·s⁻¹)	3.2	1.3	1.2	2.3	1.5	1.6	1.6	1.2
	冬季最多风向	WSW	C SSW	C SSW	C SSW	C S	C SSW	C NE	C ESE
	冬季最多风向的频率/%	19	37 17	46 8	22 10	31 10	34 15	32 16	32 10
	夏季室外平均风速/(m·s⁻¹)	4.1	2.2	2.5	3.4	2.6	2.8	2.6	1.5
	夏季最多风向	ENE	C NNE	C NNE	ENE	C E	C N	NE	C NE
	夏季最多风向的频率/%	3.0	1.5	1.3	2.9	1.2	1.5	3.2	1.4
	年最多风向	ENE	C NNE	C NNE	ENE	C E	C N	NE	C ENE
	年最多风向的频率/%	15	35	46	20	38	36	35	27
	冬季日照百分率/%	42	41	25	43	25	24	24	31
	最大冻土深度/cm	—	—	—	—	—	—	—	—
大气压力	冬季室外大气压力/hPa	1019.3	1016.3	1011.1	1018.7	1011.0	1009.9	1003.0	1006.9
	夏季室外大气压力/hPa	1005.3	1000.9	993.8	1004.6	995.5	993.2	986.1	991.6
设计计算用供暖期天数及其平均温度	日平均温度≤+5℃的天数	0	0	0	0	0	0	0	0
	日平均温度≤+5℃的起止日期	—	—	—	—	—	—	—	—
	平均温度≤+5℃期间内的平均温度/℃	—	—	—	—	—	—	—	—
	日平均温度≤+8℃的天数	0	0	0	0	0	0	28	0
	日平均温度≤+8℃的起止日期	—	—	—	—	—	—	01.10~02.06	—
	平均温度≤+8℃期间内的平均温度/℃	—	—	—	—	—	—	7.5	—
平均温度	极端最高气温/℃	38.5	39.0	39.6	38.4	39.0	39.1	38.5	39.7
	极端最低气温/℃	2.1	-0.7	-3.4	-1.5	-1.9	-1.3	-3.6	-1.5

续表 1.5

省/首辖市/自治区 市/区/自治州		广西(13)						
	北海	百色	钦州	玉林	防城港东兴	河池	来宾	贺州
台站名称及编号	北海 59644	百色 59211	钦州 59632	玉林 59453	东兴 59626	河池 59023	来宾 59242	贺州 59065
北纬	21°27'	23°54'	21°57'	22°39'	21°32'	24°42'	23°45'	24°25'
东经	109°08'	106°36'	108°37'	110°10'	107°58'	108°03'	109°14'	111°32'
海拔/m	12.8	173.5	1.5	81.8	22.1	211	84.9	108.8
统计年份	1971~2000	1971~2000	1971~2000	1971~2000	1971~2000	1971~2000	1971~2000	1971~2000
年平均温度/℃	22.8	22.0	22.2	21.8	22.6	20.5	20.8	19.9
供暖室外计算温度/℃	8.2	8.8	7.9	7.1	10.5	6.3	5.5	4.0
冬季通风室外计算温度/℃	14.5	13.4	13.6	13.1	15.1	10.9	10.8	9.3
冬季空气调节室外计算温度/℃	6.2	7.1	5.8	5.1	8.6	4.3	3.6	1.9
冬季空气调节室外计算相对湿度/%	79	76	77	79	81	75	75	78
夏季空气调节室外计算干球温度/℃	33.1	36.1	33.6	34.0	33.5	34.6	34.6	35.0
夏季空气调节室外计算湿球温度/℃	28.2	27.9	28.3	27.8	28.5	27.1	27.7	27.5
夏季通风室外计算温度/℃	30.9	32.7	31.1	31.7	30.9	31.7	32.2	32.6
夏季通风室外计算相对湿度/%	74	65	75	68	77	66	66	62
夏季空气调节室外计算日平均温度/℃	30.6	31.3	30.3	30.3	29.9	30.7	30.8	30.8
夏季室外平均风速/(m·s⁻¹)	3	1.3	2.4	1.4	2.1	1.2	1.8	1.7
夏季最多风向	SSW	C SSE	SSW	C SSE	C SSW	C ESE	C SSW	C ESE
夏季最多风向的频率/%	14	36　8	20	30　11	24　11	39　26	30　13	22　19
夏季室外最多风向的平均风速/(m·s⁻¹)	3.1	2.5	3.1	1.7	3.3	2.0	2.8	2.3
冬季室外平均风速/(m·s⁻¹)	3.8	1.2	2.7	1.7	1.7	1.1	2.4	1.5
冬季最多风向	NNE	C S	NNE	C N	C ENE	C ESE	NE	C NW
冬季最多风向的频率/%	37	43　9	33	30　21	24　15	43　16	25	31　21
冬季室外最多风向的平均风速/(m·s⁻¹)	5.0	2.2	3.5	3.2	2.0	1.9	3.3	2.3
年最多风向	NNE	C SSE	NNE	C N	C ENE	C ESE	C NE	C NW
年最多风向的频率/%	21	39　8	20	31　12	24　10	43　20	27　17	28　12
年最大日照百分率/%	34	29	27	29	24	21	25	26
最大冻土深度/cm	—	—	—	—	—	—	—	—
冬季室外大气压力/hPa	1017.3	998.8	1019.0	1009.9	1016.2	995.9	1010.8	1009.0
夏季室外大气压力/hPa	1002.5	983.6	1003.5	995.0	1001.4	980.1	994.4	992.4
日平均温度≤+5℃的天数	0	0	0	0	0	0	0	0
日平均温度≤+5℃的起止日期	—	—	—	—	—	—	—	—
日平均温度≤+5℃期间内的平均温度/℃	0	0	0	0	0	0	0	0
日平均温度≤+8℃的天数	—	—	—	—	—	—	—	—
日平均温度≤+8℃的起止日期	0	0	0	0	0	0	0	0
日平均温度≤+8℃期间内的平均温度/℃	—	—	—	—	—	—	—	—
极端最高气温/℃	37.1	42.2	37.5	38.4	38.1	39.4	39.6	39.5
极端最低气温/℃	2	0.1	2.0	0.8	3.3	0.0	-1.6	-3.5

续表 1.5

台站信息	省/直辖市/自治区 市/区/自治州	广西(13) 崇左	海南 海口	海南 三亚	重庆(3) 重庆	重庆(3) 万州	重庆(3) 奉节	四川(16) 成都	四川(16) 广元
	台站名称	龙州	海口	三亚	重庆	万州	奉节	成都	广元
	编号	59417	59758	59948	57515	57432	57348	56294	57206
	北纬	22°20′	20°02′	18°14′	29°31′	30°46′	31°03′	30°40′	32°26′
	东经	106°51′	110°21′	109°31′	106°29′	108°24′	109°30′	104°01′	105°51′
	海拔/m	128.8	13.9	5.9	351.1	186.7	607.3	506.1	492.4
	统计年份	1971~2000	1971~2000	1971~2000	1971~2000	1971~2000	1971~2000	1971~2000	1971~2000
室外计算温度、湿度	年平均温度/℃	22.2	24.1	25.8	17.7	18.0	16.3	16.1	16.1
	供暖室外计算温度/℃	9.0	12.6	17.9	4.1	4.3	1.8	2.7	2.2
	冬季通风室外计算温度/℃	14.0	17.7	21.6	7.2	7.0	5.2	5.6	5.2
	冬季空气调节室外计算温度/℃	7.3	10.3	15.8	2.2	2.9	0.0	1.0	0.5
	冬季空气调节室外计算相对湿度/%	79	86	73	83	85	71	83	64
	夏季空气调节室外计算干球温度/℃	35.0	35.1	32.8	35.5	36.5	34.3	31.8	33.3
	夏季空气调节室外计算湿球温度/℃	28.1	28.1	28.1	26.5	27.9	25.4	26.4	25.8
	夏季通风室外计算温度/℃	32.1	32.2	31.3	31.7	33.0	30.6	28.5	29.5
	夏季通风室外计算相对湿度/%	68	68	73	59	56	57	73	64
	夏季室外计算平均日平均温度/℃	30.9	30.5	30.2	32.3	31.4	30.9	27.9	28.8
风向、风速及频率	夏季室外平均风速/(m·s⁻¹)	1.0	2.3	2.2	1.5	0.5	3.0	1.2	1.2
	夏季最多风向	C ESE	S	C SSE	C ENE	C N	C NNE	C NNE	C SE
	夏季最多风向的频率/%	48 6	19	15 9	33 8	74 5	22 17	41 8	42 8
	夏季室外最多风向的平均风速/(m·s⁻¹)	2.0	2.7	2.4	1.1	2.3	2.6	2.0	1.6
	冬季室外平均风速/(m·s⁻¹)	1.2	2.5	2.7	1.1	0.4	3.1	0.9	1.3
	冬季最多风向	C ESE	ENE	ENE	C NNE	C NNE	C NNE	C NE	C N
	冬季最多风向的频率/%	41 16	24	19	46 13	79 5	29 13	50 13	44 10
	冬季室外最多风向的平均风速/(m·s⁻¹)	2.2	3.1	3.0	1.6	1.9	2.6	1.9	2.8
	年最多风向	C ESE	ENE	C ESE	C NNE	C NNE	C NNE	C NE	C N
	年最多风向的频率/%	46 10	14	14 13	44 13	76 5	24 16	43 11	41 8
	冬季日照百分率/%	24	34	54	7.5	12	22	17	24
大气压力	冬季室外大气压力/hPa	1004.0	1016.4	1016.2	980.6	1001.1	1018.7	963.7	965.4
	夏季室外大气压力/hPa	989	1002.8	1005.6	963.8	982.3	997.5	948	949.4
设计计算用供暖天数及其平均温度	日平均温度≤+5℃的天数	0	0	0	0	0	0	0	0
	日平均温度≤+5℃的起止日期	—	—	—	—	—	01.12~01.23	—	01.13~01.19
	平均温度≤+5℃期间内的平均温度/℃	—	—	—	—	—	4.8	—	4.9
	日平均温度≤+8℃的天数	0	0	0	53	54	85	69	75
	日平均温度≤+8℃的起止日期	—	—	—	12.22~02.12	12.20~02.11	12.07~03.01	12.08~02.14	12.03~02.15
	平均温度≤+8℃期间内的平均温度/℃	—	—	—	7.2	7.2	6.0	6.2	6.1
平均温度	极端最高气温/℃	39.9	38.7	35.9	40.2	42.1	39.6	36.7	37.9
	极端最低气温/℃	-0.2	4.9	5.1	-1.8	-3.7	-9.2	-5.9	-8.2

续表 1.5

省/直辖市/自治区	甘孜州	四川(16)						
市/区/自治州	甘孜州	宜宾	南充	凉山州	遂宁	内江	乐山	泸州
台站名称及编号	康定 56374	宜宾 56492	南坪区 57411	南昌 56571	遂宁 57405	内江 57504	乐山 56386	泸州 57602
台站信息								
北纬	30°03′	28°48′	30°47′	27°54′	30°30′	29°35′	29°34′	28°53′
东经	101°58′	104°36′	106°06′	102°16′	105°35′	105°03′	103°45′	105°26′
海拔/m	2615.7	340.8	309.3	1590.9	278.2	347.1	424.2	334.8
统计年份	1971~2000	1971~2000	1971~2000	1971~2000	1971~2000	1971~2000	1971~2000	1971~2000
年平均温度/℃	7.1	17.8	17.3	16.9	17.4	17.6	17.2	17.7
室外计算温湿度								
供暖室外计算温度/℃	-6.5	4.5	3.6	4.7	3.9	4.1	3.9	4.5
冬季通风室外计算温度/℃	-2.2	7.8	6.4	9.6	6.5	7.2	7.1	7.7
冬季空气调节室外计算温度/℃	-8.3	2.8	1.9	2.0	2.0	2.1	2.2	2.6
冬季空气调节室外计算相对湿度/%	65	85	85	52	86	83	82	67
夏季空气调节室外计算干球温度/℃	22.8	33.8	35.3	30.7	34.7	34.3	32.8	34.6
夏季空气调节室外计算湿球温度/℃	16.3	27.3	27.1	21.8	27.5	27.1	26.6	27.1
夏季通风室外计算温度/℃	19.5	30.2	31.3	26.3	31.1	30.4	29.2	30.5
夏季空气调节室外计算相对湿度/%	64	67	61	63	63	66	71	86
夏季空气调节室外计算日平均温度/℃	18.1	30.0	31.4	26.6	30.7	30.8	29.0	31.0
风向、风速及频率								
夏季室外平均风速/(m·s⁻¹)	2.9	0.9	1.1	1.2	0.8	1.8	1.4	1.7
冬季最多风向	C SE	C NW	C NNE	C NNE	C NNE	C N	C NNE	C WSW
冬季最多风向的频率/%	30 21	55 6	43 9	41 9	58 7	25 11	34 9	20 10
冬季室外最多风向的平均风速/(m·s⁻¹)	5.5	2.4	2.1	2.2	2.0	2.7	2.2	1.9
夏季最多风向	C ESE	C ENE	C NNE	C NNE	C NNE	C NNE	C NNE	C NNW
夏季最多风向的频率/%	31 26	68 6	56 10	35 10	75 5	30 13	45 11	30 9
夏季室外最多风向的平均风速/(m·s⁻¹)	5.6	1.6	1.7	2.5	1.9	2.1	1.9	2.0
年最多风向	C ESE	C NW	C NNE	C NNE	C NNE	C N	C NNE	C NNW
年最多风向的频率/%	28 22	59 5	48 10	37 10	65 7	25 12	38 10	24 9
冬季日照百分率/%	45	11	11	69	13	13	13	11
最大冻土深度/cm	145	—	—	—	—	—	—	—
大气压力								
冬季室外大气压力/hPa	741.6	982.4	986.7	838.5	990.0	980.9	972.7	983.0
夏季室外大气压力/hPa	742.4	965.4	969.1	834.9	972.0	963.9	956.4	965.8
设计计算供暖期天数及其平均温度								
日平均温度≤+5℃的天数	145	0	0	0	—	—	0	0
日平均温度≤+5℃的起止日期	11.06~03.30	—	—	—	—	—	—	—
平均温度≤+5℃期间内的平均温度/℃	0.3	—	—	0	—	—	—	—
日平均温度≤+8℃的天数	187	32	62	—	62	50	53	33
日平均温度≤+8℃的起止日期	10.14~04.18	12.26~01.26	12.12~02.11	—	12.12~02.11	12.22~02.09	12.20~02.10	12.25~01.26
平均温度≤+8℃期间内的平均温度/℃	1.7	7.7	6.8	—	6.9	7.3	7.2	7.7
极端最高气温/℃	29.4	39.5	41.2	36.6	39.5	40.1	36.8	39.8
极端最低气温/℃	-14.1	-1.7	-3.4	-3.8	-3.8	-2.7	-2.9	-1.9

续表 1.5

省/直辖市/自治区 市/区/自治区	四川(16)					阿坝州	贵州(9)	
台站名称及编号	绵阳	达洲	雅安	巴中	资阳	马尔康	贵阳	遵义
	56196	57328	56287	57313	56298	56172	57816	57713
北纬	31°28′	31°12′	29°59′	31°52′	30°07′	31°54′	26°35′	27°42′
东经	104°41′	107°30′	103°00′	106°46′	104°39′	102°14′	106°43′	106°53′
海拔/m	470.8	344.9	627.6	417.7	357	2664.4	1074.3	843.9
统计年份	1971~2000	1971~2000	1971~2000	1971~2000	1971~1990	1971~2000	1971~2000	1971~2000
年平均温度/℃	16.2	17.1	16.2	16.9	17.2	8.6	15.3	15.3
供暖室外计算温度/℃	2.4	3.5	2.9	3.2	3.6	-4.1	-0.3	0.3
冬季通风室外计算温度/℃	5.3	6.2	6.3	5.8	6.6	-0.6	5.0	4.5
冬季空气调节室外计算温度/℃	0.7	2.1	1.1	1.5	1.3	-6.1	-2.5	-1.7
夏季空气调节室外计算相对湿度/%	79	82	80	82	84	48	80	83
夏季空气调节室外计算干球温度/℃	32.6	35.4	32.1	34.5	33.7	27.3	30.1	31.8
夏季空气调节室外计算湿球温度/℃	26.4	27.1	25.8	26.9	26.7	17.3	23	24.3
夏季通风室外计算温度/℃	29.2	31.8	28.6	31.2	30.2	22.4	27.1	28.8
夏季通风室外计算相对湿度/%	70	59	70	59	65	53	64	63
夏季空气调节室外计算日平均温度/℃	28.5	31.0	27.9	30.3	29.5	19.3	26.5	27.9
夏季室外平均风速/(m·s^{-1})	1.1	1.4	1.8	0.9	1.3	1.1	2.1	1.1
夏季最多风向	C ENE	C ENE	C WSW	C SW	C S	C NW	C SSW	C SSW
夏季最多风向的频率/%	46 5	31 27	29 15	52 5	41 7	61 9	24 17	48 7
夏季室外最多风向的平均风速/(m·s^{-1})	2.5	2.4	2.9	1.9	2.1	3.1	3.0	2.3
冬季室外平均风速/(m·s^{-1})	0.9	1.0	1.1	0.6	0.8	1.0	2.1	1.0
冬季最多风向	C E	C ENE	C E	C E	C ENE	C NW	ENE	C ENE
冬季最多风向的频率/%	57 7	45 25	50 13	68 4	58 7	62 10	23	50 7
冬季室外最多风向的平均风速/(m·s^{-1})	2.7	1.9	2.1	1.7	1.3	3.3	2.5	1.9
年最多风向	C E	C ENE	C E	C SW	C ENE	C NW	C ENE	C SSE
年最多风向的频率/%	49 6	37 27	40 11	60 4	50 6	60 10	23 15	49 6
冬季日照百分率/%	19	13	16	17	16	62	15	11
最大冻土深度/cm						25		
冬季室外大气压力/hPa	967.3	985	949.7	979.9	980.3	733.3	897.4	924.0
夏季室外大气压力/hPa	951.2	967.5	935.4	962.7	962.9	734.7	887.8	911.8
日平均温度≤+5℃的天数	0	0	0	0	0	122	27	35
日平均温度≤+5℃的起止日期	—	—	—	—	—	11.06~03.07	01.11~02.06	01.05~02.08
平均温度≤+5℃期间内的平均温度/℃	—	—	—	—	—	1.2	4.6	4.4
日平均温度≤+8℃的天数	73	65	64	67	62	162	69	91
日平均温度≤+8℃的起止日期	12.05~02.15	12.10~02.12	12.11~02.12	12.09~02.13	12.14~02.13	10.20~03.30	12.08~02.14	12.04~03.04
平均温度≤+8℃期间内的平均温度/℃	6.1	6.6	6.6	6.2	6.9	2.5	6.0	5.6
极端最高气温/℃	37.2	41.2	35.4	40.3	39.2	34.5	35.1	37.4
极端最低气温/℃	-7.3	-4.5	-3.9	-5.3	-4.0	-16	-7.3	-7.1

左侧分组标签：台站信息、室外计算温度，湿度、风向，风速及频率、大气压力、设计计算用供暖期天数及其平均温度

续表1.5

		贵州(9)							云南(16)
	省/直辖市/自治区	毕节地区	安顺	铜仁地区	黔西南州	黔南州	黔东南州	六盘水	昆明
台站信息	市/区/自治州(台站名称)	毕节	安顺	铜仁	兴仁	罗甸	凯里	盘县	昆明
	台站编号	57707	57806	57741	57902	57916	57825	56793	56778
	北纬	27°18′	26°15′	27°43′	25°26′	25°26′	26°36′	25°47′	25°01′
	东经	105°17′	105°55′	109°11′	105°11′	106°46′	107°59′	104°37′	102°41′
	海拔/m	1510.6	1392.9	279.7	1378.5	440.3	720.3	1515.2	1892.4
	统计年份	1971~2000	1971~2000	1971~2000	1971~2000	1971~2000	1971~2000	1971~2000	1971~2000
	年平均温度/℃	12.8	14.1	17.0	15.3	19.6	15.7	15.2	14.9
室外计算温度、湿度	供暖室外计算温度/℃	-1.7	-1.1	1.4	0.6	5.5	-0.4	0.6	3.6
	冬季通风室外计算温度/℃	2.7	4.3	5.5	6.3	10.2	4.7	6.5	8.1
	冬季空气调节室外计算温度/℃	-3.5	-3.0	-0.5	-1.3	3.7	-2.3	-1.4	0.9
	冬季空气调节室外计算相对湿度/%	87	84	76	84	73	80	79	68
	夏季空气调节室外计算干球温度/℃	29.2	27.7	35.3	28.7	34.5	32.1	29.3	26.2
	夏季空气调节室外计算湿球温度/℃	21.8	21.8	26.7	22.2	*	24.5	21.6	20
	夏季通风室外计算温度/℃	25.7	24.8	32.2	25.3	31.2	29.0	25.5	23.0
	夏季通风室外计算相对湿度/%	64	70	60	69	66	64	65	68
	夏季空气调节室外计算日平均温度/℃	24.5	24.5	30.7	24.8	29.3	28.3	24.7	22.4
风向、风速及频率	夏季室外平均风速/(m·s⁻¹)	0.9	2.3	0.8	1.8	0.6	1.6	1.3	1.8
	冬季最多风向	C SSE	SSW	C SSW	C ESE	C ESE	C SSW	C WSW	C WSW
	冬季最多风向的频率/%	60 12	25	62 7	29 13	69 4	33 9	48 9	31 13
	冬季室外最多风向的平均风速/(m·s⁻¹)	2.3	3.4	2.3	2.3	1.7	3.1	2.5	2.6
	夏季最多风向	C SSE	ENE	C ENE	C ENE	C ESE	C ENE	C ENE	C WSW
	夏季最多风向的频率/%	69 7	31	58 15	19 18	62 8	26 22	31 19	35 19
	夏季室外最多风向的平均风速/(m·s⁻¹)	1.9	2.8	2.2	2.3	1.8	2.3	2.5	3.7
	年最多风向	C SSE	ENE	C ENE	C ESE	C ESE	C NNE	C ENE	C WSW
	年最多风向的频率/%	62 9	22	61 11	24 15	64 6	29 15	39 14	31 16
	冬季日照百分率/%	17	18	15	29	21	16	33	66
	最大冻土深度/cm	—	—	—	—	—	—	—	—
大气压力	冬季室外大气压力/hPa	850.9	863.1	991.3	864.4	968.6	938.3	849.6	811.9
	夏季室外大气压力/hPa	844.2	856.0	973.1	857.5	954.7	925.2	843.8	808.2
设计计算用供暖期天数及其平均温度	日平均温度≤+5℃的天数	67	41	5	0	0	30	0	0
	日平均温度≤+5℃的起止日期	12.10~02.14	01.01~02.10	01.29~02.02	—	—	01.09~02.07	—	—
	平均温度≤+5℃期间内的平均温度/℃	3.4	4.2	4.9	—	—	4.4	—	—
	日平均温度≤+8℃的天数	112	99	64	65	0	87	66	27
	日平均温度≤+8℃的起止日期	11.19~03.10	11.27~03.05	12.12~02.13	12.10~02.12	—	12.08~03.04	12.09~02.12	12.17~01.12
	平均温度≤+8℃期间内的平均温度/℃	4.4	5.7	6.3	6.7	—	5.8	6.9	7.7
	极端最高气温/℃	39.7	33.4	40.1	35.5	39.2	37.5	35.1	30.4
	极端最低气温/℃	-11.3	-7.6	-9.2	-6.2	-2.7	-9.7	-7.9	-7.8

续表 1.5

省/直辖市/自治区	云南 (16)							
市/区/自治州	保山	昭通	丽江	普洱	红河州	西双版纳州	文山州	曲靖
台站名称及编号	保山 56748	昭通 56586	丽江 56651	思茅 56964	蒙自 56985	景洪 56959	文山州 56994	沾益 56786
北纬	25°07′	27°21′	26°52′	22°47′	23°23′	22°00′	23°23′	25°35′
东经	99°10′	103°43′	100°13′	100°58′	103°23′	100°47′	104°15′	103°50′
海拔/m	1653.5	1949.5	2392.4	1302.1	1300.7	582	1271.6	1898.7
统计年份	1971~2000	1971~2000	1971~2000	1971~2000	1971~2000	1971~2000	1971~2000	1971~2000
年平均温度/℃	15.9	11.6	12.7	18.4	18.7	22.4	18	14.4
供暖室外计算温度/℃	6.6	-3.1	3.1	9.7	6.8	13.3	5.6	1.1
冬季空气调节室外计算温度/℃	5.6	-5.2	1.3	7.0	4.5	10.5	3.4	-1.6
冬季通风室外计算温度/℃	8.5	2.2	6.0	12.5	12.3	16.5	11.1	7.4
夏季空气调节室外计算干球温度/℃	27.1	27.3	25.6	29.7	30.7	34.7	30.4	27.0
夏季空气调节室外计算湿球温度/℃	20.9	19.5	18.1	22.1	22	25.7	22.1	19.8
夏季通风室外计算温度/℃	24.2	23.5	22.3	25.8	26.7	30.4	26.7	23.3
夏季空气调节室外计算日平均温度/℃	23.1	22.5	21.3	24.0	25.9	28.5	25.5	22.4
夏季室外计算相对湿度/%	67	63	59	69	62	67	63	68
冬季室外计算相对湿度/%	69	74	46	78	72	85	77	67
冬季室外平均风速/(m·s⁻¹)	1.3	1.6	2.5	1.0	3.2	0.8	2.3	2.3
冬季最多风向	C SSW	C NE	C ESE	C SW	S	C ESE	C SSE	C SSW
冬季最多风向的频率/%	50 10	43 12	18 11	51 10	26	58 8	25	19 19
夏季室外平均风速/(m·s⁻¹)	2.5	3	2.5	1.9	3.9	1.7	2.9	2.7
夏季室外最多风向的平均风速/(m·s⁻¹)	1.5	2.4	4.2	0.9	3.8	0.4	2.9	3.1
夏季最多风向	C WSW	C NE	WNW	C WSW	SSW	C ESE	S	SW
夏季最多风向的频率/%	54 10	32 20	21	59 7	24	72 3	26	19
冬季室外最多风向的平均风速/(m·s⁻¹)	3.4	3.6	5.5	2.7	5.5	1.4	3.4	3.8
年最多风向	C WSW	C NE	WNW	C WSW	S	C ESE	SSE	SSW
年最多风向的频率/%	52 8	36 17	15	55 7	23	68 5	25	18
冬季日照百分率/%	74	43	77	64	62	57	50	56
最大冻土深度/cm	—	—	—	—	—	—	—	—
冬季室外大气压力/hPa	835.7	805.3	762.6	871.8	865.0	951.3	875.4	810.9
夏季室外大气压力/hPa	830.3	802.0	761.0	865.3	871.4	942.7	868.2	807.6
日平均温度≤+5℃的天数	0	73	0	0	0	0	0	0
日平均温度≤+5℃的起止日期	—	12.04~02.14	—	—	—	—	—	—
平均每年≤+5℃期间内的平均温度/℃	—	3.1	—	—	—	—	—	—
日平均温度≤+8℃的天数	6	122	82	0	0	0	0	60
日平均温度≤+8℃的起止日期	01.01~01.06	11.10~03.11	11.27~02.16	—	—	—	—	12.08~02.05
平均每年≤+8℃期间内的平均温度/℃	7.9	4.1	6.3	—	—	—	—	7.4
极端最高气温/℃	32.3	33.4	32.3	35.7	35.9	41.1	35.9	33.2
极端最低气温/℃	-3.8	-10.6	-10.3	-2.5	-3.9	1.9	-3.0	-9.2

续表 1.5

省/直辖市/自治区	云南(16)						
市/区/自治州	玉溪	临沧	楚雄州	大理州	德宏州	怒江州	迪庆州
台站名称及编号	玉溪	临沧	楚雄	大理	瑞丽	泸水	香格里拉
台站编号	56875	56951	56768	56751	56838	56741	56543
北纬	24°21′	23°53′	25°01′	25°42′	24°01′	25°59′	27°50′
东经	102°33′	100°05′	101°32′	100°11′	97°51′	98°49′	99°42′
海拔/m	1636.7	1502.4	1772	1990.5	776.6	1804.9	3276.1
统计年份	1971~2000	1971~2000	1971~2000	1971~2000	1971~2000	1971~2000	1971~2000
年平均温度/℃	15.9	17.5	16.0	14.9	20.3	15.2	5.9
供暖室外计算温度/℃	5.5	9.2	5.6	5.2	10.9	6.7	-6.1
冬季通风室外计算温度/℃	8.9	11.2	8.7	8.2	13	9.2	3.2
冬季空气调节室外计算温度/℃	3.4	7.7	3.2	3.5	9.9	5.6	-8.6
冬季空气调节室外计算相对湿度/%	73	65	75	66	78	56	60
夏季空气调节室外计算干球温度/℃	28.2	28.6	28.0	26.2	31.4	26.7	20.8
夏季空气调节室外计算湿球温度/℃	20.8	21.3	20.1	20.2	24.5	20	13.8
夏季通风室外计算温度/℃	24.5	25.2	21.6	23.3	27.5	22.4	17.9
夏季通风室外计算相对湿度/%	66	69	61	64	72	78	63
夏季空气调节室外计算日平均温度/℃	23.2	23.6	23.9	22.3	26.4	22.4	15.6
冬季室外平均风速/(m·s⁻¹)	1.4	1.0	1.5	1.9	1.1	2.1	2.1
冬季最多风向	C WSW	C NE	C WSW	C NW	C WSW	WSW	C SSW
冬季最多风向的频率/%	46 10	54 8	32 14	27 10	46 10	30	37 11
冬季室外最多风向的平均风速/(m·s⁻¹)	2.5	2.4	2.6	2.4	2.5	2.3	3.6
夏季室外平均风速/(m·s⁻¹)	1.7	1.0	1.5	3.4	0.7	2.1	2.4
夏季最多风向	C WSW	C W	C WSW	C ESE	C WSW	C NNE	C SSW
夏季最多风向的频率/%	61 6	60 4	45 14	15 8	61 6	18 17	38 10
夏季室外最多风向的平均风速/(m·s⁻¹)	1.8	2.9	2.8	3.9	1.8	2.4	3.9
年最多风向	C WSW	C NNE	C WSW	C ESE	C WSW	WSW	C SSW
年最多风向的频率/%	45 16	55 4	40 13	20 8	51 8	18	36 13
年日照百分率/%	61	71	66	68	66	68	72
最大冻土深度/cm	—	—	—	—	—	—	25
冬季室外大气压力/hPa	837.2	851.2	823.3	802	927.6	820.9	684.5
夏季室外大气压力/hPa	832.1	845.4	818.8	798.7	918.6	816.2	685.8
日平均温度≤+5℃的天数	0	0	0	0	0	0	176
日平均温度≤+5℃的起止日期	—	—	—	—	—	—	10.23~04.16
日平均温度≤+5℃期间内的平均温度/℃	—	—	—	—	—	—	0.1
日平均温度≤+8℃的天数	0	0	8	29	0	0	208
日平均温度≤+8℃的起止日期	—	—	01.01~01.08	12.15~01.12	—	—	10.10~05.05
日平均温度≤+8℃期间内的平均温度/℃	—	—	7.9	7.5	—	—	1.1
极端最高气温/℃	32.6	34.1	33.0	31.6	36.4	32.5	25.6
极端最低气温/℃	-5.5	-1.3	-4.8	-4.2	1.4	-0.5	-27.4

续表 1.5

省/直辖市/自治区	西藏(7)						
市/区/自治州	拉萨	昌都地区	那曲地区	日喀则地区	林芝地区	阿里地区	山南地区
台站名称及编号	拉萨 55591	昌都 56137	那曲 55299	日喀则 55578	林芝 56312	狮泉河 55228	错那 55690
北纬	29°40'	31°09'	31°29'	29°15'	29°40'	32°30'	27°59'
东经	91°08'	97°10'	92°04'	88°53'	94°20'	80°05'	91°57'
海拔/m	3648.7	3306	4507	3936	2991.8	4278	9280
统计年份	1971~2000	1971~2000	1971~2000	1971~2000	1971~2000	1971~2000	1971~2000
年平均温度/℃	8.0	7.6	-1.2	6.5	8.7	0.4	-0.3
供暖室外计算温度/℃	-5.2	-5.9	-17.8	-7.3	-2	-19.8	-14.4
冬季通风室外计算温度/℃	-1.6	-2.3	-12.6	-3.2	0.5	-12.4	-9.9
冬季空气调节室外计算温度/℃	-7.6	-7.6	-21.9	-9.1	-3.7	-24.5	-18.2
冬季空气调节室外计算相对湿度/%	28	37	40	28	49	37	64
夏季空气调节室外计算干球温度/℃	24.1	26.2	17.2	22.6	22.9	22.0	13.2
夏季空气调节室外计算湿球温度/℃	13.5	15.1	9.1	13.4	15.6	9.5	8.7
夏季通风室外计算温度/℃	19.2	21.6	13.3	18.9	19.9	17.0	11.2
夏季空气调节室外计算日平均温度/℃	19.2	19.6	11.5	17.1	17.9	16.4	9.0
夏季室外平均风速/(m·s⁻¹)	1.8	1.2	2.5	1.3	1.6	3.2	4.1
夏季最多风向	C SE	C NW	C SE	C SSE	C E	C W	WSW
夏季最多风向的频率/%	30 12	48 6	30 7	51 9	38 11	24 14	31
夏季室外最大平均风速/(m·s⁻¹)	2.7	2.1	3.5	2.5	2.1	5.0	5.7
冬季室外平均风速/(m·s⁻¹)	2.0	0.9	3.0	1.8	2.0	2.6	3.6
冬季最多风向	C ESE	C NW	C WNW	C W	C E	C W	C WSW
冬季最多风向的频率/%	27 15	61 5	39 11	50 11	27 17	41 17	32 17
年最多风向	C SE	C NW	C WNW	C W	C E	C W	WSW
年最多风向的频率/%	28 12	51 6	34 8	48 7	32 14	33 16	25
冬季日照百分率/%	77	63	71	81	57	80	77
最大冻土深度/cm	19	81	281	58	13	—	86
冬季室外大气压力/hPa	650.6	679.9	583.9	636.1	706.5	602.0	598.3
夏季室外大气压力/hPa	652.9	681.7	589.1	638.5	706.2	604.8	602.7
日平均温度≤+5℃的天数	132	148	254	159	116	238	251
平均每年日平均温度≤+5℃期间内的平均温度/℃	0.61	0.3	-5.3	-0.3	2.0	-5.5	-3.7
日平均温度≤+5℃的起止日期	11.01~03.12	10.28~03.24	09.17~05.28	10.22~03.29	11.13~03.08	09.28~05.23	09.23~05.31
日平均温度≤+8℃的天数	179	185	300	194	172	263	365
平均每年日平均温度≤+8℃期间内的平均温度/℃	2.17	1.6	-3.4	1.0	3.4	-4.3	-0.1
日平均温度≤+8℃的起止日期	10.19~04.15	10.17~04.19	08.23~06.18	10.11~04.22	10.24~04.13	09.19~06.08	01.01~12.31
极端最高气温/℃	29.9	33.4	24.2	28.5	30.3	27.6	18.4
极端最低气温/℃	-16.5	-20.7	-37.6	-21.3	-13.7	-36.6	-37

续表 1.5

陕西(9)

省/直辖市/自治区　市/区/自治州	西安	延安	宝鸡	汉中	榆林	安康	铜川	咸阳
台站信息								
台站名称及编号	西安 57036	延安 53845	宝鸡 57016	汉中 57127	榆林 53646	安康 57245	铜川 53947	武功 57034
北纬	34°18'	36°36'	34°21'	33°04'	38°14'	32°43'	35°05'	34°15'
东经	108°56'	109°30'	107°08'	107°02'	109°42'	109°02'	109°04'	108°13'
海拔/m	397.5	958.5	612.4	509.5	1057.5	290.8	978.9	447.8
统计年份	1971~2000	1971~2000	1971~2000	1971~2000	1971~2000	1971~2000	1971~2000	1971~2000
室外计算温度、湿度								
年平均温度/℃	13.7	9.9	13.2	14.4	8.3	15.6	10.6	13.2
供暖室外计算温度/℃	-3.4	-10.3	-3.4	-0.1	-15.1	0.9	-7.2	-3.6
冬季通风室外计算温度/℃	-0.1	-5.5	0.1	2.4	-9.4	3.5	-3.0	-0.4
冬季空气调节室外计算温度/℃	-5.7	-13.3	-5.8	-1.8	-19.3	-0.9	-9.8	-5.9
冬季空气调节室外计算相对湿度/%	66	53	62	80	55	71	55	67
夏季空气调节室外计算干球温度/℃	35.0	32.4	34.1	32.3	32.2	35.0	31.5	34.3
夏季空气调节室外计算湿球温度/℃	25.8	22.8	24.8	26	21.5	26.8	23	*
夏季通风室外计算温度/℃	30.6	28.1	29.5	28.5	28.0	30.5	27.4	29.9
夏季空气调节室外计算日平均温度/℃	30.7	26.1	29.2	28.5	26.5	30.7	26.5	29.8
夏季室外计算相对湿度/%	58	52	58	69	45	64	60	61
风向、风速及频率								
冬季室外平均风速/(m·s⁻¹)	1.9	1.6	1.5	1.1	2.3	1.3	2.2	1.7
冬季最多风向	C ENE	C WSW	C ESE	C ESE	C S	C E	C ENE	C WNW
冬季最多风向的频率/%	28 13	28 16	37 12	43 9	27 17	41 7	20	28
夏季室外平均风速/(m·s⁻¹)	2.5	2.2	2.9	1.9	3.5	2.3	2.2	2.9
夏季最多风向	C ENE	C WSW	C ESE	C E	C N	C E	C ENE	C NW
夏季最多风向的频率/%	41 10	25 20	54 13	55 8	43 14	49 13	31	34 7
年平均风速/(m·s⁻¹)	2.5	2.4	2.8	2.4	2.9	2.9	2.3	2.3
年最多风向	C ENE	C WSW	C ESE	C ESE	C S	C E	C ENE	C WNW
年最多风向的频率/%	35 11	26 17	47 13	49 8	35 11	45 10	24	31 9
年日照百分率/%	32	61	40	27	64	30	58	42
最大冻土深度/cm	37	77	29	8	148	8	53	24
大气压力								
冬季室外大气压力/hPa	979.1	913.8	953.7	964.3	902.2	990.6	911.1	971.7
夏季室外大气压力/hPa	959.8	900.7	936.9	947.8	889.9	971.7	898.4	953.1
设计计算用供暖期天数及其平均温度								
日平均温度≤+5℃的天数	100	133	101	72	153	60	128	101
日平均温度≤+5℃的起止日期	11.23~03.02	11.06~03.18	11.23~03.03	12.04~02.13	10.27~03.28	12.12~02.09	11.10~03.17	11.23~03.03
平均温度≤+5℃期间内的平均温度/℃	1.5	-1.9	1.6	3.0	-3.9	3.8	-0.2	1.2
日平均温度≤+8℃的天数	127	159	135	115	171	100	148	133
日平均温度≤+8℃的起止日期	11.09~03.15	10.23~03.30	11.08~03.22	11.15~03.09	10.17~04.05	11.26~03.05	11.03~03.30	11.08~03.20
平均温度≤+8℃期间内的平均温度/℃	2.6	-0.5	3	4.3	-2.8	4.9	0.6	2.7
极端温度								
极端最高气温/℃	41.8	38.3	41.6	38.3	38.6	41.3	37.7	40.4
极端最低气温/℃	-12.8	-23.0	-16.1	-10.0	-30.0	-9.7	-21.8	-19.4

续表 1.5

项目	陕西(9)	甘肃(13)					
市（区）/自治州	商洛	兰州	酒泉	平凉	天水	陇南	张掖
台站名称	商州	兰州	酒泉	平凉	天水	武都	张掖
台站编号	57143	52889	52533	53915	57006	56096	52652
北纬	33°52′	36°03′	39°46′	35°33′	34°35′	33°24′	38°56′
东经	109°58′	103°53′	98°29′	106°40′	105°45′	104°55′	100°26′
海拔/m	742.2	1517.2	1477.2	1346.6	1141.7	1079.1	1481.7
统计年份	1971~2000	1971~2000	1971~2000	1971~2000	1971~2000	1971~2000	1971~2000
年平均温度/℃	12.8	9.8	7.5	8.8	11.0	14.6	7.3
供暖室外计算温度/℃	-3.3	-9.0	-14.5	-8.8	-5.7	0.0	-13.7
冬季通风室外计算温度/℃	0.5	-5.3	-9.0	-4.6	-2.0	3.3	-9.3
冬季空气调节室外计算温度/℃	-5	-11.5	-18.5	-12.3	-8.4	-2.3	-17.1
夏季空气调节室外计算干球温度/℃	32.9	31.2	30.5	29.8	30.8	32.6	31.7
夏季空气调节室外计算湿球温度/℃	24.3	20.1	19.6	21.3	21.8	22.3	19.5
夏季通风室外计算温度/℃	28.6	26.5	26.3	25.6	26.9	28.3	26.9
冬季空气调节室外计算相对湿度/%	56	45	39	56	55	52	37
夏季空气调节室外计算日平均温度/℃	27.6	26.0	24.8	24.0	25.9	28.5	25.1
夏季室外平均风速/(m·s⁻¹)	2.2	1.2	2.2	1.9	1.2	1.7	2.0
夏季室外最多风向	C SE	C ESE	C ESE	C SE	C ESE	C SSE	C S
夏季最多风向的频率/%	27 18	48 9	24 8	24 14	43 15	39 10	25 12
夏季室外最多风向的平均风速/(m·s⁻¹)	3.9	2.1	2.0	2.8	2.0	3.1	2.1
冬季室外平均风速/(m·s⁻¹)	2.6	0.5		2.1	1.0	1.2	1.8
冬季室外最多风向	C NW	C E	C W	C NW	C ESE	C ENE	C S
冬季最多风向的频率/%	22 16	74 5	21 12	22 20	51 15	47 8	27 13
冬季室外最多风向的平均风速/(m·s⁻¹)	4.1	1.7	2.4	2.2	2.2	2.3	2.1
年最多风向	C SE	C ESE	C WSW	C NW	C ESE	C SSE	C S
年最多风向的频率/%	26 15	59 7	21 10	24 16	47 15	43 8	25 12
年日照百分率/%	47	53	72	60	46	47	74
最大冻土深度/cm	18	98	117	48	90	13	113
冬季室外大气压力/hPa	937.7	851.5	856.3	870.0	892.4	898.0	855.5
夏季室外大气压力/hPa	923.3	843.2	847.2	860.8	881.2	887.3	846.5
日平均温度≤+5℃的天数	100	130	157	143	119	64	159
日平均温度≤+5℃的起止日期	11.25~03.04	11.05~03.14	10.23~03.28	11.05~03.27	11.11~03.09	12.09~02.10	10.21~03.28
平均温度≤+5℃期间内的平均温度/℃	1.9	-1.9	-4	-1.3	0.3	3.7	-4.0
日平均温度≤+8℃的天数	139	160	183	170	145	102	178
日平均温度≤+8℃的起止日期	11.09~03.27	10.20~03.28	10.12~04.12	10.18~04.05	11.04~03.28	11.23~03.04	10.12~04.07
平均温度≤+8℃期间内的平均温度/℃	3.3	-0.3	-2.4	0.0	1.4	4.8	-2.9
极端最高气温/℃	39.9	39.8	36.6	36.0	38.2	38.6	38.6
极端最低气温/℃	-13.9	-19.7	-29.8	-24.3	-17.4	-8.6	-28.2

左侧分类：台站信息；室外计算温度、湿度；风向、风速及频率；大气压力；设计计算用供暖期天数及其平均温度；平均温度。

续表 1.5

	省/直辖市/自治区	甘肃(13)						
	市/区/自治州	白银	金昌	庆阳	定西	武威	临夏州	甘南州
台站信息	台站名称及编号	靖远 52895	永昌 52674	西峰镇 53923	临洮 52986	武威 52679	临夏 52984	合作 56080
	北纬	36°34′	38°14′	35°44′	35°22′	37°55′	35°35′	35°00′
	东经	104°41′	101°58′	107°38′	103°52′	102°40′	103°11′	102°54′
	海拔/m	1398.2	1976.1	1421	1886.6	1530.9	1917	2910.0
	统计年份	1971~2000	1971~2000	1971~2000	1971~2000	1971~2000	1971~2000	1971~2000
	年平均温度/℃	9	5	8.7	7.2	7.9	7.0	2.4
室外计算温、湿度	供暖室外计算温度/℃	-10.7	-14.8	-9.6	-11.3	-12.7	-10.6	-13.8
	冬季通风室外计算温度/℃	-6.9	-9.6	-4.8	-7.0	-7.8	-6.7	-9.9
	冬季空气调节室外计算温度/℃	-13.9	-18.2	-12.9	-15.2	-16.3	-13.4	-16.6
	冬季空气调节室外计算相对湿度/%	58	45	53	62	49	59	49
	夏季空气调节室外计算干球温度/℃	30.9	27.3	28.7	27.7	30.9	26.9	22.3
	夏季空气调节室外计算湿球温度/℃	21	17.2	20.6	19.2	19.6	19.4	14.5
	夏季通风室外计算温度/℃	26.7	23	24.6	23.3	26.4	22.8	17.9
	夏季空气调节室外计算相对湿度/%	48	45	57	55	41	57	54
	夏季空气调节室外计算日平均温度/℃	25.9	20.6	24.3	22.1	24.8	21.2	15.9
风向、风速及频率	夏季通风室外计算相对湿度/(m·s⁻¹)	1.3	3.1	2.4	1.2	1.8	1.0	1.5
	夏季最多风向	C S	WNW	SSW	C SSW	C NNW	C WSW	C N
	夏季最多风向的频率/%	49 10	21	16	43 7	35 9	54 9	46 13
	夏季室外最多风向的平均风速/(m·s⁻¹)	3.3	3.6	2.9	1.7	3.3	2.0	3.3
	冬季最多风向	C ENE	C WNW	C NNW	C NE	C SW	C N	C N
	冬季最多风向的频率/%	69 6	27 16	13 10	52 7	35 11	47 10	63 8
	冬季室外最多风向的平均风速/(m·s⁻¹)	2.1	3.5	2.8	1.9	2.4	1.9	3.0
	年最多风向	C S	C WNW	SSW	C ESE	C SW	C NNE	C S
	年最多风向的频率/%	56 6	19 18	13	45 6	34 9	49 9	50 11
	年日照百分率/%	66	78	61	64	75	63	66
	最大冻土深度/cm	86	159	79	114	141	85	142
大气压力	冬季室外大气压力/hPa	864.5	802.8	861.8	812.6	850.3	809.4	713.2
	夏季室外大气压力/hPa	855	798.9	853.5	808.1	841.8	805.1	716.0
设计计算用供暖期天数及其平均温度	日平均温度≤+5℃的天数	138	175	144	155	155	156	202
	平均温度≤+5℃期间内的平均温度/℃	-2.7	-4.3	-1.5	-2.2	-3.1	-2.2	-3.9
	日平均温度≤+5℃的起止日期	11.03~03.20	10.15~04.04	11.05~03.28	10.25~03.28	10.24~03.27	10.24~03.28	10.08~04.27
	日平均温度≤+8℃的天数	167	199	171	183	174	185	250
	平均温度≤+8℃期间内的平均温度/℃	-1.1	-3.0	-0.2	-0.8	-2.0	-0.8	-1.8
	日平均温度≤+8℃的起止日期	10.19~04.03	10.05~04.21	10.18~04.06	10.14~04.14	10.14~04.05	10.13~04.15	09.15~05.22
	极端最高气温/℃	39.5	35.1	36.4	36.1	35.1	36.4	30.4
	极端最低气温/℃	-24.3	-28.3	-22.6	-27.9	-28.3	-24.7	-27.9

续表 1.5

省/直辖市/自治区		青海（8）						
市/区/自治州		西宁	玉树州	海西州	黄南州	海南州	果洛州	海北州
台站名称及编号		西宁 52866	玉树 56029	格尔木 52818	河南 56065	共和 52856	达日 56046	祁连 52657
台站信息	北纬	36°43′	33°01′	36°25′	34°44′	36°16′	33°45′	38°11′
	东经	101°45′	97°01′	94°54′	101°36′	100°37′	99°39′	100°15′
	海拔/m	2295.2	2681.2	2807.3	3500	2835	3967.5	2787.4
	统计年份	1971~2000	1971~2000	1971~2000	1971~2000	1971~2000	1971~2000	1971~2000
室外计算温度	年平均温度/℃	6.1	3.2	5.3	0.0	4.0	-0.9	1.0
	供暖室外计算温度/℃	-11.4	-11.9	-12.9	-18.0	-14	-18.0	-17.2
	冬季通风室外计算温度/℃	-7.4	-7.6	-9.1	-12.3	-9.8	-12.6	-13.2
	冬季空气调节室外计算温度/℃	-13.6	-15.8	-15.7	-22.0	-16.6	-21.1	-19.7
	夏季空气调节室外计算干球温度/℃	26.5	21.8	26.9	19.0	24.6	17.3	23.0
	夏季空气调节室外计算湿球温度/℃	16.6	13.1	13.3	12.4	14.8	10.9	13.8
	夏季通风室外计算温度/℃	21.9	17.3	21.6	14.9	19.8	13.4	18.3
室外计算湿度	夏季空气调节室外计算相对湿度/%	48	50	30	58	48	57	48
	夏季空气调节室外计算日平均温度/℃	20.8	15.5	21.4	13.2	19.3	12.1	15.9
风向、风速及频率	冬季室外平均风速/$(m \cdot s^{-1})$	1.5	0.8	3.3	2.4	2.0	2.2	2.2
	冬季最多风向	C SSE	C E	WNW	C SE	C SSE	C ENE	C SSE
	冬季最多风向的频率/%	37 17	63 7	20	29 13	30 8	32 12	23 19
	冬季室外最多风向的平均风速/$(m \cdot s^{-1})$	2.9	2.3	4.3	3.4	2.9	3.4	2.9
	夏季室外平均风速/$(m \cdot s^{-1})$	1.3	1.1	2.2	1.9	1.4	2.0	1.5
	夏季最多风向	C SSE	C WNW	C WSW	C NW	C NNE	C WNW	C SSE
	夏季最多风向的频率/%	49 18	62 7	23 12	47 6	45 12	48 7	36 13
	夏季室外最多风向的平均风速/$(m \cdot s^{-1})$	3.2	3.5	2.3	4.4	1.6	4.9	2.3
	年最多风向	C SSE	C WNW	WNW	C ESE	C NNE	C ENE	C SSE
	年最多风向的频率/%	41 20	60 6	15	35 9	36 10	38 7	27 17
	年最大日照百分率/%	68	60	72	69	75	62	73
大气压力	最大冻土深度/cm	123	104	84	177	150	238	250
	冬季室外大气压力/hPa	774.	647.5	723.5	663.1	720.1	624.0	725.1
	夏季室外大气压力/hPa	772.9	651.5	724.0	668.4	721.8	630.1	727.3
设计计算用供暖天数及其他	日平均温度≤+5℃的天数	165	199	176	243	183	255	213
	日平均温度≤+5℃的起止日期	10.20~04.02	10.09~04.25	10.15~04.08	09.17~05.17	10.14~04.14	09.14~05.26	09.29~04.29
	平均温度≤+5℃期间内的平均温度/℃	-2.6	-2.7	-3.8	-4.5	-4.1	-4.9	-5.8
	日平均温度≤+8℃的天数	190	248	203	285	210	302	252
	日平均温度≤+8℃的起止日期	10.10~04.17	09.17~05.22	10.02~04.22	09.01~06.12	09.30~04.27	08.23~06.20	09.12~05.21
	平均温度≤+8℃期间内的平均温度/℃	-1.4	-0.8	-2.4	-2.8	-2.7	-2.9	-3.8
平均温度	极端最高气温/℃	36.5	28.5	35.5	26.2	33.7	23.3	33.3
	极端最低气温/℃	-24.9	-27.6	-26.9	-37.2	-27.7	-34	-32.0

续表 1.5

台站信息			青海(8)	宁夏(5)				
省/直辖市/自治区			青海(8)	宁夏(5)				
市/区/自治州			海东地区	银川	石嘴山	吴忠	固原	中卫
台站名称及编号			民和 52876	银川 53614	惠农 53519	同心 53810	固原 53817	中卫 53704
北纬			36°19′	38°29′	39°13′	36°59′	36°00′	37°32′
东经			102°51′	106°13′	106°46′	105°54′	106°16′	105°11′
海拔/m			1813.9	1111.4	1091.0	1343.9	1753.0	1225.7
统计年份			1971~2000	1971~2000	1971~2000	1971~2000	1971~2000	1971~1990
室外计算温度、湿度	年平均温度/℃		7.9	9.0	8.8	9.1	6.4	8.7
	供暖室外计算温度/℃		−10.5	−13.1	−13.6	−12.0	−13.2	−12.6
	冬季通风室外计算温度/℃		−6.2	−7.9	−8.4	−7.1	−8.1	−7.5
	冬季空气调节室外计算温度/℃		−13.4	−17.3	−17.4	−16.0	−17.3	−16.4
	冬季空气调节室外计算相对湿度/%		51	55	50	50	56	51
	夏季空气调节室外计算干球温度/℃		28.8	31.2	31.8	32.4	27.7	31.0
	夏季空气调节室外计算湿球温度/℃		19.4	22.1	21.5	20.7	19	21.1
	夏季通风室外计算温度/℃		24.5	27.6	28.0	27.7	23.2	27.2
	夏季室外平均相对湿度/%		50	48	42	40	54	47
	夏季空气调节室外计算日平均温度/℃		23.3	26.2	26.8	26.6	22.2	25.7
风向、风速及频率	夏季室外平均风速/(m·s⁻¹)		1.4	2.1	3.1	3.2	2.7	1.9
	夏季最多风向		C　SE	C　SSW	C　SSW	SSE	C　SSE	C　ESE
	夏季最多风向的频率/%		38　8	21　11	15　12	23	19　14	37　20
	夏季室外最多风向的平均风速/(m·s⁻¹)		2.2	2.9	3.1	3.4	3.7	1.9
	冬季室外平均风速/(m·s⁻¹)		1.4	1.8	2.7	2.3	2.7	1.8
	冬季最多风向		C　SE	C　NNE	C　NNE	SSE	C　NNW	C　WNW
	冬季最多风向的频率/%		40　10	26　11	26　11	22　19	18　9	46　11
	冬季室外最多风向的平均风速/(m·s⁻¹)		2.6	2.2	4.7	2.8	3.8	2.6
	年最多风向		C　SE	C　NNE	C　SSW	SSE	C　SE	C　ESE
	年最多风向的频率/%		38　11	23　9	19　8	21	18　11	40　13
	冬季日照百分率/%		61	68	73	72	67	72
大气压力	最大冻土深度/cm		108	88	91	130	121	66
	冬季室外大气压力/hPa		820.3	896.1	898.2	870.6	826.8	883.0
	夏季室外大气压力/hPa		815.0	883.9	885.7	860.6	821.1	871.7
设计计算用供暖天数及其平均温度	日平均温度≤+5℃的天数		146	145	146	143	166	145
	日平均温度≤+5℃的起止日期		11.02~03.27	11.03~03.27	11.02~03.27	11.04~03.26	10.21~04.04	11.02~03.26
	平均温度≤+5℃期间内的平均温度/℃		−2.1	−3.2	−3.7	−2.8	−3.1	−3.1
	日平均温度≤+8℃的天数		173	169	169	168	189	170
	日平均温度≤+8℃的起止日期		10.15~04.05	10.19~04.05	10.19~04.05	10.19~04.04	10.10~04.16	10.18~04.05
	平均温度≤+8℃期间内的平均温度/℃		−0.8	−1.8	−2.3	−1.4	−1.9	−1.6
	极端最高气温/℃		37.2	38.7	38	39	34.6	37.6
	极端最低气温/℃		−24.9	−27.7	−28.4	−27.1	−30.9	−29.2

续表 1.5

省/直辖市/自治区	新疆(14)						
市/区/自治州	乌鲁木齐	克拉玛依	吐鲁番	哈密	和田	阿勒泰	喀什地区
台站名称及编号	乌鲁木齐	克拉玛依	吐鲁番	哈密	和田	阿勒泰	喀什
	51463	51243	51573	52203	51828	51076	51709
北纬	43°47′	45°37′	42°56′	42°49′	37°08′	47°44′	39°28′
东经	87°37′	84°51′	89°12′	93°31′	79°56′	88°05′	75°59′
海拔/m	917.9	449.5	34.5	737.2	1374.5	735.3	1288.7
统计年份	1971~2000	1971~2000	1971~2000	1971~2000	1971~2000	1971~2000	1971~2000
年平均温度/℃	7.0	8.6	14.4	10.0	12.5	4.5	11.8
供暖室外计算温度/℃	-19.7	-22.2	-12.6	-15.6	-8.7	-24.5	-10.9
冬季通风室外计算温度/℃	-12.7	-15.4	-7.6	-10.4	-4.4	-15.5	-5.3
冬季空气调节室外计算温度/℃	-23.7	-26.5	-17.1	-18.9	-12.8	-29.5	-14.6
冬季空气调节室外计算相对湿度/%	78	78	60	60	54	74	67
夏季空气调节室外计算干球温度/℃	33.5	36.4	40.3	35.8	34.5	30.8	33.8
夏季空气调节室外计算湿球温度/℃	18.2	19.8	24.2	22.3	21.6	19.9	21.2
夏季通风室外计算温度/℃	27.5	30.6	36.2	31.5	28.8	25.5	28.8
夏季通风室外计算相对湿度/%	34	26	26	28	36	43	34
夏季空气调节室外计算日平均温度/℃	28.3	32.3	35.3	30.0	28.9	26.3	28.7
夏季室外平均风速/(m·s⁻¹)	3.0	4.4	1.5	1.8	2.0	2.6	2.1
夏季最多风向	NNW	NNW	C ESE	C ENE	C WSW	C WNW	C NNW
夏季最多风向的频率/%	15	29	34 8	36 13	19 10	23 15	22 8
夏季室外最多风向的平均风速/(m·s⁻¹)	3.7	6.6	2.4	2.8	2.2	4.2	3.0
冬季室外平均风速/(m·s⁻¹)	1.6	1.1	0.5	1.5	1.4	1.2	1.1
冬季最多风向	C SSW	C E	C SSE	C ENE	C WSW	C ENE	C NNW
冬季最多风向的频率/%	29 10	49 7	67 4	37 16	31 8	52 9	44 9
冬季室外最多风向的平均风速/(m·s⁻¹)	2.0	2.1	1.3	2.1	1.8	2.4	1.7
年最多风向	C NNW	C NNW	C ESE	C ENE	C SW	C NE	C NNW
年最多风向的频率/%	15 12	21 19	48 7	35 13	23 10	31 9	33 9
冬季日照百分率/%	39	47	56	72	56	58	53
最大冻土深度/cm	139	192	83	127	64	139	66
冬季室外大气压力/hPa	924.6	979.0	1027.9	939.6	866.9	941.1	876.9
夏季室外大气压力/hPa	911.2	957.6	997.6	921.0	856.5	925.0	866.0
日平均温度≤+5℃的天数	158	147	118	141	114	176	121
日平均温度≤+5℃期间内的平均温度/℃	-7.1	-8.6	-3.4	-4.7	-1.4	-8.6	-1.9
日平均温度≤+8℃的天数	180	165	136	162	132	190	139
日平均温度≤+8℃的起止日期	10.14~04.11	10.19~04.01	10.30~03.14	10.18~03.28	11.03~03.14	10.08~04.15	10.30~03.17
日平均温度≤+5℃的起止日期	10.24~03.30	10.31~03.26	11.07~03.04	10.31~03.20	11.12~03.05	10.17~04.10	11.09~03.09
平均温度≤+8℃期间内的平均温度/℃	-5.4	-7.0	-2.0	-3.2	-0.3	-7.5	-0.7
极端最高气温/℃	42.1	42.7	47.7	43.2	41.1	37.5	39.9
极端最低气温/℃	-32.8	-34.3	-25.2	-28.6	-20.1	-41.6	-23.6

续表 1.5

省/首辖市/自治区		新疆（14）						
市/区/自治州		伊犁哈萨克自治州	巴音郭楞蒙古自治州	昌吉回族自治州	博尔塔拉蒙古自治州	阿克苏地区	塔城地区	克孜勒苏柯尔克孜自治
台站信息	台站名称及编号	伊宁 51431	库尔勒 51656	奇台 51379	精河 51334	阿克苏 51628	塔城 51133	乌恰 51705
	北纬	43°57'	41°45'	44°01'	44°37'	41°10'	46°44'	39°43'
	东经	81°20'	86°08'	89°31'	82°54'	80°14'	83°00'	75°15'
	海拔/m	662.5	931.5	793.5	320.1	1103.8	534.9	2175.7
	统计年份	1971~2000	1971~2000	1971~2000	1971~2000	1971~2000	1971~2000	1971~2000
室外计算温度、湿度	年平均温度/℃	9	11.7	5.2	7.8	10.3	7.1	7.3
	供暖室外计算温度/℃	-16.9	-11.1	-24.0	-22.2	-12.5	-19.2	-14.1
	冬季通风室外计算温度/℃	-8.8	-7	-17.0	-15.2	-7.8	-10.5	-8.2
	冬季空气调节室外计算温度/℃	-21.5	-15.3	-28.2	-25.8	-16.2	-24.7	-17.9
	冬季空气调节室外计算相对湿度/%	78	63	79	81	69	72	59
	夏季空气调节室外计算干球温度/℃	32.9	34.5	33.5	34.8	32.7	33.6	28.8
	夏季空气调节室外计算湿球温度/℃	21.3	22.1	19.5	*	*	*	*
	夏季通风室外计算温度/℃	27.2	30.0	27.9	30.0	28.4	27.5	23.6
	夏季通风室外计算相对湿度/%	45	33	34	39	39	39	27
	夏季空气调节室外计算日平均温度/℃	26.3	30.6	28.2	28.7	27.1	26.9	24.3
风向、风速及其频率	夏季室外平均风速/(m·s⁻¹)	2	2.6	3.5	1.7	1.7	2.2	3.1
	夏季最多风向	C ESE	C ENE	SSW	C SSW	C NNW	N	C WNW
	夏季最多风向的频率/%	20 16	28 19	18	28 14	28 8	16	21 15
	夏季室外最多风向的平均风速/(m·s⁻¹)	2.3	4.6	3.5	2	2.3	2.2	5.0
	冬季室外最多风向的平均风速/(m·s⁻¹)	1.3	1.8	2.5	1.0	1.2	2.0	1.4
	冬季最多风向	C E	C E	SSW	C SSW	C NNE	C WNW	C WNW
	冬季最多风向的频率/%	38 14	38 19	19	49 12	32 15	22 22	59 7
	年最多风向的平均风速/(m·s⁻¹)	2	3.2	2.9	1.6	1.6	2.1	5.9
	年最多风向	C ESE	C E	SSW	C SSW	C NNE	NNE	C WNW
	年最多风向的频率/%	28 14	32 16	17	37 13	31 10	17	36 12
	年日照百分率/%	56	62	60	43	61	57	62
	最大冻土深度/cm	60	58	136	141	80	160	650
大气压力	冬季室外大气压力/hPa	947.4	917.6	934.1	994.1	897.3	963.2	786.2
	夏季室外大气压力/hPa	934	902.3	919.4	971.2	884.3	947.5	784.3
设计计算用供暖期天数及其平均温度	日平均温度≤+5℃的天数	141	127	164	152	124	162	153
	日平均温度≤+5℃的起止日期	11.03~03.23	11.06~03.12	10.19~03.31	10.27~03.27	11.04~03.27	10.23~04.02	10.27~03.28
	平均温度≤+5℃期间内的平均温度/℃	-3.9	-2.9	-9.5	-7.7	-3.5	-5.4	-3.6
	日平均温度≤+8℃的天数	161	150	187	170	137	182	182
	日平均温度≤+8℃的起止日期	10.20~03.29	10.24~03.22	10.09~04.13	10.16~04.03	10.22~03.07	10.13~04.12	10.13~04.12
	平均温度≤+8℃期间内的平均温度/℃	-2.6	-1.4	-7.4	-6.2	-1.8	-4.1	-1.9
平均温度	极端最高气温/℃	39.2	40	40.5	41.6	39.6	41.3	35.7
	极端最低气温/℃	-36	-25.3	-40.1	-33.8	-25.2	-37.1	-29.9

①供暖室外计算温度,可按下式确定(化为整数):

$$t_{wn} = 0.57t_{lp} + 0.43t_{p \cdot min} \tag{1.1}$$

式中　t_{wn}——供暖室外计算温度(℃);

　　　t_{lp}——累年最冷月平均温度(℃);

　　　$t_{p \cdot min}$——累年最低日平均温度(℃)。

②冬季空气调节室外计算温度,可按下式确定(化为整数):

$$t_{wk} = 0.30t_{lp} + 0.70t_{p \cdot min} \tag{1.2}$$

式中　t_{wk}——冬季空气调节室外计算温度(℃)。

夏季通风室外计算温度,可按下式确定(化为整数):

$$t_{wf} = 0.71t_{rp} + 0.29t_{max} \tag{1.3}$$

式中　t_{wf}——夏季通风室外计算温度(℃);

　　　t_{rp}——累年最热月平均温度(℃);

　　　t_{max}——累年极端最高温度(℃)。

③夏季空气调节室外计算干球温度,可按下式确定:

$$t_{wg} = 0.71t_{rp} + 0.29t_{max} \tag{1.4}$$

式中　t_{wg}——夏季空气调节室外计算温度(℃)。

④夏季空气调节室外计算湿球温度,可按下列公式确定:

$$t_{ws} = 0.72t_{s \cdot rp} + 0.28t_{s \cdot max} \tag{1.5}$$

$$t_{ws} = 0.75t_{s \cdot rp} + 0.25t_{s \cdot max} \tag{1.6}$$

$$t_{ws} = 0.80t_{s \cdot rp} + 0.20t_{s \cdot max} \tag{1.7}$$

式中　t_{ws}——夏季空气调节室外计算湿球温度(℃);

　　　$t_{s \cdot rp}$——与累年最热平均温度和平均相对湿度相对应的湿球温度(℃),可在当地大气压力下的焓湿图上查得;

　　　$t_{s \cdot max}$——与累年极端最高温度和最热月平均相对湿度相对应的湿球温度(℃),可在当地大气压力下的焓湿图上查得。

注:式(1.5)适用于北部地区,式(1.6)适用于中部地区,式(1.7)适用于南部地区。

⑤夏季空气调节室外计算日平均温度,可按下式确定:

$$t_{wp} = 0.80t_{rp} + 0.20t_{max} \tag{1.8}$$

式中　t_{wp}——夏季空气调节室外计算日平均温度(℃)。

(2)供暖室外计算温度应采用历年平均不保证 5 天的日平均温度。

(3)冬季通风室外计算温度,应采用累年最冷月平均温度。

(4)冬季空调室外计算温度,应采用历年平均不保证 1 天的日平均温度。

(5)冬季空调室外计算相对湿度,应采用累年最冷月平均相对湿度。

(6)夏季空调室外计算干球温度,应采用历年平均不保证 50 小时的干球温度。

(7)夏季空调室外计算湿球温度,应采用历年平均不保证 50 小时的湿球温度。

(8)夏季通风室外计算温度,应采用历年最热月 14 时的月平均温度的平均值。

(9)夏季通风室外计算相对湿度,应采用历年最热月 14 时的月平均相对湿度的平均值。

(10)夏季空调室外计算日平均温度,应采用历年平均不保证 5 天的日平均温度。

(11)夏季空调室外计算逐时温度,可按下式确定:

$$t_{sh} = t_{wp} + \beta \Delta t_r \tag{1.9}$$

式中　t_{sh}——室外计算逐时温度(℃);

　　　　t_{wp}——夏季空调室外计算日平均温度(℃);

　　　　β——室外温度逐时变化系数,按表1.6采用;

　　　　Δt_r——夏季室外计算平均日较差,应按下式计算:

$$\Delta t_r = \frac{t_{wg} - t_{wp}}{0.52} \tag{1.10}$$

式中　t_{wg}——夏季空调室外计算干球温度(℃)。

表 1.6　室外空气温度逐时变化系数 β

时刻	1	2	3	4	5	6	7	8	9	10	11	12
β	−0.35	−0.38	−0.42	−0.45	−0.47	−0.41	−0.28	−0.12	0.03	0.16	0.29	0.40
时刻	13	14	15	16	17	18	19	20	21	22	23	24
β	0.48	0.52	0.51	0.43	0.39	0.28	0.14	0.00	−0.10	−0.17	−0.23	−0.26

(12)当室内温湿度必须全年保证时,应另行确定空调室外计算参数。仅在部分时间工作的空调系数,可根据实际情况选择室外计算参数。

(13)冬季室外平均风速,应采用累年最冷3个月各月平均风速的平均值;冬季室外最多风向的平均风速,应采用累年最冷3个月最多风向(静风除外)的各月平均风速的平均值;夏季室外平均风速,应采用累年最热3个月各月平均风速的平均值。

(14)冬季最多风向及其频率,应采用累年最冷3个月的最多风向及其平均频率;夏季最多风向及其频率,应采用累年最热3个月的最多风向及其平均频率;年最多风向及其频率,应采用累年最多风向及其平均频率。

(15)冬季室外大气压力,应采用累年最冷3个月各月平均大气压力的平均值;夏季室外大气压力,应采用累年最热3个月各月平均大气压力的平均值。

(16)冬季日照百分率,应采用累年最冷3个月各月平均日照百分率的平均值。

(17)设计计算用供暖期天数,应按累年日平均温度稳定低于或等于供暖室外临界温度的总日数确定。一般民用建筑供暖室外临界温度宜采用5 ℃。

(18)室外计算参数的统计年份宜取30年。不足30年者,也可按实有年份采用,但不得少于10年。

(19)山区的室外气象参数应根据就地的调查、实测并与地理和气候条件相似的邻近台站的气象资料进行比较确定。

1.3　审查依据及标准

(1)现行国家标准。

①《声环境质量标准》(GB 3096—2008)

②《生活饮用水卫生标准》(GB 5749—1985)

③《中等热环境 PMV 和 PPD 指数的测定及热舒适条件的规定》(GB/T 18049—2000)

④《医疗机构水污染物排放标准》(GB 18466—2005)

⑤《城市污水再生利用城市杂用水水质》(GB/T 18920—2002)

⑥《城市污水再生利用景观环境用水水质》(GB/T 18921—2002)

⑦《室外排水设计规范(2011 年版)》(GB 50014—2006)

⑧《建筑给水排水设计规范(2009 年版)》(GB 50015—2003)

⑨《建筑设计防火规范》(GB 50016—2006)

⑩《城镇燃气设计规范》(GB 50028—2006)

⑪《高层民用建筑设计防火规范(2005 年版)》(GB 50045—1995)

⑫《自动喷水灭火系统设计规范(2005 年版)》(GB 50084—2001)

⑬《中小学校设计规范》(GB 50099—2011)

⑭《火灾自动报警系统设计规范》(GB 50116—1998)

⑮《民用建筑隔声设计规范》(GB 50118—2010)

⑯《建筑灭火器配置设计规范》(GB 50140—2005)

⑰《泡沫灭火系统设计规范》(GB 50151—2010)

⑱《城市居住区规划设计规范(2002 年版)》(GB 50180—1993)

⑲《公共建筑节能设计标准》(GB 50189—2005)

⑳《水喷雾灭火系统设计规范》(GB 50219—1995)

㉑《通风与空调工程施工质量验收规范》(GB 50243—2002)

㉒《建筑中水设计规范》(GB 50336—2002)

㉓《住宅建筑规范》(GB 50368—2005)

㉔《民用建筑供暖通风与空气调节设计规范》(GB 50736—2012)

(2)现行行业标准。

①《民用电气设计规范》(JGJ 16—2008)

②《严寒和寒冷地区居住建筑节能设计标准》(JGJ 26—2010)

③《宿舍建筑设计规范》(JGJ 36—2005)

④《图书馆建筑设计规范》(JGJ 38—1999)

⑤《托儿所、幼儿园建筑设计规范》(JGJ 39—1987)

⑥《文化馆建筑设计规范》(JGJ 41—1987)

⑦《商店建筑设计规范》(JGJ 48—1988)

⑧《综合医院建筑设计规范》(JGJ 49—1988)

⑨《电影院建筑设计规范》(JGJ 58—2008)

⑩《旅馆建筑设计规范》(JGJ 62—1990)

⑪《饮食建筑设计规范》(JGJ 64—1989)

⑫《办公建筑设计规范》(JGJ 67—2006)

⑬《夏热冬暖地区居住建筑节能设计标准》(JGJ 75—2012)

⑭《汽车库建筑设计规范》(JGJ 100—1998)

⑮《老年人建筑设计规范》(JGJ 122—1999)

⑯《夏热冬冷地区居住建筑节能设计标准》(JGJ 134—2010)

⑰《污水排入城镇下水道水质标准》(CJ 343—2010)

第2章 审查主要内容及审查文件

2.1 审查主要内容

2.1.1 给水设计

给水设计重点审查内容如下：

(1)建筑物各种用水水源、用水定额、用水量、水压、水温等设计参数的确定。

(2)室内各种给水管道设计,不同环节中的防污染措施。

(3)水系统分区及压力保证技术措施。

(4)给水计费方式与水表设置。

(5)节水设计要求或节水措施。

(6)管材选用、管道布置及敷设、阀门设置。

(7)设备选型及其布置。

(8)管道防结露、防冻措施。

2.1.2 排水设计

排水设计重点审查内容如下：

(1)排水系统的选择。

(2)排水管材选用及管件、附件与其相关联的设计。

(3)管道布置及敷设。

(4)集(污)水池、检查井、化粪池、隔油池、降温池等设计。

(5)雨水排水系统。

2.1.3 消防给水设计

消防给水设计重点审查内容如下：

(1)工程的设计规模及项目组织,火灾危险性类别等。

(2)室内外消防水源、水量、水压、水箱、水池、水泵设备等各项设计参数。

(3)室内消火栓设置及布置的合理性。

(4)自喷系统喷头布置。

(5)消防水系统、消防泵房、控制方式及其相关技术保障措施。

(6)消防电梯、消防泵房、自喷末端试水装置等消防排水。

(7)配电室、柴油发电机房等特殊功能用房的消防设施。

(8)建筑灭火器的配置设计。

2.1.4　采暖设计

采暖设计重点审查内容如下:

(1)热负荷计算书。

(2)室内外计算参数的选取。

(3)采暖方式的选择计算。

(4)采暖系统形式的选择。

(5)采暖末端设备的选型及布置。

(6)采暖系统调节及温度控制方式等。

(7)热水系统的防腐、保温设计。

2.1.5　通风设计

通风设计重点审查内容如下:

(1)建筑物全面通风换气设计。

(2)厂房事故通风设计。

(3)局部排风设计。

2.1.6　空调设计

空调设计重点审查内容如下:

(1)建筑物的地理位置、高度、建筑面积、冷热源设置情况。

(2)室内外设计参数的选择。

(3)冷热负荷计算书。

(4)空调系统冷热源设计。

(5)空调系统形式的选择。

(6)空调新风方式的选择。

(7)空调气流组织的设计。

2.1.7　防排烟设计

防排烟设计重点审查内容如下:

(1)防火分区、防烟分区。

(2)防、排烟方式选择。

(3)防、排烟系统设计风机、风道、风量、风压、风速、风口等技术参数。

(4)通风与空调系统的防火、防爆技术措施。

(5)排烟风机、防火阀、风口等联锁控制。

(6)风(烟道)、送风(排烟口)布置;管道井、防烟机房等防火分割措施。

2.1.8　节能设计

节能设计重点审查内容如下:

(1)采暖节能设计。

（2）空调通风节能设计。

（3）设计深度。

2.2　主要审查文件

施工图审查中所依据的主要审查文件介绍如下：

（1）《房屋建筑和市政基础设施工程施工图设计文件审查管理办法》（住房和城乡建设部令第13号）（摘录）。

第三条　国家实施施工图设计文件（含勘察文件，以下简称施工图）审查制度。

本办法所称施工图审查，是指施工图审查机构（以下简称审查机构）按照有关法律、法规，对施工图涉及公共利益、公众安全和工程建设强制性标准的内容进行的审查。施工图审查应当坚持先勘察、后设计的原则。

施工图未经审查合格的，不得使用。从事房屋建筑工程、市政基础设施工程施工、监理等活动，以及实施对房屋建筑和市政基础设施工程质量安全监督管理，应当以审查合格的施工图为依据。

第四条　国务院住房城乡建设主管部门负责对全国的施工图审查工作实施指导、监督。

县级以上地方人民政府住房城乡建设主管部门负责对本行政区域内的施工图审查工作实施监督管理。

第五条　省、自治区、直辖市人民政府住房城乡建设主管部门应当按照本办法规定的审查机构条件，结合本行政区域内的建设规模，确定相应数量的审查机构。具体办法由国务院住房城乡建设主管部门另行规定。

审查机构是专门从事施工图审查业务，不以营利为目的的独立法人。

省、自治区、直辖市人民政府住房城乡建设主管部门应当将审查机构名录报国务院住房城乡建设主管部门备案，并向社会公布。

第六条　审查机构按承接业务范围分两类，一类机构承接房屋建筑、市政基础设施工程施工图审查业务范围不受限制；二类机构可以承接中型及以下房屋建筑、市政基础设施工程的施工图审查。

房屋建筑、市政基础设施工程的规模划分，按照国务院住房城乡建设主管部门的有关规定执行。

第七条　一类审查机构应当具备下列条件：

（一）有健全的技术管理和质量保证体系。

（二）审查人员应当有良好的职业道德；有15年以上所需专业勘察、设计工作经历；主持过不少于5项大型房屋建筑工程、市政基础设施工程相应专业的设计或者甲级工程勘察项目相应专业的勘察；已实行执业注册制度的专业，审查人员应当具有一级注册建筑师、一级注册结构工程师或者勘察设计注册工程师资格，并在本审查机构注册；未实行执业注册制度的专业，审查人员应当具有高级工程师职称；近5年内未因违反工程建设法律法规和强制性标准受到行政处罚。

（三）在本审查机构专职工作的审查人员数量：从事房屋建筑工程施工图审查的，结构专业审查人员不少于7人，建筑专业不少于3人，电气、暖通、给排水、勘察等专业审查人员各不少于2人;从事市政基础设施工程施工图审查的,所需专业的审查人员不少于7人,其他必须配套的专业审查人员各不少于2人;专门从事勘察文件审查的,勘察专业审查人员不少于7人。

承担超限高层建筑工程施工图审查的,还应当具有主持过超限高层建筑工程或者100 m以上建筑工程结构专业设计的审查人员不少于3人。

(四)60岁以上审查人员不超过该专业审查人员规定数的1/2。

(五)注册资金不少于300万元。

第八条　二类审查机构应当具备下列条件:

(一)有健全的技术管理和质量保证体系。

(二)审查人员应当有良好的职业道德;有10年以上所需专业勘察、设计工作经历;主持过不少于5项中型以上房屋建筑工程、市政基础设施工程相应专业的设计或者乙级以上工程勘察项目相应专业的勘察;已实行执业注册制度的专业,审查人员应当具有一级注册建筑师、一级注册结构工程师或者勘察设计注册工程师资格,并在本审查机构注册;未实行执业注册制度的专业,审查人员应当具有高级工程师职称;近5年内未因违反工程建设法律法规和强制性标准受到行政处罚。

(三)在本审查机构专职工作的审查人员数量:从事房屋建筑工程施工图审查的,结构专业审查人员不少于3人,建筑、电气、暖通、给排水、勘察等专业审查人员各不少于2人;从事市政基础设施工程施工图审查的,所需专业的审查人员不少于4人,其他必须配套的专业审查人员各不少于2人;专门从事勘察文件审查的,勘察专业审查人员不少于4人。

(四)60岁以上审查人员不超过该专业审查人员规定数的1/2。

(五)注册资金不少于100万元。

第九条　建设单位应当将施工图送审查机构审查,但审查机构不得与所审查项目的建设单位、勘察设计企业有隶属关系或者其他利害关系。送审管理的具体办法由省、自治区、直辖市人民政府住房城乡建设主管部门按照"公开、公平、公正"的原则规定。

建设单位不得明示或者暗示审查机构违反法律法规和工程建设强制性标准进行施工图审查,不得压缩合理审查周期、压低合理审查费用。

第十条　建设单位应当向审查机构提供下列资料并对所提供资料的真实性负责:

(一)作为勘察、设计依据的政府有关部门的批准文件及附件;

(二)全套施工图;

(三)其他应当提交的材料。

第十一条　审查机构应当对施工图审查下列内容:

(一)是否符合工程建设强制性标准;

(二)地基基础和主体结构的安全性;

(三)是否符合民用建筑节能强制性标准,对执行绿色建筑标准的项目,还应当审查是否符合绿色建筑标准;

(四)勘察设计企业和注册执业人员以及相关人员是否按规定在施工图上加盖相应的图章和签字;

(五)法律、法规、规章规定必须审查的其他内容。

第十二条　施工图审查原则上不超过下列时限:

（一）大型房屋建筑工程、市政基础设施工程为 15 个工作日,中型及以下房屋建筑工程、市政基础设施工程为 10 个工作日。

（二）工程勘察文件,甲级项目为 7 个工作日,乙级及以下项目为 5 个工作日。

以上时限不包括施工图修改时间和审查机构的复审时间。

第十三条　审查机构对施工图进行审查后,应当根据下列情况分别作出处理：

（一）审查合格的,审查机构应当向建设单位出具审查合格书,并在全套施工图上加盖审查专用章。审查合格书应当有各专业的审查人员签字,经法定代表人签发,并加盖审查机构公章。审查机构应当在出具审查合格书后 5 个工作日内,将审查情况报工程所在地县级以上地方人民政府住房城乡建设主管部门备案。

（二）审查不合格的,审查机构应当将施工图退建设单位并出具审查意见告知书,说明不合格原因。同时,应当将审查意见告知书及审查中发现的建设单位、勘察设计企业和注册执业人员违反法律、法规和工程建设强制性标准的问题,报工程所在地县级以上地方人民政府住房城乡建设主管部门。

施工图退建设单位后,建设单位应当要求原勘察设计企业进行修改,并将修改后的施工图送原审查机构复审。

第十四条　任何单位或者个人不得擅自修改审查合格的施工图;确需修改的,凡涉及本办法第十一条规定内容的,建设单位应当将修改后的施工图送原审查机构审查。

第十五条　勘察设计企业应当依法进行建设工程勘察、设计,严格执行工程建设强制性标准,并对建设工程勘察、设计的质量负责。

审查机构对施工图审查工作负责,承担审查责任。施工图经审查合格后,仍有违反法律、法规和工程建设强制性标准的问题,给建设单位造成损失的,审查机构依法承担相应的赔偿责任。

第十六条　审查机构应当建立、健全内部管理制度。施工图审查应当有经各专业审查人员签字的审查记录。审查记录、审查合格书、审查意见告知书等有关资料应当归档保存。

第十七条　已实行执业注册制度的专业,审查人员应当按规定参加执业注册继续教育。

未实行执业注册制度的专业,审查人员应当参加省、自治区、直辖市人民政府住房城乡建设主管部门组织的有关法律、法规和技术标准的培训,每年培训时间不少于 40 学时。

第十八条　按规定应当进行审查的施工图,未经审查合格的,住房城乡建设主管部门不得颁发施工许可证。

第十九条　县级以上人民政府住房城乡建设主管部门应当加强对审查机构的监督检查,主要检查下列内容：

（一）是否符合规定的条件;

（二）是否超出范围从事施工图审查;

（三）是否使用不符合条件的审查人员;

（四）是否按规定的内容进行审查;

（五）是否按规定上报审查过程中发现的违法违规行为;

（六）是否按规定填写审查意见告知书;

（七）是否按规定在审查合格书和施工图上签字盖章;

（八）是否建立健全审查机构内部管理制度;

（九）审查人员是否按规定参加继续教育。

县级以上人民政府住房城乡建设主管部门实施监督检查时，有权要求被检查的审查机构提供有关施工图审查的文件和资料，并将监督检查结果向社会公布。

第二十条　审查机构应当向县级以上地方人民政府住房城乡建设主管部门报审查情况统计信息。

县级以上地方人民政府住房城乡建设主管部门应当定期对施工图审查情况进行统计，并将统计信息报上级住房城乡建设主管部门。

第二十一条　县级以上人民政府住房城乡建设主管部门应当及时受理对施工图审查工作中违法、违规行为的检举、控告和投诉。

第二十二条　县级以上人民政府住房城乡建设主管部门对审查机构报告的建设单位、勘察设计企业、注册执业人员的违法违规行为，应当依法进行查处。

第二十三条　审查机构列入名录后不再符合规定条件的，省、自治区、直辖市人民政府住房城乡建设主管部门应当责令其限期改正；逾期不改的，不再将其列入审查机构名录。

第二十四条　审查机构违反本办法规定，有下列行为之一的，由县级以上地方人民政府住房城乡建设主管部门责令改正，处3万元罚款，并记入信用档案；情节严重的，省、自治区、直辖市人民政府住房城乡建设主管部门不再将其列入审查机构名录：

（一）超出范围从事施工图审查的；

（二）使用不符合条件审查人员的；

（三）未按规定的内容进行审查的；

（四）未按规定上报审查过程中发现的违法违规行为的；

（五）未按规定填写审查意见告知书的；

（六）未按规定在审查合格书和施工图上签字盖章的；

（七）已出具审查合格书的施工图，仍有违反法律、法规和工程建设强制性标准的。

第二十五条　审查机构出具虚假审查合格书的，审查合格书无效，县级以上地方人民政府住房城乡建设主管部门处3万元罚款，省、自治区、直辖市人民政府住房城乡建设主管部门不再将其列入审查机构名录。

审查人员在虚假审查合格书上签字的，终身不得再担任审查人员；对于已实行执业注册制度的专业的审查人员，还应当依照《建设工程质量管理条例》第七十二条、《建设工程安全生产管理条例》第五十八条规定予以处罚。

第二十六条　建设单位违反本办法规定，有下列行为之一的，由县级以上地方人民政府住房城乡建设主管部门责令改正，处3万元罚款；情节严重的，予以通报：

（一）压缩合理审查周期的；

（二）提供不真实送审资料的；

（三）对审查机构提出不符合法律、法规和工程建设强制性标准要求的。

建设单位为房地产开发企业的，还应当依照《房地产开发企业资质管理规定》进行处理。

第二十七条　依照本办法规定，给予审查机构罚款处罚的，对机构的法定代表人和其他直接责任人员处机构罚款数额5%以上10%以下的罚款，并记入信用档案。

（2）《建筑工程施工图设计文件审查暂行办法》（住房和城乡建设部〔2000〕41号）（摘录）。

第四条　本办法所称施工图审查是指国务院建设行政主管部门和省、自治区、直辖市人民政府建设行政主管部门,依照本办法认定的设计审查机构,根据国家的法律、法规、技术标准与规范,对施工图进行结构安全和强制性标准、规范执行情况等进行的独立审查。

第五条　建筑工程设计等级分级标准中的各类新建、改建、扩建的建筑工程项目均属审查范围。省、自治区、直辖市人民政府建设行政主管部门,可结合本地的实际,确定具体的审查范围。

第六条　建设单位应当将施工图报送建设行政主管部门,由建设行政主管部门委托有关审查机构,进行结构安全和强制性标准、规范执行情况等内容的审查。

第七条　施工图审查的主要内容:

(一)建筑物的稳定性、安全性审查,包括地基基础和主体结构体系是否安全、可靠;

(二)是否符合消防、节能、环保、抗震、卫生、人防等有关强制性标准、规范;

(三)施工图是否达到规定的深度要求;

(四)是否损害公众利益。

第八条　建设单位将施工图报建设行政主管部门审查时,还应同时提供下列资料:

(一)批准的立项文件或初步设计批准文件;

(二)主要的初步设计文件;

(三)工程勘察成果报告;

(四)结构计算书及计算软件名称。

第九条　为简化手续,提高办事效率,凡需进行消防、环保、抗震等专项审查的项目,应当逐步做到有关专业审查与结构安全性审查统一报送、统一受理;通过有关专项审查后,由建设行政主管部门统一颁发设计审查批准书。

第十条　审查机构应当在收到审查材料后20个工作日内完成审查工作,并提出审查报告;特级和一级项目应当在30个工作日内完成审查工作,并提出审查报告,其中重大及技术复杂项目的审查时间可适当延长。审查合格的项目,审查机构向建设行政主管部门提交项目施工图审查报告,由建设行政主管部门向建设单位通报审查结果,并颁发施工图审查批准书。对审查不合格的项目,提出书面意见后,由审查机构将施工图退回建设单位,并由原设计单位修改,重新送审。

施工图审查批准书,由省级建设行政主管部门统一印制,并报国务院建设行政主管部门备案。

第十一条　施工图审查报告的主要内容应当符合本办法第七条的要求,并由审查人员签字、审查机构盖章。

第十二条　凡应当审查而未经审查或者审查不合格的施工图项目,建设行政主管部门不得发放施工许可证,施工图也不得交付施工。

第十三条　施工图一经审查批准,不得擅自进行修改。如遇特殊情况需要进行涉及审查主要内容的修改时,必须重新报请原审批部门,由原审批部门委托审查机构审查后再批准实施。

第十四条　建设单位或者设计单位对审查机构作出的审查报告如有重大分歧时,可由建设单位或者设计单位向所在省、自治区、直辖市人民政府建设行政主管部门提出复查申请,由省、自治区、直辖市人民政府建设行政主管部门组织专家论证并做出复查结果。

第十五条　建筑工程竣工验收时,有关部门应当按照审查批准的施工图进行验收。

第十六条　建设单位要对报送建设行政主管部门的审查材料的真实性负责;勘察、设计单位对提交的勘察报告、设计文件的真实性负责,并积极配合审查工作。

建设行政主管部门对在勘察设计文件中弄虚作假的单位和个人将依法予以处罚。

第十七条　设计审查人员必须具备下列条件:

(一)具有10年以上结构设计工作经历,独立完成过五项二级以上(含二级)项目工程设计的一级注册结构工程师、高级工程师,年满35周岁,最高不超过65周岁;

(二)有独立工作能力,并有一定语言文字表达能力;

(三)有良好的职业道德。

上述人员经省级建设行政主管部门组织考核认定后,可以从事审查工作。

第十八条　设计审查机构的设立,应当坚持内行审查的原则。符合以下条件的机构方可申请承担设计审查工作:

(一)具有符合设计审查条件的工程技术人员组成的独立法人实体;

(二)有固定的工作场所,注册资金不少于20万元;

(三)有健全的技术管理和质量保证体系;

(四)地级以上城市(含地级市)的审查机构,具有符合条件的结构审查人员不少于6人;勘察、建筑和其他配套专业的审查人员不少于7人。县级城市的设计审查机构应具备的条件,由省级人民政府建设行政主管部门规定。

(五)审查人员应当熟练掌握国家和地方现行的强制性标准、规范。

第十九条　符合第十八条规定的直辖市、计划单列市、省会城市的设计审查机构,由省、自治区、直辖市建设行政主管部门初审后,报国务院建设行政主管部门审批,并颁发施工图设计审查许可证;其他城市的设计审查机构由省级建设行政主管部门审批,并颁发施工图设计审查许可证。取得施工图设计审查许可证的机构,方可承担审查工作。

首批通过建筑工程甲级资质换证的设计单位,申请承担设计审查工作时,建设行政主管部门应优先予以考虑。

已经过省、自治区、直辖市建设行政主管部门或计划单列市、省会城市建设行政主管部门批准设立的专职审查机构,按本办法做适当调整、充实,并取得施工图设计审查许可证后,可继续承担审查工作。

第二十条　施工图审查工作所需经费,由施工图审查机构向建设单位收取。具体取费标准由省、自治区、直辖市人民政府建设行政主管部门商当地有关部门确定。

第二十一条　施工图审查机构和审查人员应当依据法律、法规和国家与地方的技术标准认真履行审查职责。施工图审查机构应当对审查的图纸质量负相应的审查责任,但不代替设计单位承担设计质量责任。施工图审查机构不得对本单位,或与本单位有直接经济利益关系的单位完成的施工图进行审查。

审查人员要在审查过的图纸上签字。对玩忽职守、徇私舞弊、贪污受贿的审查人员和机构,由建设行政主管部门依法给予暂停或者吊销其审查资格,并处以相应的经济处罚。

构成犯罪的,依法追究其刑事责任。

第3章 施工图审查要点分析

3.1 给水设计

为了审查方便,现将规范对给水设计要求汇总如下(**黑体部分**为强制性条文)。

(1)以下是关于《建筑给水排水设计规范(2009年版)》(GB 50015—2003)摘录。

3.1.1 小区给水设计用水量应根据下列用水量确定:

1.居民生活用水量;

2.公共建筑用水量;

3.绿化用水量;

4.水景、娱乐设施用水量;

5.道路、广场用水量;

6.公用设施用水量;

7.未预见用水量及管网漏失水量;

8.消防用水量。

注:消防用水量仅用于校核管网计算,不计入正常用水量。

3.2.1 生活饮用水系统的水质应符合现行国家标准《生活饮用水卫生标准》(GB 5749)的要求。

3.2.2 当采用中水为生活杂用水时,生活杂用水系统的水质应符合现行国家标准《城市污水再生利用 城市杂用水水质》(GB/T 18920)的要求。

3.2.3 城镇给水管道严禁与自备水源的供水管道直接连接。

3.2.3A 中水、回用雨水等非生活饮用水管道严禁与生活饮用水管道连接。

3.2.4 生活饮用水不得因管道内产生虹吸、背压回流而受污染。

3.2.4A 卫生器具和用水设备、构筑物等的生活饮用水管配水件出水口应符合下列规定:

1.出水口不得被任何液体或杂质所淹没;

2.出水口高出承接用水容器溢流边缘的最小空气间隙,不得小于出水口直径的2.5倍。

3.2.4B 生活饮用水水池(箱)的进水管口的最低点高出溢流边缘的空气间隙应等于进水管管径,但最小不应小于25 mm,最大可不大于150 mm。当进水管从最高水位以上进入水池(箱),管口为淹没出流时,应采取真空破坏器等防虹吸回流措施。

注:不存在虹吸回流的低位生活饮用水贮水池,其进水管不受本条限制,但进水管仍宜从最高水面以上进入水池。

3.2.4C 从生活饮用水管网向消防、中水和雨水回用水等其他用水的贮水池(箱)补水时,其进水管口最低点高出溢流边缘的空气间隙不应小于150 mm。

3.2.5 从生活饮用水管道上直接供下列用水管道时,应在这些用水管道的下列部位设

置倒流防止器:

1. 从城镇给水管网的不同管段接出两路及两路以上的引入管,且与城镇给水管形成环状管网的小区或建筑物,在其引入管上;

2. 从城镇生活给水管网直接抽水的水泵的吸水管上;

3. 利用城镇给水管网水压且小区引入管无防回流设施时,向商用的锅炉、热水机组、水加热器、气压水罐等有压容器或密闭容器注水的进水管上。

3.2.5A　从小区或建筑物内生活饮用水管道系统上接至下列用水管道或设备时,应设置倒流防止器:

1. 单独接出消防用水管道时,在消防用水管道的起端;

2. 从生活饮用水贮水池抽水的消防水泵出水管上。

3.2.5B　生活饮用水管道系统上接至下列含有对健康有危害物质等有害有毒场所或设备时,应设置倒流防止设施:

1. 贮存池(罐)、装置、设备的连接管上;

2. 化工剂罐区、化工车间、实验楼(医药、病理、生化)等除按本条第 1 款设置外,还应在其引入管上设置空气间隙。

3.2.5C　从小区或建筑物内生活饮用水管道上直接接出下列用水管道时,应在这些用水管道上设置真空破坏器:

1. 当游泳池、水上游乐池、按摩池、水景池、循环冷却水集水池等的充水或补水管道出口与溢流水位之间的空气间隙小于出口管径 2.5 倍时,在其充(补)水管上;

2. 不含有化学药剂的绿地喷灌系统,当喷头为地下式或自动升降式时,在其管道起端;

3. 消防(软管)卷盘;

4. 出口接软管的冲洗水嘴与给水管道连接处。

3.2.5D　空气间隙、倒流防止器和真空破坏器的选择,应根据回流性质、回流污染的危害程度及设防等级按本规范附录 A 确定。

注:在给水管道防回流设施的设置点,不应重复设置。

3.2.6　严禁生活饮用水管道与大便器(槽)、小便斗(槽)采用非专用冲洗阀直接连接冲洗。

3.2.7　生活饮用水管道应避开毒物污染区,当条件限制不能避开时,应采取防护措施。

3.2.8　供单体建筑的生活饮用水池(箱)应与其他用水的水池(箱)分开设置。

3.2.8A　当小区的生活贮水量大于消防贮水量时,小区的生活用水贮水池与消防用贮水池可合并设置,合并贮水池有效容积的贮水设计更新周期不得大于 48 h。

3.2.9　埋地式生活饮用水贮水池周围 10 m 以内,不得有化粪池、污水处理构筑物、渗水井、垃圾堆放点等污染源;周围 2 m 以内不得有污水管和污染物。当达不到此要求时,应采取防污染的措施。

3.2.10　建筑物内的生活饮用水水池(箱)体,应采用独立结构形式,不得利用建筑物的本体结构作为水池(箱)的壁板、底板及顶盖。

生活饮用水水池(箱)与其他用水水池(箱)并列设置时,应有各自独立的分隔墙。

3.2.11　建筑物内的生活饮用水水池(箱)宜设在专用房间内,其上层的房间不应有厕所、浴室、盥洗室、厨房、污水处理间等。

3.2.12　生活饮用水水池(箱)的构造和配管,应符合下列规定:

1. 人孔、通气管、溢流管应有防止生物进入水池(箱)的措施;

2. 进水管宜在水池(箱)的溢流水位以上接入;

3. 进出水管布置不得产生水流短路,必要时应设导流装置;

4. 不得接纳消防管道试压水、泄压水等回流水或溢流水;

5. 泄水管和溢流管的排水应符合本规范第4.3.13条的规定;

6. 水池(箱)材质、衬砌材料和内壁涂料,不得影响水质。

3.2.13　当生活饮用水水池(箱)内的贮水48 h内不能得到更新时,应设置水消毒处理装置。

3.3.1　小区的室外给水系统,其水量应满足小区内全部用水的要求,其水压应满足最不利配水点的水压要求。

小区的室外给水系统,应尽量利用城镇给水管网的水压直接供水。当城镇给水管网的水压、水量不足时,应设置贮水调节和加压装置。

3.3.1A　小区给水系统设计应综合利用各种水资源,宜实行分质供水,充分利用再生水、雨水等非传统水源;优先采用循环和重复利用给水系统。

3.3.2　小区的加压给水系统,应根据小区的规模、建筑高度和建筑物的分布等因素确定加压站的数量、规模和水压。

3.3.2A　当采用直接从城镇给水管网吸水的叠压供水时,应符合下列要求:

1. 叠压供水设计方案应经当地供水行政主管部门及供水部门批准认可;

2. 叠压供水的调速泵机组的扬程应按吸水端城镇给水管网允许最低水压确定。泵组出水量应符合本规范第3.8.2条的规定;叠压供水系统在用户正常用水情况下不得断水;

注:当城镇给水管网用水低谷时段的水压能满足最不利用水点水压要求时,可设置旁通管,由城镇给水管网直接供水。

3. 叠压供水当配置气压给水设备时,应符合本规范第3.8.5条的规定;当配置低位水箱时,贮水池的有效容积应按给水管网不允许低水压抽水时段的用水量确定,并应采取技术措施保证贮水在水箱中停留时间不得超过12 h;

4. 叠压供水设备的技术性能应符合国家现行标准《管网叠压供水设备》(CJ/T 254)的要求。

3.3.3　建筑物内的给水系统宜按下列要求确定:

1. 应利用室外给水管网的水压直接供水。当室外给水管网的水压和(或)水量不足时,应根据卫生安全、经济节能的原则选用贮水调节和加压供水方案;

2. 给水系统的竖向分区应根据建筑物用途、层数、使用要求、材料设备性能、维护管理、节约供水、能耗等因素综合确定;

3. 不同使用性质或计费的给水系统,应在引入管后分成各自独立的给水管网。

3.3.5　高层建筑生活给水系统应竖向分区,竖向分区压力应符合下列要求:

1. 各分区最低卫生器具配水点处的静水压不宜大于0.45 MPa;

2. 静水压大于0.35 MPa的入户管(或配水横管),宜设减压或调压设施;

3. 各分区最不利配水点的水压,应满足用水水压要求。

3.3.5A　居住建筑入户管给水压力不应大于0.35 MPa。

3.3.6　建筑高度不超过100 m的建筑的生活给水系统,宜采用垂直分区并联供水或分区减压的供水方式;建筑高度超过100 m的建筑,宜采用垂直串联供水方式。

3.4.1　给水系统采用的管材和管件,应符合国家现行有关产品标准的要求。管材和管件的工作压力不得大于产品标准公称压力或标称的允许工作压力。

3.4.2　小区室外埋地给水管道采用的管材,应具有耐腐蚀和能承受相应地面荷载的能力。可采用塑料给水管、有衬里的铸铁给水管、经可靠防腐处理的钢管。管内壁的防腐材料,应符合现行的国家有关卫生标准的要求。

3.4.3　室内的给水管道,应选用耐腐蚀和安装连接方便可靠的管材,可采用塑料给水管、塑料和金属复合管、铜管、不锈钢管及经可靠防腐处理的钢管。

注:高层建筑给水立管不宜采用塑料管。

3.4.4　给水管道上使用的各类阀门的材质,应耐腐蚀和耐压。根据管径大小和所承受压力的等级及使用温度,可采用全铜、全不锈钢、铁壳铜芯和全塑阀门等。

3.4.5　给水管道的下列部位应设置阀门:

1.小区给水管道从城镇给水管道的引入管段上;

2.小区室外环状管网的节点处,应按分隔要求设置。环状管段过长时,宜设置分段阀门;

3.从小区给水干管上接出的支管起端或接户管起端;

4.入户管、水表前和各分支立管;

5.室内给水管道向住户、公用卫生间等接出的配水管起端;

6.水池(箱)、加压泵房、加热器、减压阀、倒流防止器等处应按安装要求配置。

3.4.6　给水管道上使用的阀门,应根据使用要求按下列原则选型:

1.需调节流量、水压时,宜采用调节阀、截止阀;

2.要求水流阻力小的部位宜采用闸板阀、球阀、半球阀;

3.安装空间小的场所,宜采用蝶阀、球阀;

4.水流需双向流动的管段上,不得使用截止阀;

5.口径较大的水泵,出水管上宜采用多功能阀。

3.4.7　给水管道的下列管段上应设置止回阀:

1.直接从城镇给水管网接入小区或建筑物的引入管上;

注:装有倒流防止器的管段,不需再装止回阀。

2.密闭的水加热器或用水设备的进水管上;

3.水泵出水管上;

4.进出水管合用一条管道的水箱、水塔和高地水池的出水管段上。

3.4.8　止回阀的阀型选择,应根据止回阀的安装部位、阀前水压、关闭后的密闭性能要求和关闭时引发的水锤大小等因素确定,并应符合下列要求:

1.阀前水压小的部位,宜选用旋启式、球式和梭式止回阀;

2.关闭后密闭性能要求严密的部位,宜选用有关闭弹簧的止回阀;

3.要求削弱关闭水锤的部位,宜选用速闭消声止回阀或有阻尼装置的缓闭止回阀;

4.止回阀的阀瓣或阀芯,应能在重力或弹簧力作用下自行关闭;

5.管网最小压力或水箱最低水位应能自动开启止回阀。

6.当水箱、水塔进出水为同一管道时,不宜选用振动大的旋启式或升降式止回阀。

3.4.8A　倒流防止器设置位置应满足下列要求：

1.不应装在有腐蚀性和污染的环境；

2.排水口不得直接接至排水管，应采用间接排水；

3.应安装在便于维护的地方，不得安装在可能结冻或被水淹没的场所。

3.4.8B　真空破坏器设置位置应满足下列要求：

1.不应装在有腐蚀性和污染的环境；

2.应直接安装于配水支管的最高点，其位置高出最高用水点或最高溢流水位的垂直高度，压力型不得小于 300 mm；大气型不得小于 150 mm；

3.真空破坏器的进气口应向下。

3.4.9　给水管网的压力高于配水点允许的最高使用压力时，应设置减压阀，减压阀的配置应符合下列要求：

1.比例式减压阀的减压比不宜大于 3∶1；当采用减压比大于 3∶1 时，应避免气蚀区。可调式减压阀的阀前与阀后的最大压差不宜大于 0.4 MPa，要求环境安静的场所不应大于 0.3 MPa；当最大压差超过规定值时，宜串联设置；

2.阀后配水件处的最大压力应按减压阀失效情况下进行校核，其压力不应大于配水件的产品标准规定的水压试验压力；

注：1.当减压阀串联使用时，按其中一个失效情况下，计算阀后最高压力；

2.配水件的试验压力应按其工作压力的 1.5 倍计。

3.减压阀前的水压宜保持稳定，阀前的管道不宜兼作配水管；

4.当阀后压力允许波动时，宜采用比例式减压阀；当阀后压力要求稳定时，宜采用可调式减压阀；

5.当供水保证率要求高、停水会引起重大经济损失的给水管道上设置减压阀时，宜采用两个减压阀，并联设置，一用一备，但不得设置旁通管。

3.4.11　当给水管网存在短时超压工况，且短时超压会引起使用不安全时，应设置泄压阀。泄压阀的设置应符合下列要求：

1.泄压阀前应设置阀门；

2.泄压阀的泄水口应连接管道，泄压水宜排入非生活用水水池，当直接排放时，可排入集水井或排水沟。

3.4.12　安全阀阀前不得设置阀门，泄压口应连接管道将泄压水（气）引至安全地点排放。

3.4.15　给水管道的下列部位应设置管道过滤器：

1.减压阀、泄压阀、自动水位控制阀、温度调节阀等阀件前应设置；

2.水加热器的进水管上，换热装置的循环冷却水进水管上宜设置；

3.水泵吸水管上宜设置。

注：过滤器的滤网应采用耐腐蚀材料，滤网网孔尺寸应按使用要求确定。

3.5.1　小区的室外给水管网，宜布置成环状网，或与城镇给水管连接成环状网。环状给水管网与城镇给水管的连接管不宜少于两条。

3.5.2　小区的室外给水管道应沿区内道路敷设，宜平行于建筑物敷设在人行道、慢车道或草地下；管道外壁距建筑物外墙的净距不宜小于 1 m，且不得影响建筑物的基础。

小区的室外给水管道与其他地下管线及乔木之间的最小净距,应符合本规范附录 B 的规定。

3.5.2A　室外给水管道与污水管道交叉时,给水管道应敷设在上面,且接口不应重叠;当给水管道敷设在下面时,应设置钢套管,钢套管的两端应采用防水材料封闭。

3.5.3　室外给水管道的覆土深度,应根据土壤冰冻深度、车辆荷载、管道材质及管道交叉等因素确定。管顶最小覆土深度不得小于土壤冰冻线以下 0.15 m,行车道下的管线覆土深度不宜小于 0.70 m。

3.5.5　敷设在室外综合管廊(沟)内的给水管道,宜在热水、热力管道下方,冷冻管和排水管的上方。给水管道与各种管道之间的净距,应满足安装操作的需要,且不宜小于 0.3 m。

室内冷、热水管上、下平行敷设时,冷水管应在热水管下方。卫生器具的冷水连接管,应在热水连接管的右侧。

生活给水管道不宜与输送易燃、可燃或有害的液体或气体的管道同管廊(沟)敷设。

3.5.8　室内给水管道不得布置在遇水会引起燃烧、爆炸的原料、产品和设备的上面。

3.5.12　塑料给水管道在室内宜暗设。明设时立管应布置在不易受撞击处,如不能避免时,应在管外加保护措施。

3.5.13　塑料给水管道不得布置在灶台上边缘;明设的塑料给水立管距灶台边缘不得小于 0.4 m,距燃气热水器边缘不宜小于 0.2 m。达不到此要求时,应有保护措施。

塑料给水管道不得与水加热器或热水炉直接连接,应有不小于 0.4 m 的金属管段过渡。

3.5.15　建筑物内埋地敷设的生活给水管与排水管之间的最小净距,平行埋设时不宜小于 0.50 m;交叉埋设时不应小于 0.15 m,且给水管应在排水管的上面。

3.5.16　给水管道的伸缩补偿装置,应按直线长度、管材的线胀系数、环境温度和管内水温的变化、管道节点的允许位移量等因素经计算确定。应利用管道自身的折角补偿温度变形。

3.5.17　当给水管道结露会影响环境,引起装饰、物品等受损害时,给水管道应做防结露保冷层,防结露保冷层的计算和构造,可按现行国家标准《设备及管道保冷技术通则》(GB/T11790)执行。

3.5.18　给水管道暗设时,应符合下列要求:

1.不得直接敷设在建筑物结构层内;

2.干管和立管应敷设在吊顶、管井、管窿内,支管宜敷设在楼(地)面的垫层内或沿墙敷设在管槽内;

3.敷设在垫层或墙体管槽内的给水支管的外径不宜大于 25 mm;

4.敷设在垫层或墙体管槽内的给水管管材宜采用塑料、金属与塑料复合管材或耐腐蚀的金属管材;

5.敷设在垫层或墙体管槽内的管材,不得有卡套式或卡环式接口,柔性管材宜采用分水器向各卫生器具配水,中途不得有连接配件,两端接口应明露。

3.5.20　给水管道应避免穿越人防地下室,必须穿越时应按现行国家标准《人民防空地下室设计规范》(GB50038)的要求设置防护阀门等措施。

3.5.24　在室外明设的给水管道,应避免受阳光直接照射,塑料给水管还应有有效保护措施;在结冻地区应做保温层,保温层的外壳应密封防渗。

3.6.1B　小区的给水引入管的设计流量,应符合下列要求:

1. 小区给水引入管的设计流量应按本规范第 3.6.1、3.6.1A 条的规定计算,并应考虑未预计水量和管网漏失量;

2. 不少于两条引入管的小区室外环状给水管网,当其中一条发生故障时,其余的引入管应能保证不小于 70% 的流量;

3. 当小区室外给水管网为支状布置时,小区引入管的管径不应小于室外给水干管的管径;

4. 小区环状管道宜管径相同。

3.6.2　居住小区的室外生活、消防合用给水管道,应按本规范第 3.6.1 条规定计算设计流量(淋浴用水量可按 15% 计算,绿化、道路及广场浇洒用水可不计算在内),再叠加区内一次火灾的最大消防流量(有消防贮水和专用消防管道供水的部分应扣除),并应对管道进行水力计算校核,管道末梢的室外消火栓从地面算起的水压,不得低于 0.1 MPa。

设有室外消火栓的室外给水管道,管径不得小于 100 mm。

3.6.3　建筑物的给水引入管的设计流量,应符合下列要求:

1. 当建筑物内的生活用水全部由室外管网直接供水时,应取建筑物内的生活用水设计秒流量;

2. 当建筑物内的生活用水全部自行加压供给时,引入管的设计流量应为贮水调节池的设计补水量。设计补水量不宜大于建筑物最高日最大时用水量,且不得小于建筑物最高日平均时用水量;

3. 当建筑物内的生活用水既有室外管网直接供水、又有自行加压供水时,应按本条第 1、2 款计算设计流量后,将两者叠加作为引入管的设计流量。

3.6.11　生活给水管道的配水管的局部水头损失,宜按管道的连接方式,采用管(配)件当量长度法计算。当管道的管(配)件当量长度资料不足时,可按下列管件的连接状况,按管网的沿程水头损失的百分数取值:

1. 管(配)件内径与管道内径一致,采用三通分水时,取 25% ~30%;采用分水器分水时,取 15% ~20%;

2. 管(配)件内径略大于管道内径,采用三通分水时,取 50% ~60%;采用分水器分水时,取 30% ~35%;

3. 管(配)件内径略小于管道内径,管(配)件的插口插入管口内连接,采用三通分水时,取 70% ~80%;采用分水器分水时,取 35% ~40%。

注:附录 D 为螺纹接口的阀门及管件的摩阻损失当量长度表。

3.7.1　小区采用水塔作为生活用水的调节构筑物时,应符合下列规定:

1. 水塔的有效容积应经计算确定;

2. 有冻结危险的水塔应有保温防冻措施。

3.7.2　小区生活用贮水池设计应符合下列规定:

1. 小区生活用贮水池的有效容积应根据生活用水调节量和安全贮水量等确定,并应符合下列规定:

1)生活用水调节量应按流入量和供出量的变化曲线经计算确定,资料不足时可按小区最高日生活用水量的 15% ~20% 确定;

2)安全贮水量应根据城镇供水制度、供水可靠程度及小区对供水的保证要求确定;

3)当生活用水贮水池贮存消防用水时,消防贮水量应按国家现行的有关消防规范执行。

2.贮水池宜分成容积基本相等的两格。

3.7.3　建筑物内的生活用水低位贮水池(箱)应符合下列规定:

1.贮水池(箱)的有效容积应按进水量与用水量变化曲线经计算确定;当资料不足时,宜按建筑物最高日用水量的20%~25%确定;

2.池(箱)外壁与建筑本体结构墙面或其他池壁之间的净距,应满足施工或装配的要求,无管道的侧面,净距不宜小于0.7 m;安装有管道的侧面,净距不宜小于1.0 m,且管道外壁与建筑本体墙面之间的通道宽度不宜小于0.6 m;设有人孔的池顶,顶板面与上面建筑本体板底的净空不应小于0.8 m;

3.贮水池(箱)不宜毗邻电气用房和居住用房或在其下方;

4.贮水池内宜设有水泵吸水坑,吸水坑的大小和深度,应满足水泵或水泵吸水管的安装要求。

3.7.4　无调节要求的加压给水系统,可设置吸水井,吸水井的有效容积不应小于水泵3 min的设计流量。吸水井的其他要求应符合本规范第3.7.3条的规定。

3.7.5　生活用水高位水箱应符合下列规定:

1.由城镇给水管网夜间直接进水的高位水箱的生活用水调节容积,宜按用水人数和最高日用水定额确定;由水泵联动提升进水的水箱的生活用水调节容积,不宜小于最大用水时水量的50%;

2.高位水箱箱壁与水箱间墙壁及箱顶与水箱间顶面的净距应符合本规范第3.7.3条第2款的规定,箱底与水箱间地面板的净距,当有管道敷设时不宜小于0.8 m;

3.水箱的设置高度(以底板面计)应满足最高层用户的用水水压要求,当达不到要求时,宜采取管道增压措施。

3.7.6　建筑物贮水池(箱)应设置在通风良好、不结冻的房间内。

3.7.7　水塔、水池、水箱等构筑物应设进水管、出水管、溢流管、泄水管和信号装置,并应符合下列要求:

1.水池(箱)设置和管道布置应符合本规范第3.2.9~3.2.13条有关防止水质污染的规定;

2.进、出水管宜分别设置,并应采取防止短路的措施;

3.当利用城镇给水管网压力直接进水时,应设置自动水位控制阀,控制阀直径应与进水管管径相同,当采用浮球阀时不宜少于二个,且进水管标高应一致;

4.当水箱采用水泵加压进水时,应设置水箱水位自动控制水泵开、停的装置。当一组水泵供给多个水箱进水时,在进水管上宜装设电信号控制阀,由水位监控设备实现自动控制;

5.溢流管宜采用水平喇叭口集水;喇叭口下的垂直管段不宜小于4倍溢流管管径。溢流管的管径,应按能排泄水塔(池、箱)的最大入流量确定,并宜比进水管管径大一级;

6.泄水管的管径,应按水池(箱)泄空时间和泄水受体排泄能力确定。当水池(箱)中的水不能以重力自流泄空时,应设置移动或固定的提升装置;

7.水塔、水池应设水位监视和溢流报警装置,水箱宜设置水位监视和溢流报警装置。信息应传至监控中心。

3.7.8　生活用水中途转输水箱的转输调节容积宜取转输水泵 5～10 min 的流量。

3.8.1　选择生活给水系统的加压水泵,应遵守下列规定:

1. 水泵的 $Q～H$ 特性曲线,应是随流量的增大,扬程逐渐下降的曲线;

注:对 $Q～H$ 特性曲线存在有上升段的水泵,应分析在运行工况中不会出现不稳定工作时方可采用。

2. 应根据管网水力计算进行选泵,水泵应在其高效区内运行;

3. 生活加压给水系统的水泵机组应设备用泵,备用泵的供水能力不应小于最大一台运行水泵的供水能力。水泵宜自动切换交替运行。

3.8.2　小区的给水加压泵站,当给水管网无调节设施时,宜采用调速泵组或额定转速泵编组运行供水。泵组的最大出水量不应小于小区生活给水设计流量,生活与消防合用给水管道系统还应按本规范第 3.6.2 条以消防工况校核。

3.8.3　建筑物内采用高位水箱调节的生活给水系统时,水泵的最大出水量不应小于最大小时用水量。

3.8.4　生活给水系统采用调速泵组供水时,应按系统最大设计流量选泵,调速泵在额定转速时的工作点,应位于水泵高效区的末端。

3.8.4A　变频调速泵组电源应可靠,并宜采用双电源或双回路供电方式。

(2)以下是关于《住宅设计规范》(GB 50096—2011)摘录。

8.2.1　住宅各类生活供水系统水质应符合国家现行有关标准的规定。

8.2.2　入户管的供水压力不应大于 0.35 MPa。

8.2.3　套内用水点供水压力不宜大于 0.20 MPa,且不应小于用水器具要求的最低压力。

8.2.4　住宅应设置热水供应设施或预留安装热水供应设施的条件。生活热水的设计应符合下列规定:

1. 集中生活热水系统配水点的供水水温不应低于 45 ℃;

2. 集中生活热水系统应在套内热水表前设置循环回水管;

3. 集中生活热水系统热水表后或户内热水器不循环的热水供水支管,长度不宜超过8 m。

(3)以下是关于《建筑中水设计规范》(GB 50336—2002)摘录。

3.1.1　建筑物中水水源可取自建筑的生活排水和其他可以利用的水源。

3.1.6　综合医院污水作为中水水源时,必须经过消毒处理,产出的中水仅可用于独立的不与人直接接触的系统。

3.1.7　传染病医院、结核病医院污水和放射性废水,不得作为中水水源。

5.4.1　中水供水系统必须独立设置。

5.4.2　中水系统供水量按照《建筑给水排水设计规范》中的用水定额及本规范表 3.1.4中规定的百分率计算确定。

5.4.3　中水供水系统的设计秒流量和管道水力计算、供水方式及水泵的选择等按照《建筑给水排水设计规范》中给水部分执行。

5.4.4　中水供水管道宜采用塑料给水管、塑料和金属复合管或其他给水管材,不得采用非镀锌钢管。

5.4.5 中水贮存池(箱)宜采用耐腐蚀、易清垢的材料制作。钢板池(箱)内、外壁及其附配件均应采取防腐蚀处理。

5.4.6 中水供水系统上,应根据使用要求安装计量装置。

5.4.7 **中水管道上不得装设取水龙头。当装有取水接口时,必须采取严格的防止误饮、误用的措施。**

5.4.8 绿化、浇洒、汽车冲洗宜采用有防护功能的壁式或地下式给水栓。

(4)以下是关于《民用建筑设计通则》(GB 50352—2005)摘录。

8.1.6 建筑给水设计应符合下列规定:

1. 宜实行分质供水,优先采用循环或重复利用的给水系统;

2. 应采用节水型卫生洁具和水嘴;

3. 住宅应分户设置水表计量,公共建筑的不同用户应分设水表计量;

4. 建筑物内的生活给水系统及消防供水系统的压力应符合给排水设计规范和防火规范有关规定;

5. 条件许可的新建居住区和公共建筑中可设置管道直饮水系统。

(5)以下是关于《住宅建筑规范》(GB 50368—2005)摘录。

8.2.1 生活给水系统和生活热水系统的水质、管道直饮水系统的水质和生活杂用水系统的水质均应符合使用要求。

8.2.2 生活给水系统应充分利用城镇给水管网的水压直接供水。

8.2.3 生活饮用水供水设施和管道的设置,应保证二次供水的使用要求。供水管道、阀门和配件应符合耐腐蚀和耐压的要求。

8.2.4 套内分户用水点的给水压力不应小于0.05 MPa,入户管的给水压力不应大于0.35 MPa。

8.2.5 采用集中热水供应系统的住宅,配水点的水温不应低于45 ℃。

(6)以下是关于《综合医院建筑设计规范》(JGJ 49—1988)摘录。

第5.2.3条 下列用房的洗涤池,均应采用非手动开关,并应防止污水外溅:

一、诊查室、诊断室、产房、手术室、检验科、医生办公室、护士室、治疗室、配方室、无菌室;

二、其他有无菌要求或需要防止交叉感染的用房。

(7)以下是关于《旅馆建筑设计规范》(JGJ 62—1990)摘录。

第5.1.2条 给水。

一、给水设计应有可靠的水源和供水管道系统,以满足生活和消防用水要求,当仅有一条供水管或供水量不足时,应按有关防火规范和生活供水要求设置蓄水池。

二、生活用水定额应符合表5.1.2的规定。

表 5.1.2　生活用水定额

建筑等级	用水量/(升·最高日$^{-1}$·每床$^{-1}$)	小时变化系数
一级、二级	400~500	2.0
三级	300~400	
四级、五级	200~300	
六级	100~200	2.5~2.0

注:食堂、洗衣房、游泳池、理发室及职工用水等用水定额应按现行的《建筑给水排水设计规范》执行。

三、客房卫生间卫生器具给水配件处的静水压,最高不宜超过 350 kPa(3.5 kg/cm^2),水压超过上述规定时,应考虑分区供水或设减压装置。

四、水箱间和水泵房位置应尽量避免与客房及需要安静的房间(电子计算机房、消防中心等房间)毗邻,并应便于维修和管理。泵房及设备应采取消声和减震措施。高层建筑的水泵出水管应有消除水锤措施。

五、贮水池、高位水箱应有防污染措施,且容积不宜过大,以防水质变坏。

六、采用非饮用水做冲洗和浇洒等用水时,应有明显的标志,非饮用水管道不得与饮用水管道相连。

3.2　排水设计

为了审查方便,现将规范对排水设计要求汇总如下(**黑体部分**为强制性条文)。

(1)以下是关于《建筑给水排水设计规范(2009 年版)》(GB 50015—2003)摘录。

4.1.1　小区排水系统应采用生活排水与雨水分流制排水。

4.1.2　建筑物内下列情况下宜采用生活污水与生活废水分流的排水系统:

1.建筑物使用性质对卫生标准要求较高时;

2.生活废水量较大,且环卫部门要求生活污水需经化粪池处理后才能排入城镇排水管道时;

3.生活废水需回收利用时。

4.1.3　下列建筑排水应单独排水至水处理或回收构筑物:

1.职工食堂、营业餐厅的厨房含有大量油脂的洗涤废水;

2.机械自动洗车台冲洗水;

3.含有大量致病菌,放射性元素超过排放标准的医院污水;

4.水温超过 40 ℃的锅炉、水加热器等加热设备排水;

5.用作回用水水源的生活排水;

6.实验室有害有毒废水。

4.1.4　建筑物雨水管道应单独设置,雨水回收利用可按现行国家标准《建筑与小区雨水利用技术规范》(GB 50400)执行。

4.2.3　大便器选用应根据使用对象、设置场所、建筑标准等因素确定,且均应选用节水型大便器。

4.2.6　当构造内无存水弯的卫生器具与生活污水管道或其他可能产生有害气体的排水管道连接时,必须在排水口以下设存水弯。存水弯的水封深度不得小于 50 mm。严禁采用活动机械密封替代水封。

4.2.7A　卫生器具排水管段上不得重复设置水封。

4.3.1　小区排水管的布置应根据小区规划、地形标高、排水流向,按管线短、埋深小、尽可能自流排出的原则确定。当排水管道不能以重力自流排入市政排水管道时,应设置排水泵房。

注:特殊情况下,经技术经济比较合理时,可采用真空排水系统。

4.3.2　小区排水管道最小覆土深度应根据道路的行车等级、管材受压强度、地基承载力等因素经计算确定,并应符合下列要求:

1. 小区干道和小区组团道路下的管道,其覆土深度不宜小于 0.70 m;

2. 生活污水接户管道埋设深度不得高于土壤冰冻线以上 0.15 m,且覆土深度不宜小于 0.30 m。

注:当采用埋地塑料管道时,排出管埋设深度可不高于土壤冰冻线以上 0.50 m。

4.3.3　建筑物内排水管道布置应符合下列要求:

1. 自卫生器具至排出管的距离应最短,管道转弯应最少;

2. 排水立管宜靠近排水量最大的排水点;

3. 排水管道不得敷设在对生产工艺或卫生有特殊要求的生产厂房内,以及食品和贵重商品仓库、通风小室、电气机房和电梯机房内;

4. 排水管道不得穿过沉降缝、伸缩缝、变形缝、烟道和风道;当排水管道必须穿过沉降缝、伸缩缝和变形缝时,应采取相应技术措施;

5. 排水埋地管道,不得布置在可能受重物压坏处或穿越生产设备基础;

6. 排水管道不得穿越住宅客厅、餐厅,并不宜靠近与卧室相邻的内墙;

7. 排水管道不宜穿越橱窗、壁柜;

8. 塑料排水立管应避免布置在易受机械撞击处;当不能避免时,应采取保护措施;

9. 塑料排水管应避免布置在热源附近;当不能避免,并导致管道表面受热温度大于 60 ℃时,应采取隔热措施。塑料排水立管与家用灶具边净距不得小于 0.4 m;

10. 当排水管道外表面可能结露时,应根据建筑物性质和使用要求,采取防结露措施。

4.3.3A　排水管道不得穿越卧室。

4.3.4　排水管道不得穿越生活饮用水池部位的上方。

4.3.5　室内排水管道不得布置在遇水会引起燃烧、爆炸的原料、产品和设备的上面。

4.3.6　排水横管不得布置在食堂、饮食业厨房的主副食操作、烹调和备餐的上方。当受条件限制不能避免时,应采取防护措施。

4.3.6A　厨房间和卫生间的排水立管应分别设置。

4.3.7　排水管道宜在地下或楼板填层中埋设或在地面上、楼板下明设。当建筑有要求时,可在管槽、管道井、管窿、管沟或吊顶、架空层内暗设,但应便于安装和检修。在气温较高、全年不结冻的地区,可沿建筑物外墙敷设。

4.3.8　下列情况下卫生器具排水横支管应设置同层排水:

1. 住宅卫生间的卫生器具排水管要求不穿越楼板进入他户时;

2. 按本规范第 4.3.3A~4.3.6 条的规定受条件限制时。

4.3.8A　住宅卫生间同层排水形式应根据卫生间空间、卫生器具布置、室外环境气温等因素,经技术经济比较确定。

4.3.8B　同层排水设计应符合下列要求:

1. 地漏设置应符合本规范第 4.5.7~4.5.10A 条的要求;

2. 排水管道管径、坡度和最大设计充满度应符合本规范第 4.4.9、4.4.10、4.4.12 条的要求;

3. 器具排水横支管布置和设置标高不得造成排水滞留、地漏冒溢;

4. 埋设于填层中的管道不得采用橡胶圈密封接口;

5. 当排水横支管设置在沟槽内时,回填材料、面层应能承载器具、设备的荷载;

6. 卫生间地坪应采取可靠的防渗漏措施。

4.3.9　室内管道的连接应符合下列规定:

1. 卫生器具排水管与排水横支管垂直连接,宜采用 90°斜三通;

2. 排水管道的横管与立管连接,宜采用 45°斜三通或 45°斜四通和顺水三通或顺水四通;

3. 排水立管与排出管端部的连接,宜采用两个 45°弯头、弯曲半径不小于 4 倍管径的 90°弯头或 90°变径弯头;

4. 排水立管应避免在轴线偏置;当受条件限制时,宜用乙字管或两个 45°弯头连接;

5. 当排水支管、排水立管接入横干管时,应在横干管管顶或其两侧 45°范围内采用 45°斜三通接入。

4.3.10　塑料排水管道应根据其管道的伸缩量设置伸缩节,伸缩节宜设置在汇合配件处。排水横管应设置专用伸缩节。

注:1. 当排水管道采用橡胶密封配件时,可不设伸缩节;

2. 室内、外埋地管道可不设伸缩节。

4.3.11　当建筑塑料排水管穿越楼层、防火墙、管道井井壁时,应根据建筑物性质、管径和设置条件、以及穿越部位防火等级等要求设置阻火装置。

4.3.12　靠近排水立管底部的排水支管连接,应符合下列要求:

1. 排水立管最低排水横支管与立管连接处距排水立管管底垂直距离不得小于表 4.3.12 的规定;

表 4.3.12　最低横支管与立管连接处至立管管底的最小垂直距离

立管连接卫生器具的层数	垂直距离/m	
	仅设伸顶通气	设通气立管
≤4	0.45	按配件最小安装尺寸确定
5~6	0.75	
7~12	1.20	
13~19	3.00	0.75
≥20	3.00	1.20

注:单根排水、立管的排出管宜与排水立管相同管径。

2. 排水支管连接在排出管或排水横干管上时,连接点距立管底部下游水平距离不得小于

1.5 m。

3. 横支管接入横干管竖直转向管段时,连接点应距转向处以下不得小于0.6 m。

4. 下列情况下底层排水支管应单独排至室外检查井或采取有效的防反压措施:

1)当靠近排水立管底部的排水支管的连接不能满足本条第1、2款的要求时。

2)在距排水立管底部1.5 m距离之内的排出管、排水横管有90°水平转弯管段时。

4.3.12A　当排水立管采用内螺旋管时,排水立管底部宜采用长弯变径接头,并排出管管径宜放大一号。

4.3.14　设备间接排水宜排入邻近的洗涤盆、地漏。无法满足时,可设置排水明沟、排水漏斗或容器。间接排水的漏斗或容器不得产生溅水、溢流,并应布置在容易检查、清洁的位置。

4.3.15　间接排水口最小空气间隙,宜按表4.3.15确定。

表4.3.15　间接排水口最小空气间隙

间接排水管管径/mm	排水口最小空气间隙/mm
≤25	50
32～50	100
>50	150

注:饮料用贮水箱的间接排水口最小空气间隙,不得小于150 mm。

4.3.17　当废水中可能夹带纤维或有大块物体时,应在排水管道连接处设置格栅或带网筐地漏。

4.3.18　室外排水管的连接应符合下列要求:

1. 排水管与排水管之间的连接,应设检查井连接;

注:排出管较密且无法直接连接检查井时,可在室外采用管件连接后接入检查井,但应设置清扫口。

2. 室外排水管,除有水流跌落差以外,宜管顶平接;

3. 排出管管顶标高不得低于室外接户管管顶标高;

4. 连接处的水流偏转角不得大于90°。当排水管管径小于等于300 mm且跌落差大于0.3 m时,可不受角度的限制。

4.3.22　排水管道在穿越楼层设套管且立管底部架空时,应在立管底部设支墩或其他固定措施。地下室立管与排水横管转弯处也应设置支墩或固定措施。

4.5.1　排水管材选择应符合下列要求:

1. 小区室外排水管道,应优先采用埋地排水塑料管;

2. 建筑内部排水管道应采用建筑排水塑料管及管件或柔性接口机制排水铸铁管及相应管件;

3. 当连续排水温度大于40 ℃时,应采用金属排水管或耐热塑料排水管;

4. 压力排水管道可采用耐压塑料管、金属管或钢塑复合管。

4.5.2　室外排水管道的连接在下列情况下应设置检查井:

1. 在管道转弯和连接处;

2. 在管道的管径、坡度改变处。

4.5.2 A 小区生活排水检查井应优先采用塑料排水检查井。

4.5.3 室外生活排水管道管径小于等于 160 mm 时,检查井间距不宜大于 30 m;管径大于等于 200 mm 时,检查井间距不宜大于 40 m。

4.5.5 检查井的内径应根据所连接的管道管径、数量和埋设深度确定。

4.5.6 生活排水管道的检查井内应有导流槽。

4.5.7 厕所、盥洗室等需经常从地面排水的房间,应设置地漏。

4.5.8A 住宅套内应按洗衣机位置设置洗衣机排水专用地漏或洗衣机排水存水弯,排水管道不得接入室内雨水管道。

4.5.9 带水封的地漏水封深度不得小于 50 mm。

4.5.10 地漏的选择应符合下列要求:

1. 应优先采用具有防涸功能的地漏;

2. 在无安静要求和无需设置环形通气管、器具通气管的场所,可采用多通道地漏;

3. 食堂、厨房和公共浴室等排水宜设置网框式地漏。

4.5.10A 严禁采用钟罩(扣碗)式地漏。

4.5.13 在排水管道上设置清扫口,应符合下列规定:

1. 在排水横管上设清扫口,宜将清扫口设置在楼板或地坪上,且与地面相平。排水横管起点的清扫口与其端部相垂直的墙面的距离不得小于 0.2 m;

注:当排水横管悬吊在转换层或地下室顶板下设置清扫口有困难时,可用检查口替代清扫口。

2. 排水管起点设置堵头代替清扫口时,堵头与墙面应有不小于 0.4 m 的距离;

注:可利用带清扫口弯头配件代替清扫口。

3. 在管径小于 100 mm 的排水管道上设置清扫口,其尺寸应与管道同径;管径等于或大于 100 mm 的排水管道上设置清扫口,应采用 100 mm 直径清扫口;

4. 铸铁排水管道设置的清扫口,其材质应为铜质;硬聚氯乙烯管道上设置的清扫口应与管道相同材质;

5. 排水横管连接清扫口的连接管及管件应与清扫口同径,并采用 45°斜三通和 45°弯头或由两个 45°弯头组合的管件。

4.5.14 在排水管上设置检查口应符合下列规定:

1. 立管上设置检查口,应在地(楼)面以上 1.00 m,并应高于该层卫生器具上边缘 0.15 m;

2. 埋地横管上设置检查口时,检查口应设在砖砌的井内;

注:可采用密闭塑料排水检查井替代检查口。

3. 地下室立管上设置检查口时,检查口应设置在立管底部之上;

4. 立管上检查口检查盖应面向便于检查清扫的方位;横干管上的检查口应垂直向上。

4.6.1 生活排水管道的立管顶端,应设置伸顶通气管。

4.6.1A 当遇特殊情况,伸顶通气管无法伸出屋面时,可设置下列通气方式:

1. 当设置侧墙通气时,通气管口应符合本规范第 4.6.10 条第 2 款的要求;

2. 在室内设置成汇合通气管后应在侧墙伸出延伸至屋面以上;

3. 当在本条第 1、2 款无法实施时,可设置自循环通气管道系统。

4.6.2　下列情况下应设置通气立管或特殊配件单立管排水系统:

1. 生活排水立管所承担的卫生器具排水设计流量,当超过本规范表 4.4.11 中仅设伸顶通气管的排水立管最大设计排水能力时;

2. 建筑标准要求较高的多层住宅和公共建筑、10 层及 10 层以上高层建筑的生活污水立管应设置通气立管。

4.6.8　在建筑物内不得设置吸气阀替代通气管。

4.6.9　通气管和排水管的连接,应遵守下列规定:

1. 器具通气管应设在存水弯出口端。在横支管上设环形通气管时,应在其最始端的两个卫生器具之间接出,并应在排水支管中心线以上与排水支管呈垂直或 45°连接;

2. 器具通气管、环形通气管应在卫生器具上边缘以上不小于 0.15 m 处按不小于 0.01 的上升坡度与通气立管相连;

3. 专用通气立管和主通气立管的上端可在最高层卫生器具上边缘以上不小于 0.15 m 或检查口以上与排水立管通气部分以斜三通连接。下端应在最低排水横支管以下与排水立管以斜三通连接;

4. 结合通气管宜每层或隔层与专用通气立管、排水立管连接,与主通气立管、排水立管连接不宜多于 8 层。结合通气管下端宜在排水横支管以下与排水立管以斜三通连接;上端可在卫生器具上边缘以上不小于 0.15 m 处与通气立管以斜三通连接;

5. 当用 H 管件替代结合通气管时,H 管与通气管的连接点应设在卫生器具上边缘以上不小于 0.15 m 处;

6. 当污水立管与废水立管合用一根通气立管时,H 管配件可隔层分别与污水立管和废水立管连接。但最低横支管连接点以下应装设结合通气管。

4.6.9A　自循环通气系统,当采取专用通气立管与排水立管连接时,应符合下列要求:

1. 顶端应在卫生器具上边缘以上不小于 0.15 m 处采用两个 90°弯头相连;

2. 通气立管应每层按本规范第 4.6.9 条第 4、5 款的规定与排水立管相连;

3. 通气立管下端应在排水横干管或排出管上采用倒顺水三通或倒斜三通相接。

4.6.9B　自循环通气系统,当采取环形通气管与排水横支管连接时,应符合下列要求:

1. 通气立管的顶端应按本规范第 4.6.9 条第 1 款的要求连接;

2. 每层排水支管下游端接出环形通气管,应在高出卫生器具上边缘不小于 0.15 m 与通气立管相接;横支管连接卫生器具较多且横支管较长并符合本规范第 4.6.3 条设置环形通气管的要求时,应在横支管上按本规范第 4.6.9 条第 1、2 款的要求连接环形通气管;

3. 结合通气管的连接应符合本规范第 4.6.9 条第 4 款的要求;

4. 通气立管底部应按本规范第 4.6.9A 条第 3 款的要求连接。

4.6.9C　建筑物设置自循环通气的排水系统时,应在其室外接户管的起始检查井上设置管径不小于 100 mm 的通气管。

当通气管延伸至建筑物外墙时,通气管口应符合本规范第 4.6.10 条第 2 款的要求;当设置在其他隐蔽部位时,应高出地面不小于 2 m。

4.6.10　高出屋面的通气管设置应符合下列要求:

1. 通气管高出屋面不得小于 0.3m,且应大于最大积雪厚度,通气管顶端应装设风帽或网

罩;

　　注:屋顶有隔热层时,应从隔热层板面算起。

　　2.在通气管口周围 4 m 以内有门窗时,通气管口应高出窗顶 0.6 m 或引向无门窗一侧;

　　3.在经常有人停留的平屋面上,通气管口应高出屋面 2 m,当伸顶通气管为金属管材时,应根据防雷要求设置防雷装置;

　　4.通气管口不宜设在建筑物挑出部分(如屋檐檐口、阳台和雨蓬等)的下面。

　　4.6.11　通气管的最小管径不宜小于排水管管径的 1/2,并可按表 4.6.11 确定。

表 4.6.11　通气管最小管径

通气管名称	排水管管径/mm				
	50	75	100	125	150
器具通气管	32	—	50	50	—
环形通气管	32	40	50	50	—
通气立管	42	50	75	100	100

注:1.表中通气立管系指专用通气立管、主通气立管、副通气立管;

　　2.自循环通气立管管径应与排水立管管径相等。

　　4.6.13　通气立管长度小于等于 50 m 且两根及两根以上排水立管同时与一根通气立管相连,应以最大一根排水立管按本规范表 4.6.11 确定通气立管管径,且其管径不宜小于其余任何一根排水立管管径。

　　4.6.14　结合通气管的管径不宜小于与其连接的通气立管管径。

　　4.6.15　伸顶通气管管径应与排水立管管径相同。但在最冷月平均气温低于 −13 ℃ 的地区,应在室内平顶或吊顶以下 0.3 m 处将管径放大一级。

　　4.7.1　污水泵房应建成单独构筑物,并应有卫生防护隔离带。泵房设计应按现行国家标准《室外排水设计规范》(GB 50014)执行。

　　4.7.3　污水泵宜设置排水管单独排至室外,排出管的横管段应有坡度坡向出口。当两台或两台以上水泵共用一条出水管时,应在每台水泵出水管上装设阀门和止回阀;单台水泵排水有可能产生倒灌时,应设置止回阀。

　　4.7.4　公共建筑内应以每个生活污水集水池为单元设置一台备用泵。

　　注:地下室、设备机房、车库冲洗地面的排水,当有 2 台及 2 台以上排水泵时可不设备用泵。

　　4.7.5　当集水池不能设事故排出管时,污水泵应有不间断的动力供应。

　　注:当能关闭污水进水管时,可不设不间断动力供应。

　　4.7.6　污水水泵的启闭,应设置自动控制装置。多台水泵可并联交替或分段投入运行。

　　4.7.7　污水水泵流量、扬程的选择应符合下列规定:

　　1.小区污水水泵的流量应按小区最大小时生活排水流量选定;

　　2.建筑物内的污水水泵的流量应按生活排水设计秒流量选定;当有排水量调节时,可按生活排水最大小时流量选定;

3. 当集水池接纳水池溢流水、泄空水时,应按水池溢流量、泄流量与排入集水池的其他排水量中大者选择水泵机组;

4. 水泵扬程应按提升高度、管路系统水头损失、另附加 2~3 m 流出水头计算。

4.7.8　集水池设计应符合下列规定:

1. 集水池有效容积不宜小于最大一台污水泵 5 min 的出水量,且污水泵每小时启动次数不宜超过 6 次;

2. 集水池除满足有效容积外,还应满足水泵设置、水位控制器、格栅等安装、检查要求;

3. 集水池设计最低水位,应满足水泵吸水要求;

4. 当集水池设置在室内地下室时,池盖应密封,并设通气管系;室内有敞开的集水池时,应设强制通风装置;

5. 集水池底宜有不小于 0.05 坡度坡向泵位。集水坑的深度及平面尺寸,应按水泵类型而定;

6. 集水池底宜设置自冲管;

7. 集水池应设置水位指示装置,必要时应设置超警戒水位报警装置,并将信号引至物业管理中心。

4.8.2A　隔油器设计应符合下列规定:

1. 隔油器内应有拦截固体残渣装置,并便于清理;

2. 容器内宜设置气浮、加热、过滤等油水分离装置;

3. 隔油器应设置超越管,超越管管径与进水管管径应相同;

4. 密闭式隔油器应设置通气管,通气管应单独接至室外;

5. 隔油器设置在设备间时,设备间应有通风排气装置,且换气次数不宜小于 15 次/时。

4.8.3　降温池的设计应符合下列规定:

1. 温度高于 40 ℃的排水,应优先考虑将所含热量回收利用,如不可能或回收不合理时,在排入城镇排水管道之前应设降温池。降温池应设置于室外;

2. 降温宜采用较高温度排水与冷水在池内混合的方法进行。冷却水应尽量利用低温废水。所需冷却水量应按热平衡方法计算;

3. 降温池的容积应按下列规定确定:

1)间断排放污水时,应按一次最大排水量与所需冷却水量的总和计算有效容积;

2)连续排放污水时,应保证污水与冷却水能充分混合。

4. 降温池管道设置应符合下列要求:

1)有压高温污水进水管口宜装设消音设施,有两次蒸发时,管口应露出水面向上并应采取防止烫伤人的措施;无两次蒸发时,管口宜插进水中深度 200 mm 以上;

2)冷却水与高温水混合可采用穿孔管喷洒,当采用生活饮用水做冷却水时,应采取防回流污染措施;

3)降温池虹吸排水管管口应设在水池底部;

4)应设通气管,通气管排出口设置位置应符合安全、环保要求。

4.8.4　化粪池距离地下取水构筑物不得小于 30 m。

4.8.5　化粪池的设置应符合下列要求:

1. 化粪池宜设置在接户管的下游端,便于机动车清掏的位置;

2. 化粪池池外壁距建筑物外墙不宜小于 5 m,并不得影响建筑物基础。

注:当受条件限制化粪池设置于建筑物内时,应采取通气、防臭和防爆措施。

4.8.8 医院污水必须进行消毒处理。

4.8.8A 医院污水处理后的水质,按排放条件应符合现行国家标准《医疗机构水污染物排放标准》(GB 18466)的有关规定。

4.8.9 医院污水处理流程应根据污水性质、排放条件等因素确定,当排入终端已建有正常运行的二级污水处理厂的城市下水道时,宜采用一级处理;直接或间接排入地表水体或海域时,应采用二级处理。

4.8.10 医院污水处理构筑物与病房、医疗室、住宅等之间应设置卫生防护隔离带。

4.8.11 传染病房的污水经消毒后方可与普通病房污水进行合并处理。

4.8.12 当医院污水排入下列水体时,除应符合本规范第4.8.8A条规定外,还应根据受水体的要求进行深度水处理:

1. 现行国家标准《地表水环境质量标准》GB 3838 中规定的 I、II 类水域和 III 类水域的饮用水保护区和游泳区;

2. 现行国家标准《海水水质标准》GB 3097 中规定的一、二类海域;

3. 经消毒处理后的污水,当排入娱乐和体育用水水体、渔业用水水体时,还应符合国家现行有关标准要求。

4.8.13 化粪池作为医院污水消毒前的预处理时,化粪池的容积宜按污水在池内停留时间 24 h～36 h 计算,污泥清掏周期宜为 0.5 a～1.0 a。

4.8.14 医院污水消毒宜采用氯消毒(成品次氯酸纳、氯片、漂白粉、漂粉精或液氯)。当运输或供应困难时,可采用现场制备次氯酸钠、化学法制备二氧化氯消毒方式。

当有特殊要求并经技术经济比较合理时,可采用臭氧消毒法。

4.8.14A 采用氯消毒后的污水,当直接排入地表水体和海域时,应进行脱氯处理,处理后的余氯应小于 0.5 mg/L。

4.8.15 医院建筑内含放射性物质、重金属及其他有毒、有害物质的污水,当不符合排放标准时,需进行单独处理达标后,方可排入医院污水处理站或城市排水管道。

4.8.16 医院污水处理系统的污泥,宜由城市环卫部门按危险废物集中处置。当城镇无集中处置条件时,可采用高温堆肥或石灰消化方法处理。

4.8.19A 生活污水处理设施应设超越管。

4.8.20A 医院污水处理站排臭系统宜进行除臭、除味处理。处理后应达到现行国家标准《医疗机构水污染物排放标准》(GB 18466)中规定的处理站周边大气污染物最高允许浓度。

4.8.21 生活污水处理构筑物机械运行噪声不得超过现行国家标准《城市区域环境噪声标准》GB 3096 和《民用建筑隔声设计规范》(GB 10070)的有关要求。对建筑物内运行噪声较大的机械应设独立隔间。

4.9.8 建筑屋面雨水排水工程应设置溢流口、溢流堰、溢流管系等溢流设施。溢流排水不得危害建筑设施和行人安全。

4.9.9 一般建筑的重力流屋面雨水排水工程与溢流设施的总排水能力不应小于10年重现期的雨水量。重要公共建筑、高层建筑的屋面雨水排水工程与溢流设施的总排水能力不应小于其50年重现期的雨水量。

4.9.10　建筑屋面雨水管道设计流态宜符合下列状态：

1. 檐沟外排水宜按重力流设计；

2. 长天沟外排水宜按满管压力流设计；

3. 高层建筑屋面雨水排水宜按重力流设计；

4. 工业厂房、库房、公共建筑的大型屋面雨水排水宜按满管压力流设计。

4.9.12　高层建筑阳台排水系统应单独设置，多层建筑阳台雨水宜单独设置。阳台雨水立管底部应间接排水。

注：当生活阳台设有生活排水设备及地漏时，可不另设阳台雨水排水地漏。

4.9.22A　满管压力流屋面雨水排水管道管径应经过计算确定。

4.9.24　满管压力流屋面雨水排水管道应符合下列规定：

1. 悬吊管中心线与雨水斗出口的高差宜大于1.0 m；

2. 悬吊管设计流速不宜小于1m/s，立管设计流速不宜大于10 m/s；

3. 雨水排水管道总水头损失与流出水头之和不得大于雨水管进、出口的几何高差；

4. 悬吊管水头损失不得大于80 kPa；

5. 满管压力流排水管系各节点的上游不同支路的计算水头损失之差，在管径小于等于DN75时，不应大于10 kPa；在管径大于等于DN 100时，不应大于5 kPa；

6. 满管压力流排水管系出口应放大管径，其出口水流速度不宜大于1.8 m/s，当其出口水流速度大于1.8 m/s时，应采取消能措施。

4.9.26　雨水排水管材选用应符合下列规定：

1. 重力流排水系统多层建筑宜采用建筑排水塑料管，高层建筑宜采用耐腐蚀的金属管、承压塑料管；

2. 满管压力流排水系统宜采用内壁较光滑的带内衬的承压排水铸铁管、承压塑料管和钢塑复合管等，其管材工作压力应大于建筑物净高度产生的静水压。用于满管压力流排水的塑料管，其管材抗环变形外压力应大于0.15 MPa；

3. 小区雨水排水系统可选用埋地塑料管、混凝土管或钢筋混凝土管、铸铁管等。

4.9.29　满管压力流屋面雨水排水管系，立管管径应经计算确定，可小于上游横管管径。

4.9.33　有埋地排出管的屋面雨水排出管系，立管底部宜设检查口。

4.9.36A　下沉式广场地面排水、地下车库出入口的明沟排水，应设置雨水集水池和排水泵提升排至室外雨水检查井。

4.9.36B　雨水集水池和排水泵设计应符合下列要求：

1. 排水泵的流量应按排入集水池的设计雨水量确定；

2. 排水泵不应少于2台，不宜大于8台，紧急情况下可同时使用；

3. 雨水排水泵应有不间断的动力供应；

4. 下沉式广场地面排水集水池的有效容积，不应小于最大一台排水泵30 s的出水量；

5. 地下车库出入口的明沟排水集水池的有效容积，不应小于最大一台排水泵5 min的出水量。

(2)以下是关于《住宅设计规范》(GB 50096—2011)摘录。

8.2.6　厨房和卫生间的排水立管应分别设置。排水管道不得穿越卧室。

8.2.7　排水立管不应设置在卧室内,且不宜设置在靠近与卧室相邻的内墙;当必须靠近与卧室相邻的内墙时,应采用低噪声管材。

8.2.8　污废水排水横管宜设置在本层套内;当敷设于下一层的套内空间时,其清扫口应设置在本层,并应进行夏季管道外壁结露验算和采取相应的防止结露的措施。污废水排水立管的检查口宜每层设置。

8.2.9　设置淋浴器和洗衣机的部位应设置地漏,设置洗衣机的部位宜采用能防止溢流和干涸的专用地漏。洗衣机设置在阳台上时,其排水不应排入雨水管。

8.2.10　无存水弯的卫生器具和无水封的地漏与生活排水管道连接时,在排水口以下应设存水弯;存水弯和有水封地漏的水封高度不应小于 50 mm。

8.2.11　**地下室、半地下室中低于室外地面的卫生器具和地漏的排水管,不应与上部排水管连接,应设置集水设施用污水泵排出。**

8.2.12　**采用中水冲洗便器时,中水管道和预留接口应设明显标识。坐便器安装洁身器时,洁身器应与自来水管连接,严禁与中水管连接。**

8.2.13　排水通气管的出口,设置在上人屋面、住户平台上时,应高出屋面或平台地面2.00 m;当周围4.00 m之内有门窗时,应高出门窗上口0.60 m。

(3)以下是关于《民用建筑设计通则》(GB 50352—2005)摘录。

8.1.7　建筑排水应遵循雨水与生活排水分流的原则排出,并应遵循国家或地方有关规定确定设置中水系统。

8.1.8　在水资源紧缺地区,应充分开发利用小区和屋面雨水资源,并因地制宜,将雨水经适当处理后采用入渗和贮存等利用方式。

8.1.9　排水管道不得布置在食堂、饮食业的主副食操作烹调备餐部位的上方,也不得穿越生活饮用水池部位的上方。

8.1.11　排水立管不得穿越卧室、病房等对卫生、安静有较高要求的房间,并不宜靠近与卧室相邻的内墙。

(4)以下是关于《住宅建筑规范》(GB 50368—2005)摘录。

8.2.7　住宅厨房和卫生间的排水立管应分别设置。排水管道不得穿越卧室。

8.2.8　设有淋浴器和洗衣机的部位应设置地漏,其水封深度不得小于50 mm。构造内无存水弯的卫生器具与生活排水管道连接时,在排水口以下应设存水弯,其水封深度不得小于50 mm。

8.2.9　地下室、半地下室中卫生器具和地漏的排水管,不应与上部排水管连接。

(5)以下是关于《旅馆建筑设计规范》(JGJ 62—1990)摘录。

第5.1.3条　排水。

一、排水系统应根据室外排水系统的制度和有利于废水回收利用的原则,选择生活污水与废水的合流或分流。

二、地下室排水泵宜采用潜水泵,自动开、停。

三、厨房宜采用明沟排水。

3.3　消防给水设计

为了审查方便,现将规范对消防给水设计要求汇总如下(**黑体部分**为强制性条文)。

(1)以下是关于《建筑设计防火规范》(GB 50016—2012)摘录。

9.1.1　在城市、居住区、工厂、仓库等的规划和建筑设计时,必须同时设计消防给水系统。城市、居住区应设市政消火栓。

消防用水可由城市给水管网、天然水源或消防水池供给。利用天然水源时,其保证率不应小于97%,且应设置可靠的取水设施。

9.1.2　室外消防给水当采用高压或临时高压给水系统时,管道的供水压力应能保证用水总量达到最大且水枪在任何建筑物的最高处时,水枪的充实水柱仍不小于10 m;当采用低压给水系统时,室外消火栓栓口处的水压从室外设计地面算起不应小于0.1 MPa。

注:1.在计算水压时,应采用喷嘴口径19 mm的水枪和直径65 mm、长度120 m的有衬里消防水带的参数,每支水枪的计算流量不应小于5 L/s;

2.高层厂房(仓库)的高压或临时高压给水系统的压力应满足室内最不利点消防设备水压的要求;

3.消火栓给水管道的设计流速不宜大于2.5 m/s。

9.1.3　高层民用建筑的室内消防给水应采用高压或临时高压给水系统。当室内消防用水量达到最大时,其水压应满足室内最不利点灭火设施的要求。

注:生活、生产用水量应按最大小时流量计算,消防用水量应按最大秒流量计算。

9.1.4　建筑的低压消防给水系统可与生产、生活给水管道系统合用。合用的给水管道系统,当生产、生活用水达到最大小时用水量时(淋浴用水量可按15%计算,浇洒及洗刷用水量可不计算在内),仍应保证全部消防用水量。如不引起生产事故,生产用水可作为消防用水,但生产用水转为消防用水的阀门不应超过2个。该阀门应设置在易于操作的场所,并应有明显标志。

9.1.5　建筑的全部消防用水量应为其室内、外消防用水量之和。

室外消防用水量应为民用建筑、厂房(仓库)、储罐(区)、堆场室外设置的消火栓、水喷雾、水幕、泡沫等灭火、冷却系统等需要同时开启的用水量之和。

室内消防用水量应为民用建筑、厂房(仓库)室内设置的消火栓、自动喷水、泡沫等灭火系统需要同时开启的用水量之和。

9.1.6　高层建筑的消防给水系统应采取防超压措施。

9.2.1　城市、居住区的室外消防用水量应按同一时间内的火灾次数和一次灭火用水量确定。同一时间内的火灾次数和一次灭火用水量不应小于表9.2.1的规定。

表9.2.1　城市、居住区同一时间内的火灾次数和一次灭火用水量

人数 N/万人	同一时间内的火灾次数/次	一次灭火用水量/(L·s^{-1})
$N \leq 1$	1	10
$1 < N \leq 2.5$	1	15
$2.5 < N \leq 5$	2	25
$5 < N \leq 10$	2	35
$10 < N \leq 20$	2	45
$20 < N \leq 30$	2	55
$30 < N \leq 40$	2	65
$40 < N \leq 50$	2	75
$50 < N \leq 60$	3	85
$60 < N \leq 70$	3	90
$70 < N \leq 80$	3	95
$80 < N \leq 100$	3	100

注:城市的室外消防用水量应包括居住区、工厂、仓库、堆场、储罐(区)和民用建筑的室外消火栓用水量。

　　当工厂、仓库和民用建筑的室外消火栓用水量按本规范表9.2.2-2的规定计算,其值与按本表计算不一致时,应取较大值。

　　9.2.2　工厂、仓库、堆场、储罐(区)和民用建筑的室外消防用水量,应按同一时间内的火灾次数和一次灭火用水量确定:

　　1.工厂、仓库、堆场、储罐(区)和民用建筑在同一时间内的火灾次数不应小于表9.2.2-1的规定;

表9.2.2-1　工厂、仓库、堆场、储罐(区)和民用建筑在同一时间内的火灾次数

名称	基地面积/hm^2	附有居住区人数/万人	同一时间内的火灾次数/次	备注
工厂	≤100	≥1.5	1	按需水量最大的一座建筑物(或堆场、储罐)计算
		>1.5	2	工厂、居住区各一次
	>100	不限	2	按需水量最大的两座建筑物(或堆场、储罐)之和计算
仓库、民用建筑	不限	不限	1	按需水量最大的一座建筑物(或堆场、储罐)计算

注:采矿、选矿等工业企业当各分散基地有单独的消防给水系统时,可分别计算。

　　2.工厂、仓库和民用建筑一次灭火的室外消火栓用水量不应小于表9.2.2-2的规定;

表9.2.2-2　工厂、仓库和民用建筑一次灭火的室外消火栓用水量　　　　L/s

耐火等级	建筑物类别		建筑物体积 V/m^3					
			$V \leqslant 1500$	$1500 < V \leqslant 3000$	$3000 < V \leqslant 5000$	$5000 < V \leqslant 20000$	$20000 < V \leqslant 50000$	$V > 50000$
一、二级	厂房	甲、乙类	10	15	20	25	30	25
		丙类	10	15	20	25	30	40
		丁、戊类	10	10	10	15	15	20
	仓库	甲、乙类	15	15	25	25	—	—
		丙类	15	15	25	25	15	45
		丁、戊类	10	10	10	15	15	30
	民用建筑	单层或多层	10	15	15	20	25	30
		除住宅建筑外的一类高层	30					
		一类高层住宅建筑、二类高层	20					
三级	厂房（仓库）	乙、丙类	15	20	30	40	45	—
		丁、戊类	10	10	15	20	25	35
	民用建筑		10	15	20	25	30	—
四级	丁、戊类厂房（仓库）		10	15	20	25	—	—
	民用建筑		10	15	20	25	—	—

注:1.室外消火栓用水量应按消防用水量最大的一座建筑物计算。成组布置的建筑物应按消防用水量较大的相邻两座计算。

2.国家级文物保护单位的重点砖木或木结构的建筑物,其室外消火栓用水量应按三级耐火等级民用建筑的消防用水量确定。

3.铁路车站、码头和机场中储存物品不确定的仓库其室外消火栓用水量可按丙类仓库确定。

4.建筑高度不大于50 m且设置自动喷水灭火系统的高层民用建筑,其室外消防用水量可按本表减少5 L/s。

　　3.一个单位内有泡沫灭火设备、带架水枪、自动喷水灭火系统以及其他室外消防用水设备时,其室外消防用水量应按上述同时使用的设备所需的全部消防用水量加上表9.2.2-2规定的室外消火栓用水量的50%计算确定,且不应小于表9.2.2-2的规定。

　　9.2.3　可燃材料堆场、可燃气体储罐(区)的室外消防用水量,不应小于表9.2.3的规定。

表9.2.3 可燃材料堆场、可燃气体储罐(区)的室外消防用水量 L/s

名称		总储量或总容量	消防用水量
粮食 W/t	土圆囤	$30 < W \leqslant 500$	15
		$500 < W \leqslant 5\ 000$	25
		$5\ 000 < W \leqslant 20\ 000$	40
		$W > 20\ 000$	45
	席穴囤	$30 < W \leqslant 500$	20
		$500 < W \leqslant 5\ 000$	35
		$5\ 000 < W \leqslant 20\ 000$	50
棉、麻、毛、化纤百货 W/t		$10 < W \leqslant 500$	20
		$500 < W \leqslant 1\ 000$	35
		$1\ 000 < W \leqslant 5\ 000$	50
稻草、麦秸、芦苇等易燃材料 W/t		$50 < W \leqslant 500$	20
		$500 < W \leqslant 5\ 000$	35
		$5\ 000 < W \leqslant 10\ 000$	50
		$W > 10\ 000$	60
木材等可燃材料 V/m^3		$50 < V \leqslant 1\ 000$	20
		$1\ 000 < V \leqslant 5\ 000$	30
		$5\ 000 < V \leqslant 10\ 000$	45
		$V > 10\ 000$	55
煤和焦炭 W/t		$100 < W \leqslant 5000$	15
		$W > 5000$	20
可燃气体储罐(区) V/m^3		$500 < V \leqslant 10\ 00$	15
		$10\ 000 < V \leqslant 50\ 000$	20
		$50\ 000 < V \leqslant 100\ 000$	25
		$100\ 000 < V \leqslant 200\ 000$	30
		$V > 200\ 000$	35

注:固定容积的可燃气体储罐的总容积按其几何容积(m^3)和设计工作压力(绝对压力,$10^5 Pa$)的乘积计算。

9.2.4 甲、乙、丙类液体储罐(区)的室外消防用水量应按灭火用水量和冷却用水量之和计算。

1.灭火用水量应按罐区内最大灌泡沫灭火系统、泡沫炮和泡沫管枪灭火所需的灭火用水量之和确定,并应按现行国家标准《泡沫灭火系统设计规范》(GB 50151)或《固定消防炮灭火系统设计规范》GB 50338 的有关规定计算;

2.冷却用水量应按储罐区一次灭火最大需水量计算。距着火罐罐壁1.5倍直径范围内的相邻储罐应进行冷却,其冷却水的供给范围和供给强度不应小于表9.2.4 的规定;

表 9.2.4　甲、乙、丙类液体储罐冷却水的供给范围和供给强度

设备类型	储罐名称			供给范围	供给强度
移动式水枪	着火罐	固定顶立式罐(包括保温罐)		罐周长	$0.60/(\text{L}\cdot\text{s}^{-1}\cdot\text{m}^{-2})$
		浮顶罐(包括保温罐)		罐周长	$0.45/(\text{L}\cdot\text{s}^{-1}\cdot\text{m}^{-2})$
		卧式罐		罐壁表面积	$0.10/(\text{L}\cdot\text{s}^{-1}\cdot\text{m}^{-2})$
		地下立式罐、半地下和地下卧式罐		无覆土罐壁表面积	$0.10/(\text{L}\cdot\text{s}^{-1}\cdot\text{m}^{-2})$
	相邻罐	固定顶立式罐	不保温罐	罐周长的一半	$0.10/(\text{L}\cdot\text{s}^{-1}\cdot\text{m}^{-2})$
			保温罐		$0.10/(\text{L}\cdot\text{s}^{-1}\cdot\text{m}^{-2})$
		卧式罐		罐壁表面积的一半	$0.10/(\text{L}\cdot\text{s}^{-1}\cdot\text{m}^{-2})$
		半地下、地下罐		无覆土罐壁表面积的一半	$0.10/(\text{L}\cdot\text{s}^{-1}\cdot\text{m}^{-2})$
固定式设备	着火罐	立式罐		罐周长	$0.50/(\text{L}\cdot\text{s}^{-1}\cdot\text{m}^{-2})$
		卧式罐		罐壁表面积	$0.10/(\text{L}\cdot\text{s}^{-1}\cdot\text{m}^{-2})$
	相邻罐	立式罐		罐周长的一半	$0.50/(\text{L}\cdot\text{s}^{-1}\cdot\text{m}^{-2})$
		卧式罐		罐壁表面积的一半	$0.10/(\text{L}\cdot\text{s}^{-1}\cdot\text{m}^{-2})$

注:1. 冷却水的供给强度还应根据实地灭火战术所使用的消防设备进行校核。

2. 当相邻罐采用不燃材料作绝热层时,其冷却水供给强度可按本表减少 50%。

3. 储罐可采用移动式水枪或固定式设备进行冷却。当采用移动式水枪进行冷却时,无覆土保护的卧式罐的消防用水量,当计算出的水量小于 15 L/s 时,仍应采用 15 L/s。

4. 地上储罐的高度大于 15 m 或单罐容积大于 2 000 m³ 时,宜采用固定式冷却水设施。

5. 当相邻储罐超过 4 个时,冷却用水量可按 4 个计算。

3. 覆土保护的地下油罐应设置冷却用水设施。冷却用水量应按最大着火罐罐顶的表面积(卧式罐按其投影面积)和冷却水供给强度等计算确定。冷却水的供给强度不应小于 $0.10 \text{ L}/(\text{s}\cdot\text{m}^2)$。当计算水量小于 15 L/s 时,仍应采用 15 L/s。

9.2.5　液化石油气储罐(区)的消防用水量应按储罐固定喷水冷却装置用水量和水枪用水量之和计算,其设计应符合下列规定:

1. 总容积大于 50 m³ 的储罐区或单罐容积大于 20 m³ 的储罐应设置固定喷水冷却装置。

固定喷水冷却装置的用水量应按储罐的保护面积与冷却水的供水强度等经计算确定。冷却水的供水强度不应小于 $0.15 \text{ L}/(\text{s}\cdot\text{m})^2$,着火罐的保护面积按其全表面积计算,距着火罐直径(卧式罐按其直径和长度之和的一半)1.5 倍范围内的相邻储罐的保护面积按其表面积的一半计算;

2. 水枪用水量不应小于表 9.2.5 的规定;

表 9.2.5　液化石油气储罐(区)的水枪用水量

总容积 V/m^3	$V\leqslant500$	$500<V\leqslant2500$	$V>2500$
单罐容积 V/m^3	$V\leqslant100$	$V\leqslant400$	$V>400$
水枪用水量/$(\text{L}\cdot\text{s}^{-1})^{-1}$	20	30	45

注:1. 水枪用水量应按本表总容积和单罐容积较大者确定。

2. 总容积小于 50 m³ 的储罐区或单罐容积不大于 20 m³ 的储罐,可单独设置固定喷水冷却装置或移动式水枪,其消防用水量应按水枪用水量计算。

3. 埋地的液化石油气储罐可不设固定喷水冷却装置。

9.2.6　室外油浸变压器设置水喷雾灭火系统保护时,其消防用水量应按现行国家标准《水喷雾灭火系统设计规范》(GB 50219)的有关规定确定。

9.2.7　室外消防给水管道的布置应符合下列规定:

1. 室外消防给水管网应布置成环状,当室外消防用水量不大于 15 L/s 时,可布置成枝状;

2. 向环状管网输水的进水管不应少于两条,当其中一条发生故障时,其余的进水管应能满足消防用水总量的供给要求;

3. 环状管道应采用阀门分成若干独立段,每段内室外消火栓的数量不宜超过 5 个;

4. 室外消防给水管道的直径不应小于 DN100;

5. 室外消防给水管道设置的其他要求应符合现行国家标准《室外给水设计规范》(GB 50013)的有关规定。

9.2.8　室外消火栓的布置应符合下列规定:

1. 室外消火栓应沿道路设置。当道路宽度大于 60 m 时,宜在道路两边设置消火栓,并宜靠近十字路口;

2. 甲、乙、丙类液体储罐区和液化石油气储罐区的消火栓应设置在防火堤或防护墙外。距罐壁 15 m 范围内的消火栓,不应计算在该罐可使用的数量内;

3. 室外消火栓的间距不应大于 120 m;

4. 室外消火栓的保护半径不应大于 150 m;在市政消火栓保护半径 150 m 以内,当室外消防用水量不大于 15 L/s 时,可不设置室外消火栓;

5. 室外消火栓的数量应按其保护半径和室外消防用水量等综合计算确定,每个室外消火栓的用水量应按 10~15 L/s 计算;与保护对象的距离在 5~40 m 范围内的市政消火栓,可计入室外消火栓的数量内;

6. 室外消火栓宜采用地上式消火栓。地上式消火栓应有 1 个 DN150 或 DN100 和 2 个 DN65 的栓口。采用室外地下式消火栓时,应有 DN100 和 DN65 的栓口各 1 个。严寒和寒冷地区设置的室外消火栓应有防冻措施;

7. 消火栓应沿建筑物均匀布置,距路边不应大于 2 m,距房屋外墙不宜小于 5 m,并不宜大于 40 m;

8. 工艺装置区内的消火栓应设置在工艺装置的周围,其间距不宜大于 60 m。当工艺装置区宽度大于 120 m 时,宜在该装置区内的道路边设置消火栓。

9.2.9　严寒和寒冷地区设置市政消火栓、室外消火栓确有困难的,可设置消防水鹤等为消防车加水的设施,其保护范围可根据需要确定。

9.3.1　室内消防用水量应按下列规定经计算确定:

1. 建筑物内同时设置室内消火栓系统、自动喷水灭火系统、水喷雾灭火系统、泡沫灭火系统或固定消防炮灭火系统时,其室内消防用水量应按需要同时开启的上述系统用水量之和计算;当上述多种消防系统需要同时开启时,室内消火栓用水量可减少 50%,但不得小于 10 L/s;

2. 建筑的室内消火栓用水量应根据水枪充实水柱长度和同时使用水枪数量经计算确定，且不应小于表9.3.1的规定；

表9.3.1　建筑的室内消火栓用水量

建筑物名称		建筑高度 H/m、层数、体积 V/m³ 或座位数 N/个		消火栓用水量/(L·s⁻¹)	同时使用水枪数量/支	每根竖管最小流量/(L·s⁻¹)
工业建筑	厂房	$H \leqslant 24$	$V \leqslant 10\,000$	5	2	5
			$V > 10\,000$	10	2	10
		$24 < H \leqslant 50$		25	5	15
		$H > 50$		30	6	15
	仓库	$H \leqslant 24$	$V \leqslant 5\,000$	5	1	5
			$V > 5\,000$	10	2	10
		$24 < H \leqslant 50$		30	6	15
		$H > 50$		40	8	15
单、多层民用建筑	科研楼、试验楼	$H \leqslant 24, V \leqslant 10\,000$		10	2	10
		$H \leqslant 24, V > 10\,000$		5	3	10
	车站、码头、机场的候车(船、机)楼和展览建筑等	$5\,000 < V \leqslant 25\,000$		10	2	10
		$25\,000 < V \leqslant 50\,000$		15	3	10
		$V > 50\,000$		20	4	15
	剧场、电影院、会堂、礼堂、体育馆建筑等	$8\,00 < N \leqslant 1\,200$		10	2	10
		$1\,200 < N \leqslant 5\,000$		15	3	10
		$5\,000 < N \leqslant 10\,000$		20	4	15
		$N > 10\,000$		30	6	15
	商店、旅馆建筑等	$5\,000 < V \leqslant 10\,000$		10	2	10
		$10\,000 < V \leqslant 25\,000$		15	3	10
		$V > 25\,000$		20	4	15
	病房楼、门诊楼等	$5\,000 < V \leqslant 10\,000$		5	2	5
		$10\,000 < V \leqslant 25\,000$		10	2	10
		$V > 25\,000$		15	3	10
	办公楼、教学楼等其他民用建筑	层数 >6 层或 $V > 10\,000$		15	3	10
	国家级文物保护单位的重点砖木或木结构的古建筑	$V \leqslant 10\,000$		20	4	10
		$V > 10\,000$		25	5	15
	住宅建筑	$H > 24$		5	2	5
高层民用建筑	住宅建筑	$H \leqslant 54$		10	2	10
		$H > 54$		20	2	10
	除住宅建筑外的二类高层民用建筑	$H \leqslant 50$		20	4	10
		$H > 50$		30	6	15
	除住宅建筑外的一类高层民用建筑	$H \leqslant 50$		30	6	15
		$H > 50$		40	8	15

注:1. 建筑高度不大于50 m,室内消火栓用水量大于20 L/s,且设置自动喷水灭火系统的建筑物,其室内消防用水量可按表9.3.1-1减少5 L/s;

2. 丁、戊类高层厂房(仓库)室内消火栓的用水量可按表 9.3.1 – 2 减少 10 L/s,同时使用水枪数量可按本表减少 2 支。

3. 水喷雾灭火系统的用水量应按现行国家标准《水喷雾灭火系统设计规范》(GB 50219)的有关规定确定;自动喷水灭火系统的用水量应按现行国家标准《自动喷水灭火系统设计规范》(GB 50084)的有关规定确定;泡沫灭火系统的用水量应按现行国家标准《泡沫灭火系统设计规范》(GB 50151)的有关规定确定;固定消防炮灭火系统的用水量应按现行国家标准《固定消防炮灭火系统设计规范》(GB 50338)的有关规定确定;

4. 消防软管卷盘或轻便消防水龙及住宅建筑楼梯间中的干式消防竖管上设置的消火栓,其消防用水量可不计入室内消防用水量。

9.3.2　室内消防给水管道的布置应符合下列规定:

1. 室内消火栓超过 10 个且室外消防用水量大于 15 L/s 时,其消防给水管道应连成环状,且至少应有 2 条进水管与室外管网或消防水泵连接。当其中一条进水管发生事故时,其余的进水管应仍能供应全部消防用水量;

2. 高层建筑应设置独立的消防给水系统。室内消防竖管应连成环状,每根消防竖管的直径应按通过的流量经计算确定,但不应小于 DN100。

60 m 以下的单元式住宅建筑和 60 m 以下、每层不超过 8 户、建筑面积不大于 650 m² 的塔式住宅建筑,当设两根消防竖管有困难时,可设一根竖管,但必须采用双阀双出口型消火栓。

4. 室内消火栓给水管网应与自动喷水灭火系统的管网分开设置;当合用消防泵时,供水管路应报警阀前分开设置;

5. 高层建筑,设置室内消火栓且层数超过 4 层的厂房(仓库),设置室内消火栓且层数超过 5 层的公共建筑,其室内消火栓给水系统和自动喷水灭火系统应设置消防水泵接合器。

消防水泵接合器应设置在室外便于消防车使用的地点,与室外消火栓或消防水池取水口的距离宜为 15～40 m。水泵接合器宜采用地上式。

消防水泵接合器的数量应按室内消防用水量计算确定。每个消防水泵接合器的流量宜按 10～15 L/s 计算。消防给水为竖向分区供水时,在消防车供水压力范围内的分区,应分别设置水泵接合器;

6. 室内消防给水管道应采用阀门分成若干独立段。对于单层厂房(仓库)和公共建筑,检修停止使用的消火栓不应超过 5 个。对于多层民用建筑和其他厂房(仓库),室内消防给水管道上阀门的布置应保证检修管道时关闭的竖向不超过 1 根,但设置的竖管超过 3 根时,可关闭 2 根;对于高层民用建筑,当竖管超过 4 根时,可关闭不相邻的两根。

阀门应保持常开,并应有明显的启闭标志或信号;

7. 消防用水与其他用水合用的室内管道,当其他用水达到最大小时流量时,应仍能保证供应全部消防用水量;

8. 允许直接吸水的市政给水管网,当生产、生活用水量达到最大且仍能满足室内外消防用水量时,消防泵宜直接从市政给水管网吸水;

9. 严寒和寒冷地区非采暖的厂房(仓库)及其他建筑的室内消火栓系统,可采用干式系统,但在进水管上应设置快速启闭装置,管道最高处应设置自动排气阀。

9.3.3　室内消火栓的布置应符合下列规定:

1. 除无可燃物的设备层外,设置室内消火栓的建筑物,其各层均应设置消火栓。

单元式、塔式住宅建筑中的消火栓宜设置在楼梯间的首层和各层楼层休息平台上。干式消火栓竖管应在首层靠出口部位设置便于消防车供水的快速接口和止回阀;

2. 消防电梯间前室内应设置消火栓;

3. 室内消火栓应设置在位置明显且易于操作的部位。栓口离地面或操作基面高度宜为 1.1 m,其出水方向宜向下或与设置消火栓的墙面成 90°角;栓口与消火栓箱内边缘的距离不应影响消防水带的连接;

4. 冷库内的消火栓应设置在常温穿堂或楼梯间内;

5. 室内消火栓的间距应由计算确定。对于高层民用建筑、高层厂房(仓库)、高架仓库和甲、乙类厂房,室内消火栓的间距不应大于 30 m;对于其他单层和多层建筑及建筑高度不大于 24 m 的裙房,室内消火栓的间距不应大于 50 m;

6. 同一建筑物内应采用统一规格的消火栓、水枪和水带。每条水带的长度不应大于 25 m;

7. 室内消火栓的布置应保证每一个防火分区同层有两支水枪的充实水柱同时到达任何部位。建筑高度不大于 24 m 且体积不大于 5 000 m³ 的多层仓库,可采用 1 支水枪充实水柱到达室内任何部位。水枪的充实水柱应经计算确定,甲、乙类厂房、层数超过 6 层的公共建筑和层数超过 4 层的厂房(仓库),不应小于 10 m;高层建筑、高架仓库和体积大于 25 000 m³ 的商店、体育馆、影剧院、会堂、展览建筑,车站、码头、机场建筑等,不应小于 13 m;其他建筑,不宜小于 7 m;

8. 高层建筑和高位消防水箱静压不能满足最不利点消火栓水压要求的其他建筑,应在每个室内消火栓处设置直接启动消防水泵的按钮,并应有保护设施;

9. 室内消火栓栓口处的出水压力大于 0.5 MPa 时,应设置减压设施;静水压力大于 1.0 MPa 时,应采用分区给水系统;

10. 设置室内消火栓的建筑,如为平屋顶时,宜在平屋顶上设置试验和检查用的消火栓,采暖地区可设在顶层出口处或水箱间内。

9.3.4 设置常高压给水系统并能保证最不利点消火栓和自动喷水灭火系统等的水量和水压的建筑物,或设置干式消防竖管的建筑物,可不设置消防水箱。

设置临时高压给水系统的建筑物应设置消防水箱(包括气压水罐、水塔、分区给水系统的分区水箱)。消防水箱的设置应符合下列规定:

1. 重力自流的消防水箱应设置在建筑的最高部位;

2. 消防水箱应储存 10 min 的消防用水量。当室内消防用水量不大于 25 L/s,经计算消防水箱所需消防储水量大于 12 m³ 时,仍可采用 12 m³;当室内消防用水量大于 25 L/s,经计算消防水箱所需消防储水量大于 18 m³ 时,仍可采用 18 m³;

3. 消防用水与其他用水合用的水箱应采取消防用水不作他用的技术措施;

4. 消防水箱可分区设置。并联给水方式的分区消防水箱容量应与高位消防水箱相同;

5. 除串联消防给水系统外,发生火灾后由消防水泵供给的消防用水不应进入消防水箱。

9.3.5 建筑高度不大于 100 m 的高层建筑,其最不利点消火栓静水压力不应低于 0.07 MPa;建筑高度大于 100 m 的建筑,其最不利点消火栓静水压力不应低于 0.15 MPa。当高位消防水箱不能满足上述静压要求时,应设增压设施。增压设施应符合下列规定:

1. 增压水泵的出水量,对消火栓给水系统不应大于 5 L/s;对自动喷水灭火系统不应大于 1 L/s;

2. 气压水罐的调节水容量宜为 450 L。

9.3.6 建筑内设置的消防软管卷盘的间距应保证有一股水流能到达室内地面任何部位,消防软管卷盘的安装高度应便于取用。

9.4.1 符合下列规定之一的,应设置消防水池:

1. 当生产、生活用水量达到最大时,市政给水管道、进水管或天然水源不能满足室内外消防用水量;

2. 市政给水管道为枝状或只有 1 条进水管,且室内外消防用水量之和大于 25 L/s。

9.4.2 消防水池应符合下列规定:

1. 当室外给水管网能保证室外消防用水量时,消防水池的有效容量应满足在火灾延续时间内室内消防用水量的要求。当室外给水管网不能保证室外消防用水量时,消防水池的有效容量应满足在火灾延续时间内室内消防用水量与室外消防用水量不足部分之和的要求。

当室外给水管网供水充足且在火灾情况下能保证连续补水时,消防水池的容量可减去火灾延续时间内补充的水量;

2. 补水量应经计算确定,且补水管的设计流速不宜大于 2.5 m/s;

3. 消防水池的补水时间不宜超过 48 h;对于缺水地区或独立的石油库区,不应超过 96 h;

4. 容量大于 500 m^3 的消防水池,应分设成两个能独立使用的消防水池;

5. 供消防车取水的消防水池应设置取水口或取水井,且吸水高度不应大于 6.0 m。取水口或取水井与被保护建筑物(水泵房除外)的距离不宜小于 15 m;与甲、乙、丙类液体储罐的距离不宜小于 40 m;与液化石油气储罐的距离不宜小于 60 m,如采取防止辐射热的保护措施时,可减为 40 m;

6. 供消防车取水的消防水池,其保护半径不应大于 150 m;

7. 消防用水与生产、生活用水合并的水池,应采取确保消防用水不作他用的技术措施;

8. 严寒和寒冷地区的消防水池应采取防冻保护设施。

9.4.3 不同场所的火灾延续时间不应小于表9.4.3 的规定:

表 9.4.3　不同场所的火灾延续时间

建筑类别	场所名称	火灾延续时间/h
甲、乙、丙类液体储罐	浮顶罐	4.0
	地下和半地下固定顶立式罐、覆土储罐	
	直径不大于 20.0 m 的地上固定顶立式罐	
	直径大于 20.0 m 的地上固定顶立式罐	
液化石油气储罐	总容积大于 220 m³ 的储罐区或单罐容积大于 50 m³ 的储罐	6.0
	总容积不大于 220 m³ 的储罐区且单罐容积不大于 50 m³ 的储罐	
可燃气体储罐	湿式储罐	3.0
	干式储罐	
	固定容积储罐	
可燃材料堆场	煤、焦炭露天堆场	6.0
	其他可燃材料露天、半露天堆场	
仓库	甲、乙、丙类仓库	3.0
	丁、戊类仓库	2.0
厂房	甲、乙、丙类厂房	3.0
	丁、戊类厂房	2.0
民用建筑	高层商业、展览、旅馆和综合建筑,一类高层财贸金融建筑、图书馆、书库,重要的高层档案建筑、科研建筑	3.0
	其他民用建筑	2.0
灭火系统	自动喷水灭火系统	应按相应现行国家标准确定
	泡沫灭火系统	
	防火分隔水幕	
	水喷雾灭火系统	

9.4.4　消防水泵房应有不少于两条的出水管直接与环状消防给水管网连接。当其中一条出水管关闭时,其余的出水管应仍能通过全部用水量。

出水管上应设置试验和检查用的压力表和 DN65 的放水阀门。当存在超压可能时,出水管上应设置防超压设施。

9.4.5　一组消防水泵的吸水管不应少于 2 条。当其中一条关闭时,其余的吸水管应仍能通过全部用水量。

消防水泵应采用自灌式吸水,并应在吸水管上设置检修阀门。

9.4.6　当消防水泵直接从环状市政给水管网吸水时,消防水泵的扬程应按市政给水管网的最低压力计算,并应市政给水管网的最高水压校核。

9.4.7　消防水泵应设置备用泵,其工作能力不应小于最大一台消防工作泵。当工厂、仓库、堆场和储罐的室外消防用水量不大于 25 L/s 或建筑的室内消防用水量不大于 10 L/s 时,可不设置备用泵。

9.4.8　同一时间只考虑一次火灾的建筑群,可共用消防水池、消防泵房和高位消防水箱。消防水池、高位消防水箱的容量应按消防用水量最大的一幢建筑计算。高位消防水箱应符合本规范有关规定,且应设置在建筑群内最高一幢建筑的屋顶最高处。

9.4.9　消防水泵应保证在火警后 30 s 内启动。

消防水泵与动力机械应直接连接。

(2)以下是关于《高层民用建筑设计防火规范(2005 年版)》(GB 50045—1995)摘录。

7.1.1　高层建筑必须设置室内、室外消火栓给水系统。

7.1.2　消防用水可由给水管网、消防水池或天然水源供给。利用天然水源应确保枯水期最低水位时的消防用水量,并应设置可靠的取水设施。

7.1.3　室内消防给水应采用高压或临时高压给水系统。当室内消防用水量达到最大时,其水压应满足室内最不利点灭火设施的要求。

室外低压给水管道的水压,当生活、生产和消防用水量达到最大时,不应小于 0.10 MPa(从室外地面算起)。

注:生活、生产用水量应按最大小时流量计算,消防用水量应按最大秒流量计算。

7.2.1　高层建筑的消防用水总量应按室内、外消防用水量之和计算。

高层建筑内设有消火栓、自动喷水、水幕、泡沫等灭火系统时,其室内消防用水量应按需要同时开启的灭火系统用水量之和计算。

7.2.2　高层建筑室内、外消火栓给水系统的用水量,不应小于表 7.2.2 的规定。

表 7.2.2　消防栓给水系统的用水量

高层建筑类别	建筑高度/m	消火栓用水量/(L·s⁻¹)		每根竖管最小流量/(L·s⁻¹)	每支水枪最小流量/(L·s⁻¹)
		室外	室内		
普通住宅	≤50	15	10	10	5
	>50	15	20	10	5
1.高级住宅 2.医院 3.二类建筑的商业楼、展览楼、综合楼、财贸金融楼、电信楼、商住楼、图书馆、书库	≤50	20	20	10	5
4.省级以下的邮政楼、防灾指挥调度楼、广播电视楼、电力调度楼 5.建筑高度不超过 50 m 的教学楼和普通的旅馆、办公楼、科研楼、档案楼等	>50	20	30	15	5

续表7.2.2

高层建筑类别	建筑高度/m	消火栓用水量 /(L·s⁻¹)		每根竖管最小流量/(L·s⁻¹)	每支水枪最小流量/(L·s⁻¹)
		室外	室内		
1.高级旅馆 2.建筑高度超过50 m或每层建筑面积超过1000 m²的商业楼、展览楼、综合楼、财贸金融楼、电信楼 3.建筑高度超过50 m或每层建筑面积超过1500 m²的商住楼 4.中央和省级(含计划单列市)广播电视楼	≤50	30	30	15	5
5.网局级和省级(含计划单列市)电力调度楼 6.省级(含计划单列市)邮政楼、防灾指挥调度楼 7.藏书超过100万册的图书馆、书库 8.重要的办公楼、科研楼、档案楼 9.建筑高度超过50 m的教学楼和普通的旅馆、办公楼、科研楼、档案楼等	>50	30	40	15	5

注:建筑高度不超过50 m,室内消火栓用水量超过20 L/s,且设有自动喷水灭火系统的建筑物,其室内、外消防用水量可按本表减少5 L/s。

7.2.3 高层建筑室内自动喷水灭火系统的用水量,应按现行的国家标准《自动喷水灭火系统设计规范》的规定执行。

7.2.4 高级旅馆、重要的办公楼、一类建筑的商业楼、展览楼、综合楼等和建筑高度超过100 m的其他高层建筑,应设消防卷盘,其用水量可不计入消防用水总量。

7.3.1 室外消防给水管道应布置成环状,其进水管不宜少于两条,并宜从两条市政给水管道引入,当其中一条进水管发生故障时,其余进水管应仍能保证全部用水量。

7.3.2 符合下列条件之一时,高层建筑应设消防水池:

7.3.2.1 市政给水管道和进水管或天然水源不能满足消防用水量。

7.3.2.2 市政给水管道为枝状或只有一条进水管(二类居住建筑除外)。

7.3.3 当室外给水管网能保证室外消防用水量时,消防水池的有效容量应满足在火灾延续时间内室内消防用水量的要求;当室外给水管网不能保证室外消防用水量时,消防水池的有效容量应满足火灾延续时间内室内消防用水量和室外消防用水量不足部分之和的要求。

消防水池的补水时间不宜超过48 h。

商业楼、展览楼、综合楼、一类建筑的财贸金融楼、图书馆、书库,重要的档案楼、科研楼和高级旅馆的火灾延续时间应按3.00 h计算,其他高层建筑可按2.00 h计算。自动喷水灭火系统可按火灾延续时间1.00 h计算。

消防水池的总容量超过 500 m³ 时,应分成两个能独立使用的消防水池。

7.3.4　供消防车取水的消防水池应设取水口或取水井,其水深应保证消防车的消防水泵吸水高度不超过 6.00 m。取水口或取水井与被保护高层建筑的外墙距离不宜小于 5.00 m,并不宜大于 100 m。

消防用水与其他用水共用的水池,应采取确保消防用水量不作他用的技术措施。

寒冷地区的消防水池应采取防冻措施。

7.3.5　同一时间内只考虑一次火灾的高层建筑群,可共用消防水池、消防泵房、高位消防水箱。消防水池、高位消防水箱的容量应按消防用水量最大的一幢高层建筑计算。高位消防水箱应满足 7.4.7 条的相关规定,且应设置在高层建筑群内最高的一幢高层建筑的屋顶最高处。

7.3.6　室外消火栓的数量应按本规范第 7.2.2 条规定的室外消火栓用水量经计算确定,每个消火栓的用水量应为 10～15 L/s。

室外消火栓应沿高层建筑均匀布置,消火栓距高层建筑外墙的距离不宜小于 5.00 m,并不宜大于 40 m;距路边的距离不宜大于 2.00 m。在该范围内的市政消火栓可计入室外消火栓的数量。

7.3.7　室外消火栓宜采用地上式,当采用地下式消火栓时,应有明显标志。

7.4.1　室内消防给水系统应与生活、生产给水系统分开独立设置。室内消防给水管道应布置成环状。室内消防给水环状管网的进水管和区域高压或临时高压给水系统的引入管不应少于两根,当其中一根发生故障时,其余的进水管或引入管应能保证消防用水量和水压的要求。

7.4.2　消防竖管的布置,应保证同层相邻两个消火栓的水枪的充实水柱同时达到被保护范围内的任何部位。每根消防竖管的直径应按通过的流量经计算确定,但不应小于 100 mm。

以下情况,当设两根消防竖管有困难时,可设一根竖管,但必须采用双阀双出口型消火栓。

1. 十八层及十八层以下的单元式住宅;

2. 十八层及十八层以下、每层不超过 8 户、建筑面积不超过 650 m² 的塔式住宅。

7.4.3　室内消火栓给水系统应与自动喷水灭火系统分开设置,有困难时,可合用消防泵,但在自动喷水灭火系统的报警阀前(沿水流方向)必须分开设置。

7.4.4　室内消防给水管道应采用阀门分成若干独立段。阀门的布置,应保证检修管道时关闭停用的竖管不超过一根。当竖管超过 4 根时,可关闭不相邻的两根。

裙房内消防给水管道的阀门布置可按现行的国家标准《建筑设计防火规范》的有关规定执行。

阀门应有明显的启闭标志。

7.4.5　室内消火栓给水系统和自动喷水灭火系统应设水泵接合器,并应符合下列规定:

7.4.5.1　水泵接合器的数量应按室内消防用水量经计算确定。每个水泵接合器的流量应按 10～15 L/s 计算。

7.4.5.2　消防给水为竖向分区供水时,在消防车供水压力范围内的分区,应分别设置水泵接合器。

7.4.5.3　水泵接合器应设在室外便于消防车使用的地点,距室外消火栓或消防水池的距离宜为 15~40 m。

7.4.5.4　水泵接合器宜采用地上式;当采用地下式水泵接合器时,应有明显标志。

7.4.6　除无可燃物的设备层外,高层建筑和裙房的各层均应设室内消火栓,并应符合下列规定:

7.4.6.1　消火栓应设在走道、楼梯附近等明显易于取用的地点,消火栓的间距应保证同层任何部位有两个消火栓的水枪充实水柱同时到达。

7.4.6.2　消火栓的水枪充实水柱应通过水力计算确定,且建筑高度不超过 100 m 的高层建筑不应小于 10 m;建筑高度超过 100 m 的高层建筑不应小于 13 m。

7.4.6.3　消火栓的间距应由计算确定,且高层建筑不应大于 30 m,裙房不应大于 50 m。

7.4.6.4　消火栓栓口离地面高度宜为 1.10 m,栓口出水方向宜向下或与设置消火栓的墙面相垂直。

7.4.6.5　消火栓栓口的静水压力不应大于 1.00 MPa,当大于 1.00 MPa 时,应采取分区给水系统。消火栓栓口的出水压力大于 0.50 MPa 时,应采取减压措施。

7.4.6.6　消火栓应采用同一型号规格。消火栓的栓口直径应为 65 mm,水带长度不应超过 25 m,水枪喷嘴口径不应小于 19 mm。

7.4.6.7　临时高压给水系统的每个消火栓处应设直接启动消防水泵的按钮,并应设有保护按钮的设施。

7.4.6.8　消防电梯间前室应设消火栓。

7.4.6.9　高层建筑的屋顶应设一个装有压力显示装置的检查用的消火栓,采暖地区可设在顶层出口处或水箱间内。

7.4.7　采用高压给水系统时,可不设高位消防水箱。当采用临时高压给水系统时,应设高位消防水箱,并应符合下列规定:

7.4.7.1　高位消防水箱的消防储水量,一类公共建筑不应小于 18 m³;二类公共建筑和一类居住建筑不应小于 12 m³;二类居住建筑不应小于 6.00 m³。

7.4.7.2　高位消防水箱的设置高度应保证最不利点消火栓静水压力。当建筑高度不超过 100 m 时,高层建筑最不利点消火栓静水压力不应低于 0.07 MPa;当建筑高度超过 100 m 时,高层建筑最不利点消火栓静水压力不应低于 0.15 MPa。当高位消防水箱不能满足上述静压要求时,应设增压设施。

7.4.7.3　并联给水方式的分区消防水箱容量应与高位消防水箱相同。

7.4.7.4　消防用水与其他用水合用的水箱,应采取确保消防用水不作他用的技术措施。

7.4.7.5　除串联消防给水系统外,发生火灾时由消防水泵供给的消防用水不应进入高位消防水箱。

7.4.8　设有高位消防水箱的消防给水系统,其增压设施应符合下列规定:

7.4.8.1　增压水泵的出水量,对消火栓给水系统不应大于 5 L/s;对自动喷水灭火系统不应大于 1 L/s。

7.4.8.2　气压水罐的调节水容量宜为 450 L。

7.4.9　消防卷盘的间距应保证有一股水流能到达室内地面任何部位,消防卷盘的安装高度应便于取用。

注:消防卷盘的栓口直径宜为 25 mm;配备的胶带内径不小于 19 mm;消防卷盘喷嘴口径不小于 6.00 mm。

7.5.1　独立设置的消防水泵房,其耐火等级不应低于二级。在高层建筑内设置消防水泵房时,应采用耐火极限不低于 2.00 h 的隔墙和 1.50 h 的楼板与其他部位隔开,并应设甲级防火门。

7.5.2　当消防水泵房设在首层时,其出口宜直通室外。当设在地下室或其他楼层时,其出口应直通安全出口。

7.5.3　消防给水系统应设置备用消防水泵,其工作能力不应小于其中最大一台消防工作泵。

7.5.4　一组消防水泵,吸水管不应少于两条,当其中一条损坏或检修时,其余吸水管应仍能通过全部水量。

消防水泵房应设不少于两条的供水管与环状管网连接。

消防水泵应采用自灌式吸水,其吸水管应设阀门。供水管上应装设试验和检查用压力表和 65 mm 的放水阀门。

7.5.5　当市政给水环形干管允许直接吸水时,消防水泵应直接从室外给水管网吸水。直接吸水时,水泵扬程计算应考虑室外给水管网的最低水压,并以室外给水管网的最高水压校核水泵的工作情况。

7.5.6　高层建筑消防给水系统应采取防超压措施。

7.6.1　**建筑高度超过 100 m 的高层建筑及其裙房,除游泳池、溜冰场、建筑面积小于 5.00 m² 的卫生间、不设集中空调且户门为甲级防火门的住宅的户内用房和不宜用水扑救的部位外,均应设自动喷水灭火系统。**

7.6.2　建筑高度不超过 100 m 的一类高层建筑及其裙房,除游泳池、溜冰场、建筑面积小于 5.00 m² 的卫生间、普通住宅、设集中空调的住宅的户内用房和不宜用水扑救的部位外,均应设自动喷水灭火系统。

7.6.3　**二类高层公共建筑的下列部位应设自动喷水灭火系统:**

7.6.3.1　**公共活动用房;**

7.6.3.2　**走道、办公室和旅馆的客房;**

7.6.3.3　**自动扶梯底部;**

7.6.3.4　**可燃物品库房。**

7.6.4　**高层建筑中的歌舞娱乐放映游艺场所、空调机房、公共餐厅、公共厨房以及经常有人停留或可燃千赫多的地下室、半地下室房间等,应设自动喷水灭火系统。**

7.6.5　超过 800 个座位的剧院、礼堂的舞台口宜设防火幕或水幕分隔。

7.6.6　高层建筑内的下列房间应设置除卤代烷 1211、1301 以外的自动灭火系统:

7.6.6.1　燃油、燃气的锅炉房、柴油发电机房宜设自动喷水灭火系统;

7.6.6.2　可燃油油浸电力变压器、充可燃油的高压电容器和多油开关室宜设水喷雾或气体灭火系统。

7.6.7　高层建筑的下列房间,应设置气体灭火系统:

7.6.7.1　主机房建筑面积不小于 140 m² 的电子计算机房中的主机房和基本工作间的已记录磁、纸介质库;

7.6.7.2　省级或超过100万人口的城市,其广播电视发射塔楼内的微波机房、分米波机房、米波机房、变、配电室和不间断电源(UPS)室;

7.6.7.3　国际电信局、大区中心,省中心和一万路以上的地区中心的长途通讯机房、控制室和信令转接点室;

7.6.7.4　二万线以上的市话汇接局和六万门以上的市话端局程控交换机房、控制室和信令转接点室;

7.6.7.5　中央及省级治安、防灾和网、局级及以上的电力等调度指挥中心的通信机房和控制室;

7.6.7.6　其他特殊重要设备室。

注:当有备用主机和备用已记录磁、纸介质且设置在不同建筑中,或同一建筑中的不同防火分区内时,7.6.7.1条中指定的房间内可采用预作用自动喷水灭火系统。

7.6.8　高层建筑的下列房间应设置气体灭火系统,但不得采用卤代烷1211、1301灭火系统:

7.6.8.1　国家、省级或藏书量超过100万册的图书馆的特藏库;

7.6.8.2　中央和省级档案馆中的珍藏库和非纸质档案库;

7.6.8.3　大、中型博物馆中的珍品库房;

7.6.8.4　一级纸、绢质文物的陈列室;

7.6.8.5　中央和省级广播电视中心内,面积不小于120 m² 的音、像制品库房。

7.6.9　高层建筑的灭火器配置应按现行国家标准《建筑灭火器配置设计规范》的有关规定执行。

(3)以下是关于《汽车库、修车库、停车场设计防火规范》(GB 50067—1997)摘录。

7.1.1　车库应设置消防给水系统。消防给水可由市政给水管道、消防水池或天然水源供给。利用天然水源时,应设有可靠的取水设施和通向天然水源的道路,并应在枯水期最低水位时,确保消防用水量。

7.1.2　符合下列条件之一的车库可不设消防给水系统:

7.1.2.1　耐火等级为一、二级且停车数不超过5辆的汽车库;

7.1.2.2　Ⅳ类修车库;

7.1.2.3　停车数不超过5辆的停车场。

7.1.3　当室外消防给水采用高压或临时高压给水系统时,车库的消防给水管道的压力应保证在消防用水量达到最大时,最不利点水枪充实水柱不应小于10 m;当室外消防给水采用低压给水系统时,管道内的压力应保证灭火时最不利点消火栓的水压不小于0.1 MPa(从室外地面算起)。

7.1.4　车库的消防用水量应按室内、外消防用水量之和计算。

车库内设有消火栓、自动喷水、泡沫等灭火系统时,其室内消防用水量应按需要同时开启的灭火系统用水量之和计算。

7.1.5　车库应设室外消火栓给水系统,其室外消防用水量应按消防用水量最大的一座汽车库、修车库、停车场计算,并不应小于下列规定:

7.1.5.1　Ⅰ、Ⅱ类车库20 L/s;

7.1.5.2　Ⅲ类车库15 L/s;

7.1.5.3　Ⅳ类车库 10 L/s。

7.1.6　车库室外消防给水管道、室外消火栓、消防泵房的设置应按现行的国家标准《建筑设计防火规范》的规定执行。

停车场的室外消火栓宜沿停车场周边设置,且距离最近一排汽车不宜小于 7 m,距加油站或油库不宜小于 15 m。

7.1.7　室外消火栓的保护半径不应超过 150 m,在市政消火栓保护半径 150 m 及以内的车库,可不设置室外消火栓。

7.1.8　汽车库、修车库应设室内消火栓给水系统,其消防用水量不应小于下列要求:

7.1.8.1　Ⅰ、Ⅱ、Ⅲ、类汽车库及Ⅰ、Ⅱ类修车库的用水量不应小于 10 L/s,且应保证相邻两个消火栓的水枪充实水柱同时达到室内任何部位。

7.1.8.2　Ⅳ类汽车库及Ⅲ、Ⅳ类修车库的用水量不应小于 5 L/s,且应保证一个消火栓的水枪充实水柱到达室内任何部位。

7.1.9　室内消火栓水枪的充实水柱不应小于 10 m,消火栓口径应为 65 mm,水枪口径应为 19 mm,保护半径不应超过 25 m。同层相邻室内消火栓的间距不应大于 50 m,但高层汽车库和地下汽车库的室内消火栓的间距不应大于 30 m。

室内消火栓应设在明显易于取用的地点,栓口离地面高度宜为 1.1 m,其出水方向宜与设置消火栓的墙面相垂直。

7.1.10　汽车库、修车库室内消火栓超过 10 个时,室内消防管道应布置成环状,并应有两条进水管与室外管道相连接。

7.1.11　室内消防管道应采用阀门分段,如某段损坏时,停止使用的消火栓在同一层内不应超过 5 个。高层汽车库内管道阀门的布置,应保证检修管道时关闭的竖管不超过 1 根,当竖管超过 4 根时,可关闭不相邻的 2 根。

7.1.12　四层以上多层汽车库和高层汽车库及地下汽车库,其室内消防给水管网应设水泵接合器。水泵接合器的数量应按室内消防用水量计算确定,每个水泵接合器的流量应按 10～15 L/s 计算。

水泵接合器应有明显的标志,并设在便于消防车停靠使用的地点,其周围 15～40 m 范围内应设室外消火栓或消防水池。

7.1.13　设置高压给水系统的汽车库、修车库,当能保证最不利点消火栓和自动喷水灭火系统等的水量和水压时,可不设消防水箱。

设置临时高压消防给水系统的汽车库、修车库,应设屋顶消防水箱,其水箱容量应能储存 10 min 的室内消防用水量,当计算消防用水量超过 18 m³ 时仍可按 18 m³ 确定。消防用水量与其他用水合并的水箱,应采取保证消防水不作它用的技术措施。

7.1.14　临时高压消防给水系统的汽车库、修车库的每个消火栓处应设直接启动消防水泵的按钮,并应设有保护按钮的设施。

7.1.15　采用消防水池作为消防水源时,其容量应满足 2.00 h 火灾延续时间内室内外消防用水量总量的要求,但自动喷水灭火系统可按火灾延续时间 1.00 h 计算,泡沫灭火系统可按火灾延续时间 0.50 h 计算;当室外给水管网能确保连续补水时,消防水池的有效容量可减去火灾延续时间内连续补充的水量。消防水池的补水时间不宜超过 48 h,保护半径不宜大于 150 m。

7.1.16　供消防车取水的消防水池应设取水口或取水井,其水深应保证消防车的消防水泵吸水高度不得超过6 m。

消防用水与其他用水共用的水池,应采取保证消防用水不作它用的技术措施。

寒冷地区的消防水池应采取防冻措施。

7.2.1　Ⅰ、Ⅱ、Ⅲ类地上汽车库、停车数超过10辆的地下汽车库、机械式立体汽车库或复式汽车库以及采用垂直升降梯作汽车疏散出口的汽车库、Ⅰ类修车库,均应设置自动喷水灭火系统。

7.2.2　汽车库、修车库自动喷水灭火系统的危险等级可按中危险级确定。

7.2.3　汽车库、修车库自动喷水灭火系统的设计除应按现行国家标准《自动喷水灭火系统设计规范》的规定执行外,其喷头布置还应符合下列要求:

7.2.3.1　应设置在汽车库停车位的上方;

7.2.3.2　机械式立体汽车库、复式汽车库的喷头除在屋面板或楼板下按停车位的上方布置外,还应按停车的托板位置分层布置,且应在喷头的上方设置集热板。

7.2.3.3　错层式、斜楼板式的汽车库的车道、坡道上方均应设置喷头。

7.3.1　Ⅰ类地下汽车库、Ⅰ类修车库宜设置泡沫喷淋灭火系统。

7.3.2　泡沫喷淋系统的设计、泡沫液的选用应按现行国家标准《低倍数泡沫灭火系统设计规范》的规定执行。

7.3.3　地下汽车库可采用高倍数泡沫灭火系统。机械式立体汽车库可采用二氧化碳等气体灭火系统。

7.3.4　设置泡沫喷淋、高倍数泡沫、二氧化碳等灭火系统的汽车库、修车库可不设自动喷水灭火系统。

(4)以下是关于《自动喷水灭火系统设计规范(2005年版)》(GB 50084—2001)摘录。

4.1.1　自动喷水灭火系统应在人员密集、不易疏散、外部增援灭火与救生较困难的性质重要或火灾危险性较大的场所中设置。

4.1.2　自动喷水灭火系统不适用于存在较多下列物品的场所:

1.遇水发生爆炸或加速燃烧的物品;

2.遇水发生剧烈化学反应或产生有毒有害物质的物品;

3.洒水将导致喷溅或沸溢的液体。

4.1.3　自动喷水灭火系统的系统选型,应根据设置场所的火灾特点或环境条件确定,露天场所不宜采用闭式系统。

4.1.4　自动喷水灭火系统的设计原则应符合下列规定:

1.闭式喷头或启动系统的火灾探测器,应能有效探测初期火灾;

2.湿式系统、干式系统应在开放一只喷头后自动启动,预作用系统、雨淋系统应在火灾自动报警系统报警后自动启动;

3.作用面积内开放的喷头,应在规定时间内按设计选定的强度持续喷水;

4.喷水洒水时,应均匀分布,且不应受阻挡。

4.2.1　环境温度不低于4 ℃,且不高于70 ℃的场所应采用湿式系统。

4.2.2　环境温度低于4 ℃,或高于70 ℃的场所应采用干式系统。

4.2.3　具有下列要求之一的场所应采用预作用系统:

1. 系统处于准工作状态时,严禁管道漏水;

2. 严禁系统误喷;

3. 替代干式系统。

4.2.4　灭火后必须及时停止喷水的场所,应采用重复启闭预作用系统。

4.2.5　具有下列条件之一的场所,应采用雨淋系统:

1. 火灾的水平蔓延速度快、闭式喷头的开放不能及时使喷水有效覆盖着火区域;

2. 室内净空高度超过本规范6.1.1条的规定,且必须迅速扑救初期火灾;

3. 严重危险级Ⅱ级。

4.2.6　符合本规范5.0.6规定条件的仓库,当设置自动喷水灭火系统时,宜采用快速响应早期抑制喷头,并宜采用湿式系统。

4.2.7　存在较多易燃液体的场所,宜按下列方式之一采用自动喷水 - 泡沫联用系统:

1. 采用泡沫灭火剂强化闭式系统性能;

2. 雨淋系统前期喷水控火,后期喷泡沫强化灭火效能;

3. 雨淋系统前期喷泡沫灭火,后期喷水冷却防止复燃;

系统中泡沫灭火剂的选型、储存及相关设备的配置,应符合现行国家标准《低倍数泡沫灭火系统设计规范》(GB 50151—92)的规定。

4.2.8　建筑物中保护局部场所的干式系统、预作用系统、雨淋系统、自动喷水 - 泡沫联用系统,可串联接入同一建筑物内湿式系统,并应与其配水干管连接。

4.2.9　自动喷水灭火系统应有下列组件、配件和设施:

1. 应设有洒水喷头、水流指示器、报警阀组、压力开关等组件和末端试水装置,以及管道、供水设施;

2. 控制管道静压的区段宜分区供水或设减压阀,控制管道动压的区段宜设减压孔板或节流管;

3. 应设有泄水阀(或泄水口)、排气阀(或排气口)和排污口;

4. 干式系统和预作用系统的配水管道应设快速排气阀。有压充气管道的快速排气阀入口前应设电动阀。

4.2.10　防护冷却水幕应直接将水喷向被保护对象;防火分隔水幕不宜用于尺寸超过15 m(宽)×8 m(高)的开口(舞台口除外)。

5.0.1　民用建筑和工业厂房的系统设计参数不应低于表5.0.1的规定。

表5.0.1　民用建筑和工业厂房的系统设计参数

火灾危险等级		净空高度/m	喷水强度/(L·min⁻¹·m⁻²)	作用面积/m²
轻危险级			4	
中危险级	Ⅰ级	≤8	6	160
	Ⅱ级		8	
严重危险级	Ⅰ级		12	260
	Ⅱ级		16	

注:系统最不利点处喷头的工作压力不应低于0.05 MPa。

5.0.1A　非仓库类高大净空场所设置自动喷水灭火系统时,湿式系统的设计基本参数不应低于表 5.0.1A 的规定。

表 5.0.1A　非仓库类高大净空场所的系统设计基本参数

适用场所	净空高度/m	喷水强度 /(L·min^{-1}·m^{-2})	作用面积/m²	喷头选型	喷头最大间距/m
中庭、影剧院、音乐厅、单一功能体育馆等	8~12	6	260	$K=80$	3
会展中心、多功能体育馆、自选商场等	8~12	12	300	$K=115$	

注:1.喷头溅水盘与顶板的距离应符合 7.1.3 的规定。
　2.最大储物高度超过 3.5 m 的自选商场应按 16 L/min·m² 确定喷水强度。
　3.表中"~"两侧的数据,左侧为"大于"、右侧为"不大于"。

5.0.2　仅在走道设置单排喷头的闭式系统,其作用面积应按最大疏散距离所对应的走道面积确定。

5.0.3　装设网格、栅板类通透性吊顶的场所,系统的喷水强度应按本规范表 5.0.1 规定值的 1.3 倍确定。

5.0.4　干式系统与雨淋系统的作用面积应符合下列规定:

1.干式系统的作用面积应按本规范表 5.0.1 规定值的 1.3 倍确定。

2.雨淋系统中每个雨淋阀控制的喷水面积不宜大于表 5.0.1 中的作用面积。

5.0.5　设置自动喷水灭火系统的仓库,系统设计基本参数应符合下列规定:

1.堆垛储物仓库不应低于表 5.0.5-1、表 5.0.5-2 的规定;

2.货架储物仓库不应低于表 5.0.5-3~表 5.0.5-5 的规定;

3.当Ⅰ级、Ⅱ级仓库中混杂储存Ⅲ级仓库的货品时,不应低于表 5.0.5-6 的规定。

4.货架储物仓库应采用钢制货架,并应采用通透层板,层板中通透部分的面积不应小于层板总面积的 50%。

5.采用木制货架及采用封闭层板货架的仓库,应按堆垛储物仓库设计。

表 5.0.5-1　堆垛储物仓库的系统设计基本参数

火灾危险等级	储物高度/m	喷水强度/(L·min^{-1}·m^{-2})	作用面积/m²	持续喷水时间/h
仓库危险级Ⅰ级	3.0~3.5	8	160	1.0
	3.5~4.5	8	200	1.5
	4.5~6.0	10		
	6.0~7.5	14		
仓库危险级Ⅱ级	3.0~3.5	10	200	2.0
	3.5~4.5	12		
	4.5~6.0	16		
	6.0~7.5	22		

注:本表及表 5.0.5-3、表 5.0.5-4 适用于室内最大净空高度不超过 9.0 m 的仓库。

表 5.0.5 - 2　分类堆垛储物的Ⅲ级仓库的系统设计基本参数

最大储物高度/m	最大净空高度/m	喷水强度/(L·min⁻¹·m⁻²)			
		A	B	C	D
1.5	7.5	8.0			
3.5	4.5	16.0	16.0	12.0	12.0
	6.0	24.5	22.0	20.5	16.5
	9.5	32.5	28.5	24.5	18.5
4.5	6.0	20.5	18.5	16.5	12.0
	7.5	32.5	28.5	24.5	18.5
6.0	7.5	24.5	22.5	18.5	14.5
	9.0	36.5	34.5	28.5	22.5
7.5	9.0	30.5	28.5	22.5	18.5

注:1.A—袋装与无包装的发泡塑料橡胶;B—箱装的发泡塑料橡胶;C—箱装与袋装的不发泡塑料橡胶;D—无包装的不发泡塑料橡胶。

2.作用面积不应小于 240 m²。

表 5.0.5 - 3　单、双排货架储物仓库的系统设计基本参数

火灾危险等级	储物高度/m	喷水强度/(L·min⁻¹·m⁻²)	作用面积/m²	持续喷水时间/h
仓库危险级Ⅰ级	3.0~3.5	8	200	1.5
	3.5~4.5	12		
	4.5~6.0	18		
仓库危险级Ⅱ级	3.0~3.5	12	240	1.5
	3.5~4.5	15	280	2.0

表 5.0.5 - 4　多排货架储物仓库的系统设计基本参数

火灾危险等级	储物高度/m	喷水强度/(L·min⁻¹·m⁻²)	作用面积/m²	持续喷水时间/h
仓库危险级Ⅰ级	3.5~4.5	12	200	1.5
	4.5~6.0	18		
	6.0~7.5	21 + 1J		
仓库危险级Ⅱ级	3.0~3.5	12	200	1.5
	3.5~4.5	18		
	4.5~6.0	12 + 1J		
	6.0~7.5	12 + 2J		

表 5.0.5-5　货架储物Ⅲ级仓库的系统设计基本参数

序号	室内最大净高/m	货架类型	储物高度/m	货顶上方净空/m	顶板下喷头喷水强度/(L·min⁻¹·m⁻²)	货架内置喷头		
						层数	高度/m	流量系数
1	—	单、双排	3.0~6.0	<1.5	24.5	—	—	—
2	≤6.5	单、双排	3.0~4.5	—	18.0	—	—	—
3	—	单、双、多排	3.0	<1.5	12.0	—	—	—
4	—	单、双、多排	3.0	1.5~3.0	18.0	—	—	—
5	—	单、双、多排	3.0~4.5	1.5~3.0	12.0	1	3.0	80
6	—	单、双、多排	4.5~6.0	<1.5	24.5	—	—	—
7	≤8.0	单、双、多排	4.5~6.0	—	24.5	—	—	—
8	—	单、双、多排	4.5~6.0	1.5~3.0	18.0	1	3.0	80
9	—	单、双、多排	6.0~7.5	<1.5	18.5	1	4.5	115
10	≤9.0	单、双、多排	6.0~7.5	—	32.5	—	—	—

注:1. 持续喷水时间不应低于 2 h,作用面积不应小于 200 m²。

2. 序号 5 与序号 8:货架内设置一排货架内置喷头时,喷头的间距不应大于 3.0 m;设置两排或多排货架内置喷头时,喷头的间距不应大于 3.0×2.4(m)。

3. 序号 9:货架内设置一排货架内置喷头时,喷头的间距不应大于 2.4 m,设置两排或多排货架内置喷头时,喷头的间距不应大于 2.4×2.4(m)。

4. 设置两排和多排货架内置喷头时,喷头应交错布置。

5. 货架内置喷头的最低工作压力不应低于 0.1 MPa。

6. 表中字母"J"表示货架内喷头,"J"前的数字表示货架内喷头的层数。

表 5.0.5-6　混杂储物仓库的系统设计基本参数

货品类别	储存方式	储物高度/m	最大净空高度/m	喷水强度/(L·min⁻¹·m⁻²)	作用面积/m²	持续喷水时间/h
储物中包括沥青制品或箱装 A 组塑料橡胶	堆垛与货架	≤1.5	9.0	8	160	1.5
		1.5~3.0	4.5	12	240	2.0
		1.5~3.0	6.0	16	240	2.0
		3.0~3.5	5.0			
	堆垛	1.5~3.0	8.0	16	240	2.0
	货架	1.5~3.5	9.0	8+1J	160	2.0
储物中包括袋装 A 组塑料橡胶	堆垛与货架	≤1.5	9.0	8	160	1.5
		1.5~3.0	4.5	16	240	2.0
		3.0~3.5	5.0			
	堆垛	1.5~2.5	9.0	16	240	2.0
储物中包括袋装不发泡 A 组塑料橡胶	堆垛与货架	1.5~3.0	6.0	16	240	2.0

续表 5.0.5-6

货品类别	储存方式	储物高度/m	最大净空高度/m	喷水强度/(L·min⁻¹·m⁻²)	作用面积/m²	持续喷水时间/h
储物中包括袋装发泡A组塑料橡胶	货架	1.5~3.0	6.0	8+1J	160	2.0
储物中包括轮胎或纸卷	堆垛与货架	1.5~3.5	9.0	12	240	2.0

注:1. 无包装的塑料橡胶视同纸袋、塑料袋包装。

2. 货架内置喷头应采用与顶板下喷头相同的喷水强度,用水量应按开放 6 只喷头确定。

5.0.6　仓库采用快速响应早期抑制喷头的系统设计基本参数不应低于表 5.0.6 的规定。

表 5.0.6　仓库采用早期抑制快速响应喷头的系统设计基本参数

储物类别	最大净空高度/m	最大储物高度/m	喷头流量系数 K	喷头最大间距/m	作用面积内开放的喷头数/只	喷头最低工作压力/MPa
Ⅰ级、Ⅱ级、沥青制品、箱装不发泡塑料	9.0	7.5	200	3.7	12	0.35
			360			0.10
	10.5	9.0	200		12	0.50
			360			0.15
	12.0	10.5	200	3.0	12	0.50
			360			0.20
	13.5	12.0	360		12	0.30
袋装不发泡塑料	9.0	7.5	200	3.7	12	0.35
			240			0.25
	9.5	7.5	200		12	0.40
			240			0.30
	12.0	10.5	200	3.0	12	0.50
			240			0.35
箱装发泡塑料	9.0	7.5	200	3.7	12	0.35
	9.5	7.5	200		12	0.40
			240			0.30

注:早期抑制快速响应喷头在保护最大高度范围内,如有货架应为通透性层板。

5.0.7　货架储物仓库的最大净空高度或最大储物高度超过本规范 5.0.5、5.0.6 的规定时,应设货架内置喷头。宜在自地面起每 4 m 高度处设置一层货架内置喷头,当喷头流量系

数 $K=80$ 时,工作压力不小于 0.20 MPa,当 $K=115$ 时,工作压力不小于 0.10 MPa,喷头间距不应大于 3 m,也不宜小于 2 m。计算喷头数量不应小于表 $5.0.7$ 的规定。货架内置喷头上方的层间隔板应为实层板。

表 5.0.7　货架内开放喷头数

仓库危险级	货架内置喷头的层数		
	1	2	>2
Ⅰ	6	12	14
Ⅱ	8	14	
Ⅲ	10		

5.0.7A　仓库内设有自动喷水灭火系统时,宜设消防排水设施。

5.0.8　闭式自动喷水 – 泡沫联用系统的设计基本参数,除执行本规范表 5.0.1 的规定外,尚应符合下列规定:

1. 湿式系统自喷水至喷泡沫的转换时间,按 4 L/s 流量计算,不应大于 3 min;

2. 泡沫比例混合器应在流量等于和大于 4 L/s 时符合水与泡沫灭火剂的混合比规定;

3. 持续喷泡沫的时间不应小于 10 min。

5.0.9　雨淋自动喷水 – 泡沫联用系统应符合下列规定:

1. 前期喷水后期喷泡沫的系统,喷水强度与喷泡沫强度均不应低于本规范表 5.0.1、表 5.0.5 – 1～表 5.0.5 – 6 的规定;

2. 前期喷泡沫后期灞水的系统,喷泡沫强度与喷水强度均应执行现行国家标准《低倍数泡沫灭火系统设计规范》(GB 50151—92)的规定;

3. 持续喷泡沫时间不应小于 10 min。

5.0.10　水幕系统的设计基本参数应符合表 5.0.10 的规定。

表 5.0.10　水幕系统的设计基本参数

水幕类别	喷水点高度/m	喷水强度/($L \cdot s^{-1} \cdot m^{-1}$)	喷头工作压力/MPa
防火分隔水幕	≤12	2	0.1
防护冷却水幕	≤4	0.5	

注:防护冷却水幕的喷水点高度每增加 1 m,喷水强度应增加 0.1 L/s·m,但超过 9 m 时喷水强度仍采用 1.0 L/s·m。

5.0.11　除本规范另有规定外,自动喷水灭火系统的持续喷水时间,应按火灾延续时间不小于 1 h 确定。

5.0.12　利用有压气体作为系统启动介质的干式系统、预作用系统,其配水管道内的气压值,应根据报警阀的技术性能确定;利用有压气体检测管道是否严密的预作用系统,配水管道内的气压值不宜小于 0.03 MPa,且不宜大于 0.05 MPa。

6.1.1　采用闭式系统场所的最大净空高度不应大于表 6.1.1 的规定,仅用于保护室内钢屋架等建筑构件和设置货架内喷头的闭式系统,不受此表规定的限制。

表 6.1.1　采用闭式系统场所的最大净空高度

设置场所	采用闭式系统场所的最大净空高度/m
民用建筑和工业厂房	8
仓库	9
采用早期抑制快速响应喷头的仓库	13.5
非仓库类高大净空场所	12

6.1.2　闭式系统的喷头,其公称动作温度宜高于环境最高温度 30 ℃。

6.1.3　湿式系统的喷头选型应符合下列规定:

1.不作吊顶的场所,当配水支管布置在梁下时,应采用直立型喷头;

2.吊顶下布置的喷头,应采用下垂型喷头或吊顶型喷头;

3.顶板为水平面的轻危险级、中危险级 Ⅰ 级居室和办公室,可采用边墙型喷头;

4.自动喷水 – 泡沫联用系统应采用洒水喷头;

5.易受碰撞的部位,应采用带保护罩的喷头或吊顶型喷头。

6.1.4　干式系统、预作用系统应采用直立型喷头或干式下垂型喷头。

6.1.5　水幕系统的喷头选型应符合下列规定:

1.防火分隔水幕应采用开式洒水喷头或水幕喷头;

2.防护冷却水幕应采用水幕喷头。

6.1.6　下列场所宜采用快速响应喷头:

1.公共娱乐场所、中庭环廊;

2.医院、疗养院的病房及治疗区域,老年、少儿、残疾人的集体活动场所;

3.超出水泵接合器供水高度的楼层;

4.地下的商业及仓储用房。

6.1.7　同一隔间内应采用相同热敏性能的喷头。

6.1.8　雨淋系统的防护区内应采用相同的喷头。

6.1.9　自动喷水灭火系统应有备用喷头,其数量不应少于总数的 1%,且每种型号均不得少于 10 只。

6.2.1　自动喷水灭火系统应设报警阀组。保护室内钢屋架等建筑构件的闭式系统,应设独立的报警阀组。水幕系统应设独立的报警阀组或感温雨淋阀。

6.2.2　串联接入湿式系统配水干管的其他自动喷水灭火系统,应分别设置独立的报警阀组,其控制的喷头数计入湿式阀组控制的喷头总数。

6.2.3　一个报警阀组控制的喷头数应符合下列规定:

1.湿式系统、预作用系统不宜超过 800 只;干式系统不宜超过 500 只;

2.当配水支管同时安装保护吊顶下方和上方空间的喷头时,应只将数量较多一侧的喷头计入报警阀组控制的喷头总数。

6.2.4　每个报警阀组供水的最高与最低位置喷头,其高程差不宜大于 50 m。

6.2.5　雨淋阀组的电磁阀,其入口应设过滤器。并联设置雨淋阀组的雨淋系统,其雨淋阀控制腔的入口应设止回阀。

6.2.6　报警阀组宜设在安全及易于操作的地点,报警阀距地面的高度宜为1.2 m。安装报警阀组的部位应设有排水设施。

6.2.7　连接报警阀进出口的控制阀应采用信号阀。当不采用信号阀时,控制阀应设锁定阀位的锁具。

6.2.8　水力警铃的工作压力不应小于0.05 MPa,并应符合下列规定:

1. 应设在有人值班的地点附近;

2. 与报警阀连接的管道,其管径应为20 mm,总长不宜大于20 m。

6.3.1　除报警阀组控制的喷头只保护不超过防火分区面积的同层场所外,每个防火分区、每个楼层均应设水流指示器。

6.3.2　仓库内顶板下喷头与货架内喷头应分别设置水流指示器。

6.3.3　当水流指示器入口前设置控制阀时,应采用信号阀。

6.4.1　雨淋系统和防火分隔水幕,其水流报警装置宜采用压力开关。

6.4.2　应采用压力开关控制稳压泵,并应能调节启停压力。

6.5.1　**每个报警阀组控制的最不利点喷头处,应设末端试水装置,其他防火分区、楼层均应设直径为25 mm的试水阀,末端试水装置和试水阀应便于操作,且应有足够排水能力的排水设施。**

6.5.2　末端试水装置应由试水阀、压力表以及试水接头组成。试水接头出水口的流量系数,应等同于同楼层或防火分区内的最小流量系数喷头。末端试水装置的出水,应采取孔口出流的方式排入排水管道。

7.1.3　除吊顶型喷头及吊顶下安装的喷头外,直立型、下垂型标准喷头,其溅水盘与顶板的距离,不应小于75 mm、不应大于150 mm。

1. 当在梁或其他障碍物底面下方的平面上布置喷头时,溅水盘与顶板的距离不应大于300 mm,同时溅水盘与梁等障碍物底面的垂直距离不应小于25 mm、不应大于100 mm。

2. 当在梁间布置喷头时,应符合本规范7.2.1条的规定。确有困难时,溅水盘与顶板的距离不应大于550 mm。

梁间布置的喷头,喷头溅水盘与顶板距离达到550 mm仍不能符合7.2.1规定时,应在梁底面的下方增设喷头。

3. 密肋梁板下方的喷头,溅水盘与密肋梁板底面的垂直距离,不应小于25 mm、不应大于100 mm。

4. 净空高度不超过8 m的场所中,间距不超过4×4(m)布置的十字梁,可在梁间布置1只喷头,但喷水强度仍应符合表5.0.1的规定。

7.1.10　装设通透性吊顶的场所,喷头应布置在顶板下。

7.1.13　边墙型扩展覆盖喷头的最大保护跨度、配水支管上的喷头间距、喷头与两侧端墙的距离,应按喷头工作压力下能够喷湿对面墙和邻近端墙距溅水盘1.2 m高度以下的墙面确定,且保护面积内的喷水强度应符合本规范表5.0.1的规定。

7.1.14　直立式边墙型喷头,其溅水盘与顶板的距离不应小于100 mm,且不宜大于150 mm,与背墙的距离不应小于50 mm,并不应大于100 mm。

水平式边墙型喷头溅水盘与顶板的距离不应小于 150 mm，且不应大于 300 mm。

10.1.1　系统用水应无污染、无腐蚀、无悬浮物。可由市政或企业的生产、消防给水管道供给，也可由消防水池或天然水源供给，并应确保持续喷水时间内的用水量。

10.1.2　与生活用水合用的消防水箱和消防水池，其储水的水质，应符合饮用水标准。

10.1.3　严寒与寒冷地区，对系统中遭受冰冻影响的部分，应采取防冻措施。

10.1.4　当自动喷水灭火系统中设有 2 个及以上报警阀组时，报警阀组前宜设环状供水管道。

10.3.1　**采用临时高压给水系统的自动喷水灭火系统，应设高位消防水箱，其储水量应符合现行有关国家标准的规定。消防水箱的供水，应满足系统最不利点处喷头的最低工作压力和喷水强度。**

10.3.2　**不设高位消防水箱的建筑，系统应设气压供水设备。气压供水设备的有效水容积，应按系统最不利处 4 只喷头在最低工作压力下的 10 min 用水量确定。**

干式系统、预作用系统设置的气压供水设备，应同时满足配水管道的充水要求。

10.3.3　消防水箱的出水管，应符合下列规定：

1. 应设止回阀，并应与报警阀入口前管道连接；

2. 轻危险级、中危险级场所的系统，管径不应小于 80 mm，严重危险级和仓库危险级不应小于 100 mm。

10.4.1　系统应设水泵接合器，其数量应按系统的设计流量确定，每个水泵接合器的流量宜按 10~15 L/s 计算。

10.4.2　当水泵接合器的供水能力不能满足最不利点处作用面积的流量和压力要求时，应采取增压措施。

(5)以下是关于《人民防空工程设计防火规范》(GB 50098—2009)摘录。

7.1.1　消防用水可由市政给水管网、水源井、消防水池或天然水源供给。利用天然水源时，应确保枯水期最低水位时的消防用水量，并应设置可靠的取水设施。

7.1.2　采用市政给水管网直接供水，当消防用水量达到最大时，其水压应满足室内最不利点灭火设备的要求。

7.2.1　下列人防工程和部位应设置室内消火栓：

1. 建筑面积大于 300 m² 的人防工程；

2. 电影院、礼堂、消防电梯间前室和避难走道。

7.2.2　下列人防工程和部位宜设置自动喷水灭火系统；当有困难时，也可设置局部应用系统，局部应用系统应符合现行国家标准《自动喷水灭火系统设计规范》(GB 50084)的有关规定。

1. 建筑面积大于 100 m²，且小于或等于 500 m² 的地下商店和展览厅；

2. 建筑面积大于 100 m²，且小于或等于 1000 m² 的影剧院、礼堂、健身体育场所、旅馆、医院等；建筑面积大于 100 m²，且小于或等于 500 m² 的丙类库房。

7.2.3　下列人防工程和部位应设置自动喷水灭火系统：

1. 除丁、戊类物品库房和自行车库外，建筑面积大于 500 m² 丙类库房和其他建筑面积大于 1000 m² 的人防工程；

2. 大于 800 个座位的电影院和礼堂的观众厅，且吊顶下表面至观众席室内地面高度不大于8 m时；舞台使用面积大于200 m² 时；观众厅与舞台之间的台口宜设置防火幕或水幕分隔；

3. 符合本规范第4.4.3条第2款规定的防火卷帘；

4. 歌舞娱乐放映游艺场所；

5. 建筑面积大于500 m² 的地下商店和展览厅；

6. 燃油或燃气锅炉房和装机总容量大于300 kW柴油发电机房。

7.2.4　下列部位应设置气体灭火系统或细水雾灭火系统：

1. 图书、资料、档案等特藏库房；

2. 重要通信机房和电子计算机机房；

3. 变配电室和其他特殊重要的设备房间。

7.2.5　营业面积大于500 m² 的餐饮场所，其烹饪操作间的排油烟罩及烹饪部位应设置自动灭火装置，且应在燃气或燃油管道上设置紧急事故自动切断装置。

7.2.6　人防工程应配置灭火器，灭火器的配置设计应符合现行国家标准《建筑灭火器配置设计规范》(GB 50140)的有关规定。

7.3.1　设置室内消火栓、自动喷水等灭火设备的人防工程，其消防用水量应按需要同时开启的上述设备用水量之和计算。

7.3.2　室内消火栓用水量，应符合表7.3.2的规定。

表7.3.2　室内消火栓最小用水量

工程类别	体积 V/m^3	同时使用 水枪数量/支	每支水枪最小 流量/($L \cdot s^{-1}$)	消火栓 用水量/($L \cdot s^{-1}$)
展览厅、影剧院、礼堂、健身体育场所等	$V \leq 1\,000$	1	5	5
	$1\,000 < V \leq 2\,500$	2	5	10
	$V > 2\,500$	3	5	15
商场、餐厅、旅馆、医院等	$V \leq 5\,000$	1	5	5
	$5\,000 < V \leq 10\,000$	2	5	10
	$10\,000 < V \leq 25\,000$	3	5	15
	$V > 25\,000$	4	5	20
丙、丁、戊类生产车间、自行车库	$\leq 2\,500$	1	5	5
	$> 2\,500$	2	5	10
丙、丁、戊类物品库房、图书资料档案库	$\leq 3\,000$	1	5	5
	$> 3\,000$	2	5	10

注：消防软管卷盘的用水量可不计算入消防用水量中。

7.3.3　人防工程内自动喷水灭火系统的用水量，应按现行国家标准《自动喷水灭火系统设计规范》GB 50084的有关规定执行。

7.4.1　具有下列情况之一者应设置消防水池：

1. 市政给水管道、水源井或天然水源不能满足消防用水量；

2.市政给水管道为枝状或人防工程只有一条进水管。

7.4.2　消防水池的设置应符合下列规定：

1.消防水池的有效容积应满足在火灾延续时间内室内消防用水总量的要求；火灾延续时间应符合下列规定：

1）建筑面积小于 3000 m^2 的单建掘开式、坑道、地道人防工程消火栓灭火系统火灾延续时间应按 1 h 计算；

2）建筑面积大于或等于 3000 m^2 的单建掘开式、坑道、地道人防工程消火栓灭火系统火灾延续时间应按 2 h 计算；改建人防工程有困难时，可按 1 h 计算；

3）防空地下室消火栓灭火系统的火灾延续时间应与地面工程一致；

4）自动喷水灭火系统火灾延续时间应符合现行国家标准《自动喷水灭火系统设计规范》(GB 50084)的有关规定；

2.消防水池的补水量应经计算确定，补水管的设计流速不宜大于 2.5 m/s；在火灾情况下能保证连续向消防水池补水时，消防水池的容积可减去火灾延续时间内补充的水量；

3.消防水池的补水时间不应大于 48 h；

4.消防用水与其他用水合用的水池，应有确保消防用水量的措施；

5.消防水池可设置在人防工程内，也可设置在人防工程外，严寒和寒冷地区的室外消防水池应有防冻措施；

6.容积大于 500 m^3 的消防水池，应分成两个能独立使用的消防水池。

7.5.1　当人防工程内消防用水总量大于 10 L/s 时，应在人防工程外设置水泵接合器，并应设置室外消火栓。

7.5.2　水泵接合器和室外消火栓的数量，应按人防工程内消防用水总量确定，每个水泵接合器和室外消火栓的流量应按(10～15)L/s 计算。

7.5.3　水泵接合器和室外消火栓应设置在便于消防车使用的地点，距人防工程出入口不宜小于 5 m；室外消火栓距路边不宜大于 2 m，水泵接合器与室外消火栓的距离不应大于 40 m。水泵接合器和室外消火栓应有明显的标志。

7.6.1　室内消防给水管道的设置应符合下列规定：

1.室内消防给水管道宜与其他用水管道分开设置；当有困难时，消火栓给水管道可与其他给水管道合用，但当其他用水达到最大小时流量时，应仍能供应全部消火栓的消防用水量；

2.当室内消火栓总数大于 10 个时，其给水管道应布置成环状，环状管网的进水管宜设置两条，当其中一条进水管发生故障时，另一条应仍能供应全部消火栓的消防用水量；

3.在同层的室内消防给水管道，应采用阀门分成若干独立段，当某段损坏时，停止使用的消火栓数不应大于 5 个；阀门应有明显的启闭标志；

4.室内消火栓给水管道应与自动喷水灭火系统的给水分开独立设置。

7.6.2　室内消火栓的设置应符合下列规定：

1.室内消火栓的水枪充实水柱应通过水力计算确定，且不应小于 10 m；

2.消火栓栓口的出水压力大于 0.50 MPa 时，应设置减压装置；

3.室内消火栓的间距应由计算确定；当保证同层相邻有两支水枪的充实水柱同时到达被保护范围内的任何部位时，消火栓的间距不应大于 30 m；当保证有一支水枪的充实水柱到达室内任何部位时，不应大于 50 m；

4. 室内消火栓应设置在明显易于取用的地点;消火栓的出水方向宜向下或与设置消火栓的墙面相垂直;栓口离室内地面高度宜为 1.1 m;同一工程内应采用统一规格的消火栓、水枪和水带,每根水带长度不应大于 25 m;

5. 设置有消防水泵给水系统的每个消火栓处,应设置直接启动消防水泵的按钮,并应有保护措施;

6. 室内消火栓处应同时设置消防软管卷盘,其安装高度应便于使用,栓口直径宜为 25 mm,喷嘴口径不宜小于 6 mm,配备的胶带内径不宜小于 19 mm。

7.6.3 单建掘开式、坑道式、地道式人防工程当不能设置高位消防水箱时,宜设置气压给水装置。气压罐的调节容积:消火栓系统不应小于 300 L,喷淋系统不应小于 150 L。

7.7.1 室内消火栓给水系统和自动喷水灭火系统,应分别独立设置供水泵;供水泵应设置备用泵,备用泵的工作能力不应小于最大一台供水泵。

7.7.2 每台消防水泵应设置独立的吸水管,并宜采用自灌式吸水,吸水管上应设置阀门,出水管上应设置试验和检查用的压力表和放水阀门。

(6)以下是关于《二氧化碳灭火系统设计规范(2010 年版)》(GB 50193—1993)摘录。

3.1.1 二氧化碳灭火系统按应用方式可分为全淹没灭火系统和局部应用灭火系统。全淹没灭火系统应用于扑救封闭空间内的火灾;局部应用灭火系统应用于扑救不需封闭空间条件的具体保护对象的非深位火灾。

3.1.2 采用全淹没灭火系统的防护区,应符合下列规定:

3.1.2.1 对气体、液体、电气火灾和固体表面火灾,在喷放二氧化碳前不能自动关闭的开口,其面积不应大于防护区总内表面积的 3%,且开口不应设在底面。

3.1.2.2 对固体深位火灾,除泄压口以外的开口,在喷放二氧化碳前应自动关闭。

3.1.2.3 防护区的围护结构及门、窗的耐火极限不应低于 0.50 h,吊顶的耐火极限不应低于 0.25 h;围护结构及门窗的允许压强不宜小于 1 200 Pa。

3.1.2.4 防护区用的通风机和通风管道中的防火阀,在喷放二氧化碳前应自动关闭。

3.1.3 采用局部应用灭火系统的保护对象,应符合下列规定:

3.1.3.1 保护对象周围的空气流动速度不宜大于 3 m/s。必要时,应采取挡风措施。

3.1.3.2 在喷头与保护对象之间,喷头喷射角范围内不应有遮挡物。

3.1.3.3 当保护对象为可燃液体时,液面至容器缘口的距离不得小于 150 mm。

3.1.4 启动释放二氧化碳之前或同时,必须切断可燃、助燃气体的气源。

3.1.4A 组合分配系统的二氧化碳储存量,不应小于所需储存量最大的一个防护区域或保护对象的储存量。

3.1.5 当组合分配系统保护 5 个及以上的防护区或保护对象时,或者在 48 h 内不能恢复时,二氧化碳应有备用量,备用量不应小于系统设计的储存量。

对于高压系统和单独设置备用储存容器的低压系统,备用量的储存容器应与系统管网相连,应能与主储存容器切换使用。

7.0.1 防护区内应设火灾声报警器,必要时,可增设光报警器。防护区的入口处应设置火灾声、光报警器。报警时间不宜小于灭火过程所需的时间,并应能手动切除报警信号。

7.0.2 防护区应有能在 30 s 内使该区人员疏散完毕的走道与出口。在疏散走道与出口处,应设火灾事故照明和疏散指示标志。

7.0.3　防护区入口处应设灭火系统防护标志和二氧化碳喷放指示灯。

7.0.4　当系统管道设置在可燃气体、蒸气或有爆炸危险粉尘的场所时,应设防静电接地。

7.0.5　地下防护区和无窗或固定窗扇的地上防护区,应设机械排风装置。

7.0.6　防护区的门应向疏散方向开启,并能自动关闭;在任何情况下均应能从防护区内打开。

7.0.7　设置灭火系统的防护区的入口处明显位置应配备专用的空气呼吸器或氧气呼吸器。

(7)以下是关于《住宅建筑规范》(GB 50368—2005)摘录。

9.6.1　8 层及 8 层以上的住宅建筑应设置室内消防给水设施。

9.6.2　35 层及 35 层以上的住宅建筑应设置自动喷水灭火系统。

(8)以下是关于《气体灭火系统设计规范》(GB 50370—2005)摘录。

3.2.1　气体灭火系统适用于扑救下列火灾:

1. 电气火灾;

2. 固体表面火灾;

3. 液体火灾;

4. 灭火前能切断气源的气体火灾。

注:除电缆隧道(夹层、井)及自备发电机房外,K 型和其他型热气溶胶预制灭火系统不得用于其他电气火灾。

3.2.2　气体灭火系统不适用于扑救下列火灾:

1. 硝化纤维、硝酸钠等氧化剂或含氧化剂的化学制品火灾;

2. 钾、镁、钠、钛、锆、铀等活泼金属火灾;

3. 氢化钾、氢化钠等金属氢化物火灾;

4. 过氧化氢、联胺等能自行分解的化学物质火灾;

5. 可燃固体物质的深位火灾。

3.2.3　热气溶胶预制灭火系统不应设置在人员密集场所、有爆炸危险性的场所及有超净要求的场所。K 型及其他型热气溶胶预制灭火系统不得用于电子计算机房、通信机房等场所。

3.2.4　防护区划分应符合下列规定:

1. 防护区宜以单个封闭空间划分;同一区间的吊顶层和地板下需同时保护时,可合为一个防护区;

2. 采用管网灭火系统时,一个防护区的面积不宜大于 800 m^2,且容积不宜大于 3600 m^3;

3. 采用预制灭火系统时,一个防护区的面积不宜大于 500 m^2,且容积不宜大于 1600 m^3。

3.2.5　防护区围护结构及门窗的耐火极限均不宜低于 0.5 h;吊顶的耐火极限不宜低于 0.25 h。

3.2.6　防护区围护结构承受内压的允许压强,不宜低于 1200 Pa。

3.2.7　防护区应设置泄压口,七氟丙烷灭火系统的泄压口应位于防护区净高的 2/3 以上。

3.2.8　防护区设置的泄压口,宜设在外墙上。泄压口面积按相应气体灭火系统设计规定计算。

3.2.9　喷放灭火剂前,防护区内除泄压口外的开口应能自行关闭。

3.2.10　防护区的最低环境温度不应低于 – 10 ℃。

3.4　采暖设计

为了审查方便,现将规范对采暖设计要求汇总如下(**黑体部分为强制性条文**)。

(1)以下是关于《建筑设计防火规范》(GB 50016—2012)摘录。

11.2.1　在散发可燃粉尘、纤维的厂房内,散热器表面平均温度不应超过82.5 ℃。输煤廊的散热器表面温度不应超过130 ℃。

11.2.2　甲、乙类厂房和甲、乙类仓库内严禁采用明火和电热散热器采暖。

11.2.3　下列厂房应采用不循环使用的热风采暖:

1.生产过程中散发的可燃气体、可燃蒸气、可燃粉尘、可燃纤维与采暖管道、散热器表面接触能引起燃烧的厂房;

2.生产过程中散发的粉尘受到水、水蒸汽的作用能引起自燃、爆炸或产生爆炸性气体的厂房。

11.2.4　存在与采暖管道接触能引起燃烧爆炸的气体、蒸气或粉尘的房间内不应穿过采暖管道,当必须穿过时,应采用不燃材料隔热。

11.2.5　采暖管道与可燃物之间应保持一定距离。当温度大于100 ℃时,不应小于100 mm或采用不燃材料隔热。当温度不大于100 ℃时,不应小于50 mm。

11.2.6　建筑内采暖管道和设备的绝热材料应符合下列规定:

1.对于甲、乙类厂房或甲、乙类仓库,应采用不燃材料;

2.对于其他建筑,宜采用不燃材料,不得采用可燃材料。

(2)以下是关于《汽车库、修车库、停车场设计防火规范》(GB 50067—1997)摘录。

8.1.1　车库内严禁明火采暖。

8.1.2　下列汽车库或修车库需要采暖时应设集中采暖:

8.1.2.1　甲、乙类物品运输车的汽车库;

8.1.2.2　Ⅰ、Ⅱ、Ⅲ类汽车库;

8.1.2.3　Ⅰ、Ⅱ类修车库。

8.1.3　Ⅳ类汽车库、Ⅲ、Ⅳ类修车库,当采用集中采暖有困难时,可采用火墙采暖,但其炉门、节风门、除灰门严禁设在汽车库、修车库内。

汽车库采暖的火墙不应贴邻甲、乙类生产厂房、库房布置。

(3)以下是关于《住宅设计规范》(GB 50096—2011)摘录。

8.3.1　严寒和寒冷地区的住宅宜设集中采暖系统。夏热冬冷地区住宅采暖方式应根据当地能源情况,经技术经济分析,并根据用户对设备运行费用的承担能力等因素确定。

8.3.2　除电力充足和供电政策支持,或建筑所在地无法利用其他形式的能源外,严寒和寒冷地区、夏热冬冷地区的住宅不应设计直接电热作为室内采暖主体热源。

8.3.3　住宅采暖系统应采用不高于95 ℃的热水作为热媒,并应有可靠的水质保证措施。热水温度和系统压力应根据管材、室内散热设备等因素确定。

8.3.4　住宅集中采暖的设计,应进行每一个房间的热负荷计算。

8.3.5　住宅集中采暖的设计应进行室内采暖系统的水力平衡计算,并应通过调整环路布置和管径,使并联管路(不包括共同段)的阻力相对差额不大于15%;当不满足要求时,应采取水力平衡措施。

8.3.6　设计采暖系统的普通住宅的室内采暖计算温度,不应低于表8.3.6的规定。

表 8.3.6　室内采暖计算温度

用房	温度/℃
卧室、起居室(厅)和卫生间	18
厨房	15
设采暖的楼梯间和走廊	14

8.3.7　设有洗浴器并有热水供应设施的卫生间宜按沐浴时室温为25℃设计。

8.3.8　套内采暖设施应配置室温自动调控装置。

8.3.9　室内采用散热器采暖时,室内采暖系统的制式宜采用双管式;如采用单管式,应在每组散热器的进出水支管之间设置跨越管。

8.3.10　设计地面辐射采暖系统时,宜按主要房间划分采暖环路。

8.3.11　应采用体型紧凑、便于清扫、使用寿命不低于钢管的散热器,并宜明装,散热器的外表面应刷非金属性涂料。

8.3.12　采用户式燃气采暖热水炉作为采暖热源时,其热效率应符合现行国家标准《家用燃气快速热水器和燃气采暖热水炉能效限定值及能效等级》GB 20665 中能效等级3级的规定值。

(4)以下是关于《公共建筑节能设计标准》(GB 50189—2005)摘录。

5.2.1　集中采暖系统应采用热水作为热媒。

5.2.2　设计集中采暖系统时,管路宜按南、北向分环供热原则进行布置并分别设置室温调控装置。

5.2.3　集中采暖系统在保证能分室(区)进行室温调节的前提下,可采用下列任一制式;系统的划分和布置应能实现分区热量上/下分式垂直双管;

1.上/下分式水平双管;

2.上分式垂直单双管;

3.上分式全带跨越管的垂直单管;

4.下分式全带跨越管的水平单管。

5.2.4　散热器宜明装,散热器的外表面应刷非金属性涂料。

5.2.5　散热器的散热面积,应根据热负荷计算确定。确定散热器所需散热量时,应扣除室内明装管道的散热量。

5.2.6　公共建筑内的高大空间,宜采用辐射供暖方式。

5.2.7　集中采暖系统供水或回水管的分支管路上,应根据水力平衡要求设置水力平衡装置。必要时,在每个供暖系统的入口处,应设置热量计量装置。

（5）以下是关于《民用建筑设计通则》（GB 50352—2005）摘录。

8.2.3 采暖设计应符合下列要求：

1.民用建筑采暖系统的热媒宜采用热水；

2.居住建筑采暖系统应有实现热计量的条件；

3.住宅楼集中采暖系统需要专业人员调节、检查、维护的阀门、仪表等装置不应设置在私有套型内；一个私有套型中不应设置其他套型所用的阀门、仪表等装置；

4.采暖系统中的散热器、管道及其连接件应满足系统承压要求。

（6）以下是关于《住宅建筑规范》（GB 50368—2005）摘录。

8.3.1 集中采暖系统应采取分室（户）温度调节措施，并应设置分户（单元）计量装置或预留安装计量装置的位置。

8.3.2 设置集中采暖系统的住宅，室内采暖计算温度不应低于表8.3.2的规定：

表8.3.2 采暖计算温度

空间类别	采暖计算温度
卧室、起居室（厅）和卫生间	18 ℃
厨房	15 ℃
设采暖的楼梯间和走廊	14 ℃

8.3.3 集中采暖系统应以热水为热媒，并应有可靠的水质保证措施。

8.3.4 采暖系统应没有冻结危险，并应有热膨胀补偿措施。

8.3.5 除电力充足和供电政策支持外，严寒地区和寒冷地区的住宅内不应采用直接电热采暖。

（7）以下是关于《民用建筑供暖通风与空气调节设计规范》（GB 50736—2012）摘录。

5.1.1 供暖方式应根据建筑物规模，所在地区气象条件、能源状况及政策、节能环保和生活习惯要求等，通过技术经济比较确定。

5.1.2 累年日平均温度稳定低于或等于5 ℃的日数大于或等于90天的地区，应设置供暖设施，并宜采用集中供暖。

5.1.3 符合下列条件之一的地区，宜设置供暖设施；其中幼儿园、养老院、中小学校、医疗机构等建筑宜采用集中供暖：

1.累年日平均温度稳定低于或等于5 ℃的日数为60~89 d；

2.累年日平均温度稳定低于或等于5 ℃的日数不足60 d，但累年日平均温度稳定低于或等于8 ℃的日数大于或等于75 d。

5.1.4 供暖热负荷计算时，室内设计参数应按本规范第3章确定；室外计算参数应按本规范第4章确定。

5.1.5 严寒或寒冷地区设置供暖的公共建筑，在非使用时间内，室内温度应保持在0 ℃以上；当利用房间蓄热量不能满足要求时，应按保证室内温度5 ℃设置值班供暖。当工艺有特殊要求时，应按工艺要求确定值班供暖温度。

5.1.6 居住建筑的集中供暖系统应按连续供暖进行设计。

5.1.7 设置供暖的建筑物,其围护结构的传热系数应符合国家现行相关节能设计标准的规定。

5.1.8 围护结构的传热系数应按下式计算:

$$K = \cfrac{1}{\cfrac{1}{\alpha_n} + \sum \cfrac{\delta}{\alpha_\lambda \cdot \lambda} + R_k + \cfrac{1}{\alpha_w}} \tag{5.1.8}$$

式中:K——围护结构的传热系数$[W/(m^2 \cdot K)]$;

α_n——围护结构内表面换热系数$[W/(m^2 \cdot K)]$,按本规范表5.1.8-1采用;

α_w——围护结构外表面换热系数$[W/(m^2 \cdot K)]$,按本规范表5.1.8-2采用;

δ——围护结构各层材料厚度(m);

λ——围护结构各层材料导热系数$[W/(m \cdot K)]$;

α_λ——材料导热系数修正系数,按本规范表5.1.8-3采用;

R_k——封闭空气间层的热阻$(m^2 \cdot K/W)$,按本规范表5.1.8-4采用。

表5.1.8-1 围护结构内表面换热系数 α_n

围护结构内表面特征	$\alpha_n /[(W \cdot m^{-2} \cdot K^{-1})]$
墙、地面、表面平整或有肋状突出物的顶棚,当 $h/s \leqslant 0.3$ 时	8.7
有肋、井状突出物的顶棚,当 $0.2 < h/s \leqslant 0.3$ 时	8.1
有肋状突出物的顶棚,当 $h/s > 0.3$ 时	7.6
有井状突出物的顶棚,当 $h/s > 0.3$ 时	7.0

注:h 为肋高(m),s 为肋间净距(m)。

表5.1.8-2 围护结构外表面换热系数 α_w

围护结构外表面特征	$\alpha_w /[(W \cdot m^{-2} \cdot K^{-1})]$
外墙和屋顶	23
与室外空气相通的非供暖地下室上面的楼板	17
闷顶和外墙上有窗的非供暖地下室上面的楼板	12
外墙上无窗的非供暖地下室上面的楼板	6

表5.1.8-3 材料导热系数修正系数 α_λ

材料、构造、施工、地区及说明	α_λ
作为夹心层浇筑在混凝土墙体及屋面构件中的块状多孔保温材料(如加气混凝土、泡沫混凝土及水泥膨胀珍珠岩),因干燥缓慢及灰缝影响	1.60
铺设在密闭屋面中的多孔保温材料(如加气混凝土、泡沫混凝土、水泥膨胀珍珠岩、石灰炉渣等),因干燥缓慢	1.50
铺设在密闭屋面中及作为夹心层浇筑在混凝土构件中的半硬质矿棉、岩棉、玻璃棉板等,因压缩及吸湿	1.20

续表 5.1.8 - 3

材料、构造、施工、地区及说明	α_λ
作为夹心层浇筑在混凝土构件中的泡沫塑料等,因压缩	1.20
开孔型保温材料(如水泥刨花板、木丝板、稻草板等),表面抹灰或混凝土浇筑在一起,因灰浆渗入	1.30
加气混凝土、泡沫混凝土砌块墙体及加气混凝土条板墙体、屋面,因灰缝影响	1.25
填充在空心墙体及屋面构件中的松散保温材料(如稻壳、木、矿棉、岩棉等),因下沉	1.20
矿渣混凝土、炉渣混凝土、浮石混凝土、粉煤灰陶粒混凝土、加气混凝土等实心墙体及屋面构件,在严寒地区,且在室内平均相对湿度超过 65% 的供暖房间内使用,因干燥缓慢	1.15

表 5.1.8 - 4　封闭空气间层热阻值 R_k　　　　$m^2 \cdot K/W$

位置、热流状态及材料特性		间层厚度/mm						
		5	10	20	30	40	50	60
一般空气间层	热流向下(水平、倾斜)	0.10	0.14	0.17	0.18	0.19	0.20	0.20
	热流向上(水平、倾斜)	0.10	0.14	0.15	0.16	0.17	0.17	0.17
	垂直空气间层	0.10	0.14	0.16	0.17	0.18	0.18	0.18
单面铝箔空气间层	热流向下(水平、倾斜)	0.16	0.28	0.43	0.51	0.57	0.60	0.64
	热流向上(水平、倾斜)	0.16	0.26	0.35	0.40	0.42	0.42	0.43
	垂直空气间层	0.16	0.26	0.39	0.44	0.47	0.49	0.50
双面铝箔空气间层	热流向下(水平、倾斜)	0.18	0.34	0.56	0.71	0.84	0.94	1.01
	热流向上(水平、倾斜)	0.17	0.29	0.45	0.52	0.55	0.56	0.57
	垂直空气间层	0.18	0.31	0.49	0.59	0.65	0.69	0.71

注:本表为冬季状况值。

5.1.9　对于有顶棚的坡屋面,当用顶棚面积计算其传热量时,屋面和顶棚的综合传热系数,可按下式计算:

$$K = \frac{K_1 \times K_2}{K_1 \times \cos\alpha + K_2} \qquad (5.1.9)$$

式中:K——屋面和顶棚的综合传热系数[$W/(m^2 \cdot K)$];

　　　K_1——顶棚的传热系数[$W/(m^2 \cdot K)$];

　　　K_2——屋面的传热系数[$W/(m^2 \cdot K)$];

　　　α——屋面和顶棚的夹角。

5.1.10　建筑物的热水供暖系统应按设备、管道及部件所能承受的最低工作压力和水力平衡要求进行竖向分区设置。

5.1.11　条件许可时,建筑物的集中供暖系统宜分南北向设置环路。

5.1.12　供暖系统的水质应符合国家现行相关标准的规定。

5.2.1 集中供暖系统的施工图设计,必须对每个房间进行热负荷计算。

5.2.2 冬季供暖通风系统的热负荷应根据建筑物下列散失和获得的热量确定:

1. 围护结构的耗热量;

2. 加热由外门、窗缝隙渗入室内的冷空气耗热量;

3. 加热由外门开启时经外门进入室内的冷空气耗热量;

4. 通风耗热量;

5. 通过其他途径散失或获得的热量。

5.2.3 围护结构的耗热量,应包括基本耗热量和附加耗热量。

5.2.4 围护结构的基本耗热量应按下式计算:

$$Q = \alpha F K(t_n - t_{wn}) \tag{5.2.4}$$

式中:Q——围护结构的基本耗热量(W);

α——围护结构温差修正系数,按本规范表5.2.4采用;

F——围护结构的面积(m^2);

K——围护结构的传热系数[$W/(m^2 \cdot K)$];

t_n——供暖室内设计温度(℃),按本规范第3章采用;

t_{wn}——供暖室外计算温度(℃),按本规范第4章采用。

注:当已知或可求出冷侧温度时,t_{wn}一项可直接用冷侧温度值代入,不再进行α值修正。

表5.2.4 温差修正系数 α

围护结构特征	α
外墙、屋顶、地面以及与室外相通的楼板等	1.00
闷顶和与室外空气相通的非供暖地下室上面的楼板等	0.90
与有外门窗的不供暖楼梯间相邻的隔墙(1~6层建筑)	0.60
与有外门窗的不供暖楼梯间相邻的隔墙(7~30层建筑)	0.50
非供暖地下室上面的楼板,外墙上有窗时	0.75
非供暖地下室上面的楼板,外墙上无窗且位于室外地坪以上时	0.60
非供暖地下室上面的楼板,外墙上无窗且位于室外地坪以下时	0.40
与有外门窗的非供暖房间相邻的隔墙	0.70
与无外门窗的非供暖房间相邻的隔墙	0.40
伸缩缝墙、沉降缝墙	0.30
防震缝墙	0.70

5.2.5 与相邻房间的温差大于或等于5℃,或通过隔墙和楼板等的传热量大于该房间热负荷的10%时,应计算通过隔墙或楼板等的传热量。

5.2.6 围护结构的附加耗热量应按其占基本耗热量的百分率确定。各项附加百分率宜按下列规定的数值选用:

1. 朝向修正率:

1）北、东北、西北按 0～10%；

2）东、西按 -5%；

3）东南、西南按 -15%～-10%；

4）南按 -30%～-15%。

注：1. 应根据当地冬季日照率、辐射照度、建筑物使用和被遮挡等情况选用修正率。

　　 2. 冬季日照率小于 35% 的地区，东南、西南和南向的修正率，宜采用 -10%～0，东、西向可不修正。

2. 风力附加率：设在不避风的高地、河边、海岸、旷野上的建筑物，以及城镇中明显高出周围其他建筑物的建筑物，其垂直外围护结构宜附加 5%～10%；

3. 当建筑物的楼层数为 n 时，外门附加率：

1）一道门按 65%×n；

2）两道门（有门斗）按 80%×n；

3）三道门（有两个门斗）按 60%×n；

4）公共建筑的主要出入口按 500%。

5.2.7　建筑（除楼梯间外）的围护结构耗热量高度附加率，散热器供暖房间高度大于 4 m 时，每高出 1 m 应附加 2%，但总附加率不应大于 15%；地面辐射供暖的房间高度大于 4 m 时，每高出 1 m 宜附加 1%，但总附加率不宜大于 8%。

5.2.8　对于只要求在使用时间保持室内温度，而其他时间可以自然降温的供暖间歇使用建筑物，可按间歇供暖系统设计。其供暖热负荷应对围护结构耗热量进行间歇附加，附加率应根据保证室温的时间和预热时间等因素通过计算确定。间歇附加率可按下列数值选取：

1. 仅白天使用的建筑物，间歇附加率可取 20%；

2. 对不经常使用的建筑物，间歇附加率可取 30%。

5.2.9　加热由门窗缝隙渗入室内的冷空气的耗热量，应根据建筑物的内部隔断、门窗构造、门窗朝向、室内外温度和室外风速等因素确定，宜按本规范附录 F 进行计算。

5.2.10　在确定分户热计量供暖系统的户内供暖设备容量和户内管道时，应考虑户间传热对供暖负荷的附加，但附加量不应超过 50%，且不应统计在供暖系统的总热负荷内。

5.2.11　全面辐射供暖系统的热负荷计算时，室内设计温度应符合本规范第 3.0.5 条的规定。局部辐射供暖系统的热负荷按全面辐射供暖的热负荷乘以表 5.2.11 的计算系数。

表 5.2.11　局部辐射供暖热负荷计算系数

供暖区面积与房间总面积的比值	≥0.75	0.55	0.40	0.25	≤0.20
计算系数	1	0.72	0.54	0.38	0.30

5.3.1　散热器供暖系统应采用热水作为热媒；散热器集中供暖系统宜按 75 ℃/50 ℃ 连续供暖进行设计，且供水温度不宜大于 85 ℃，供回水温差不宜小于 20 ℃。

5.3.2　居住建筑室内供暖系统的制式宜采用垂直双管系统或共用立管的分户独立循环双管系统，也可采用垂直单管跨越式系统；公共建筑供暖系统宜采用双管系统，也可采用单管跨越式系统。

5.3.3　既有建筑的室内垂直单管顺流式系统应改成垂直双管系统或垂直单管跨越式系统,不宜改造为分户独立循环系统。

5.3.4　垂直单管跨越式系统的楼层层数不宜超过 6 层,水平单管跨越式系统的散热器组数不宜超过 6 组。

5.3.5　管道有冻结危险的场所,散热器的供暖立管或支管应单独设置。

5.3.6　选择散热器时,应符合下列规定:

1. 应根据供暖系统的压力要求,确定散热器的工作压力,并符合国家现行有关产品标准的规定;

2. 相对湿度较大的房间应采用耐腐蚀的散热器;

3. 采用钢制散热器时,应满足产品对水质的要求,在非供暖季节供暖系统应充水保养;

4. 采用铝制散热器时,应选用内防腐型,并满足产品对水质的要求;

5. 安装热量表和恒温阀的热水供暖系统不宜采用水流通道内含有粘砂的铸铁散热器;

6. 高大空间供暖不宜单独采用对流型散热器。

5.3.7　布置散热器时,应符合下列规定:

1. 散热器宜安装在外墙窗台下,当安装或布置管道有困难时,也可靠内墙安装;

2. 两道外门之间的门斗内,不应设置散热器;

3. 楼梯间的散热器,应分配在底层或按一定比例分配在下部各层。

5.3.8　铸铁散热器的组装片数,宜符合下列规定:

1. 粗柱型(包括柱翼型)不宜超过 20 片;

2. 细柱型不宜超过 25 片。

5.3.9　除幼儿园、老年人和特殊功能要求的建筑外,散热器应明装。必须暗装时,装饰罩应有合理的气流通道、足够的通道面积,并方便维修。散热器的外表面应刷非金属性涂料。

5.3.10　幼儿园、老年人和特殊功能要求的建筑的散热器必须暗装或加防护罩。

5.3.11　确定散热器数量时,应根据其连接方式、安装形式、组装片数、热水流量以及表面涂料等对散热量的影响,对散热器数量进行修正。

5.3.12　供暖系统非保温管道明设时,应计算管道的散热量对散热器数量的折减;非保温管道暗设时宜考虑管道的散热量对散热器数量的影响。

5.3.13　垂直单管和垂直双管供暖系统,同一房间的两组散热器,可采用异侧连接的水平单管串联的连接方式,也可采用上下接口同侧连接方式。当采用上下接口同侧连接方式时,散热器之间的上下连接管应与散热器接口同径。

5.4.1　热水地面辐射供暖系统供水温度宜采用 35 ~ 45 ℃,不应大于 60 ℃;供回水温差不宜大于 10 ℃,且不宜小于 5 ℃;毛细管网辐射系统供水温度宜满足表 5.4.1 - 1 的规定,供回水温差宜采用 3 ~ 6 ℃。辐射体的表面平均温度宜符合表 5.4.1 - 2 的规定。

表 5.4.1 - 1　毛细管网辐射系统供水温度　　　　　　　　℃

设置位置	宜采用温度
顶棚	25 ~ 35
墙面	25 ~ 35
地面	30 ~ 40

表 5.4.1 - 2　辐射体表面平均温度　　　　　　　　℃

设置位置	宜采用的温度	温度上限值
人员经常停留的地面	25 ~ 27	29
人员短期停留的地面	28 ~ 30	32
无人停留的地面	35 ~ 40	42
房间高度 2.5 ~ 3.0 m 的顶棚	28 ~ 30	—
房间高度 3.1 ~ 4.0 m 的顶棚	33 ~ 36	—
距地面 1 m 以下的墙面	35	
距地面 1 m 以上 3.5 m 以下的墙面	45	

5.4.2　确定地面散热量时,应校核地面表面平均温度,确保其不高于表 5.4.1 - 2 的温度上限值;否则应改善建筑热工性能或设置其他辅助供暖设备,减少地面辐射供暖系统负担的热负荷。

5.4.3　热水地面辐射供暖系统地面构造,应符合下列规定:

1. 直接与室外空气接触的楼板、与不供暖房间相邻的地板为供暖地面时。必须设置绝热层;

2. 与土壤接触的底层,应设置绝热层;设置绝热层时,绝热层与土壤之间应设置防潮层;

3. 潮湿房间,填充层上或面层下应设置隔离层。

5.4.4　毛细管网辐射系统单独供暖时,宜首先考虑地面埋置方式,地面面积不足时再考虑墙面埋置方式;毛细管网同时用于冬季供暖和夏季供冷时,宜首先考虑顶棚安装方式,顶棚面积不足时再考虑墙面或地面埋置方式。

5.4.5　热水地面辐射供暖系统的工作压力不宜大于 0.8 MPa,毛细管网辐射系统的工作压力不应大于 0.6 MPa。当超过上述压力时,应采取相应的措施。

5.4.6　**热水地面辐射供暖塑料加热管的材质和壁厚的选择,应根据工程的耐久年限、管材的性能以及系统的运行水温、工作压力等条件确定。**

5.4.7　在居住建筑中,热水辐射供暖系统应按户划分系统,并配置分水器、集水器;户内的各主要房间,宜分环路布置加热管。

5.4.8　加热管的敷设间距,应根据地面散热量、室内设计温度、平均水温及地面传热热阻等通过计算确定。

5.4.9　每个环路加热管的进、出水口,应分别与分水器、集水器相连接。分水器、集水器内径不应小于总供、回水管内径,且分水器、集水器最大断面流速不宜大于 0.8 m/s。每个分水器、集水器分支环路不宜多于 8 路。每个分支环路供回水管上均应设置可关断阀门。

5.4.10　在分水器的总进水管与集水器的总出水管之间,宜设置旁通管,旁通管上应没置阀门。分水器、集水器上均应设置手动或自动排气阀。

5.4.11　热水吊顶辐射板供暖,可用于层高为 3~30 m 建筑物的供暖。

5.4.12　热水吊顶辐射板的供水温度宜采用 40~95 ℃ 的热水,其水质应满足产品要求。在非供暖季节供暖系统应充水保养。

5.4.13　当采用热水吊顶辐射板供暖,屋顶耗热量大于房间总耗热量的 30% 时,应加强屋顶保温措施。

5.4.14　热水吊顶辐射板的有效散热量的确定应符合下列规定:

1. 当热水吊顶辐射板倾斜安装时,应进行修正。辐射板安装角度的修正系数,应按表 5.4.14 进行确定;

2. 辐射板的管中流体应为紊流。当达不到系统所需最小流量时,辐射板的散热量应乘以 1.18 的安全系数。

表 5.4.14　辐射板安装角度修正系数

辐射板与水平面的夹角/(°)	0	10	20	30	40
修正系数	1	1.022	1.043	1.066	1.088

5.4.15　热水吊顶辐射板的安装高度,应根据人体的舒适度确定。辐射板的最高平均水温应根据辐射板安装高度和其面积占顶棚面积的比例按表 5.4.15 确定。

表 5.4.15　热水吊顶辐射板最高平均水温　　　　　　　　　　℃

最低安装高度/m	热水吊顶辐射板占顶棚面积的百分比					
	10%	15%	20%	25%	30%	35%
3	73	71	68	64	58	56
4	—	—	91	78	67	60
5	—	—	—	83	71	64
6	—	—	—	87	75	69
7	—	—	—	91	80	74
8	—	—	—	—	86	80
9	—	—	—	—	92	87
10	—	—	—	—	—	94

注:表中安装高度系指地面到板中心的垂直距离(m)。

5.4.16　热水吊顶辐射板与供暖系统供、回水管的连接方式,可采用并联或串联、同侧或异侧连接,并应采取使辐射板表面温度均匀、流体阻力平衡的措施。

5.4.17　布置全面供暖的热水吊顶辐射板装置时,应使室内人员活动区辐射照度均匀,并应符合下列规定：

1. 安装吊顶辐射板时,宜沿最长的外墙平行布置；

2. 设置在墙边的辐射板规格应大于在室内设置的辐射板规格；

3. 层高小于 4 m 的建筑物,宜选择较窄的辐射板；

4. 房间应预留辐射板沿长度方向热膨胀余地；

5. 辐射板装置不应布置在对热敏感的设备附近。

5.5.1　除符合下列条件之一外,不得采用电加热供暖：

1. 供电政策支持；

2. 无集中供暖和燃气源,且煤或油等燃料的使用受到环保或消防严格限制的建筑；

3. 以供冷为主,供暖负荷较小且无法利用热泵提供热源的建筑；

4. 采用蓄热式电散热器、发热电缆在夜间低谷电进行蓄热,且不在用电高峰和平段时间启用的建筑；

5. 由可再生能源发电设备供电,且其发电量能够满足自身电加热量需求的建筑。

5.5.2　电供暖散热器的形式、电气安全性能和热工性能应满足使用要求及有关规定。

5.5.3　发热电缆辐射供暖宜采用地板式；低温电热膜辐射供暖宜采用顶棚式。辐射体表面平均温度应符合本规范表 5.4.1-2 条的有关规定。

5.5.4　发热电缆辐射供暖和低温电热膜辐射供暖的加热元件及其表面工作温度,应符合国家现行有关产品标准的安全要求。

5.5.5　根据不同的使用条件,电供暖系统应设置不同类型的温控装置。

5.5.6　采用发热电缆地面辐射供暖方式时,发热电缆的线功率不宜大于 17 W/m,且布置时应考虑家具位置的影响；当面层采用带龙骨的架空木地板时必须采取散热措施,且发热电缆的线功率不应大于 10 W/m。

5.5.7　电热膜辐射供暖安装功率应满足房间所需热负荷要求。在顶棚上布置电热膜时,应考虑为灯具、烟感器、喷头、风口、音响等预留安装位置。

5.5.8　安装于距地面高度 180 cm 以下的电供暖元器件,必须采取接地及剩余电流保护措施。

5.6.1　采用燃气红外线辐射供暖时,必须采取相应的防火和通风换气等安全措施,并符合国家现行有关燃气、防火规范的要求。

5.6.2　燃气红外线辐射供暖的燃料,可采用天然气、人工煤气、液化石油气等。燃气质量、燃气输配系统应符合现行国家标准《城镇燃气设计规范》(GB 50028)的有关规定。

5.6.3　燃气红外线辐射器的安装高度不宜低于 3 m。

5.6.4　燃气红外线辐射器用于局部工作地点供暖时,其数量不应少于两个,且应安装在人体不同方向的侧上方。

5.6.5　布置全面辐射供暖系统时,沿四周外墙、外门处的辐射器散热量不宜少于总热负荷的 60%。

5.6.6　由室内供应空气的空间应能保证燃烧器所需要的空气量。当燃烧器所需要的空气量超过该空间 0.5 次/h 的换气次数时,应由室外供应空气。

5.6.7　燃气红外线辐射供暖系统采用室外供嘘空气时,进风口应符合下列规定：

1. 设在室外空气洁净区,距地面高度不低于 2 m；

2. 距排风口水平距离大于 6 m;当处于排风口下方时,垂直距离不小于 3 m;当处于排风口上方时,垂直距离不小于 6 m;

3. 安装过滤网。

5.6.8　无特殊要求时,燃气红外线辐射供暖系统的尾气应排至室外。排风口应符合下列规定:

1. 设在人员不经常通行的地方,距地面高度不低于 2 m;

2. 水平安装的排气管,其排风口伸出墙面不少于 0.5 m;

3. 垂直安装的排气管,其排风口高出半径为 6 m 以内的建筑物最高点不少于 1 m;

4. 排气管穿越外墙或屋面处,加装金属套管。

5.6.9　燃气红外线辐射供暖系统应在便于操作的位置设置能直接切断供暖系统及燃气供应系统的控制开关。利用通风机供应空气时,通风机与供暖系统应设置连锁开关。

5.7.1　当居住建筑利用燃气供暖时,宜采用户式燃气炉供暖。采用户式空气源热泵供暖时,应符合本规范第 8.3.1 条规定。

5.7.2　户式供暖系统热负荷计算时,宜考虑生活习惯、建筑特点、间歇运行等因素进行附加。

5.7.3　户式燃气炉应采用全封闭式燃烧、平衡式强制排烟型。

5.7.4　户式燃气炉供暖时,供回水温度应满足热源要求;末端供水温度宜采用混水的方式调节。

5.7.5　户式燃气炉的排烟口应保持空气畅通,且远离人群和新风口。

5.7.6　户式空气源热泵供暖系统应设置独立供电回路,其化霜水应集中排放。

5.7.7　户式供暖系统的供回水温度、循环泵的扬程应与末端散热设备相匹配。

5.7.8　户式供暖系统应具有防冻保护、室温调控功能,并应设置排气、泄水装置。

5.8.1　对严寒地区公共建筑经常开启的外门,应采取热空气幕等减少冷风渗透的措施。

5.8.2　对寒冷地区公共建筑经常开启的外门,当不设门斗和前室时,宜设置热窄气幕。

5.8.3　公共建筑热空气幕送风方式宜采用由上向下送风。

5.8.4　热空气幕的送风温度应根据计算确定。对于公共建筑的外门,不宜高于 50 ℃;对高大外门,不宜高于 70 ℃。

5.8.5　热空气幕的出口风速应通过计算确定。对于公共建筑的外门,不宜大于 6 m/s;对于高大外门,不宜大于 25 m/s。

5.9.1　供暖管道的材质应根据其工作温度、工作压力、使用寿命、施工与环保性能等因素,经综合考虑和技术经济比较后确定,其质量应符合国家现行有关产品标准的规定。

5.9.2　散热器供暖系统的供水和回水管道应在热力入口处与下列系统分开设置:

1. 通风与空调系统;

2. 热风供暖与热空气幕系统;

3. 生活热水供应系统;

4. 地面辐射供暖系统;

5. 其他需要单独热计量的系统。

5.9.3　集中供暖系统的建筑物热力入口,应符合下列规定:

1. 供水、回水管道上应分别设置关断阀、温度计、压力表;

2. 应设置过滤器及旁通阀;

3. 应根据水力平衡要求和建筑物内供暖系统的调节方式,选择水力平衡装置;

4. 除多个热力入口设置一块共用热量表的情况外,每个热力入口处均应设置热量表,且热量表宜设在回水管上。

5.9.4　供暖干管和立管等管道(不含建筑物的供暖系统热力入口)上阀门的设置应符合下列规定:

1. 供暖系统的各并联环路,应设置关闭和调节装置;

2. 当有冻结危险时,立管或支管上的阀门至干管的距离不应大于 120 mm;

3. 供水立管的始端和回水立管的末端均应设置阀门,回水立管上还应设置排污、泄水装置;

4. 共用立管分户独立循环供暖系统,应在连接共用立管的进户供、回水支管上设置关闭阀。

5.9.5　当供暖管道利用自然补偿不能满足要求时,应设置补偿器。

5.9.6　供暖系统水平管道的敷设应有一定的坡度,坡向应有利于排气和泄水。供回水支、干管的坡度宜采用 0.003,不得小于 0.002;立管与散热器连接的支管,坡度不得小于 0.01;当受条件限制,供回水干管(包括水平单管串联系统的散热器连接管)无法保持必要的坡度时,局部可无坡敷设,但该管道内的水流速不得小于 0.25 m/s;对于汽水逆向流动的蒸汽管,坡度不得小于 0.005。

5.9.7　穿越建筑物基础、伸缩缝、沉降缝、防震缝的供暖管道。以及埋设在建筑结构里的立管,应采取预防建筑物下沉而损坏管道的措施。

5.9.8　当供暖管道必须穿越防火墙时,应预埋钢套管,并在穿墙处一侧设置固定支架,管道与套管之间的空隙应采用耐火材料封堵。

5.9.9　供暖管道不得与输送蒸汽燃点低于或等于 120 ℃的可燃液体或可燃、腐蚀性气体的管道在同一条管沟内平行或交叉敷设。

5.9.10　符合下列情况之一时,室内供暖管道应保温:

1. 管道内输送的热媒必须保持一定参数;

2. 管道敷设在管沟、管井、技术夹层、阁楼及顶棚内等导致无益热损失较大的空间内或易被冻结的地方;

3. 管道通过的房间或地点要求保温。

5.9.11　室内热水供暖系统的设计应进行水力平衡计算,并应采取措施使设计工况时各并联环路之间(不包括共用段)的压力损失相对差额不大于15%。

5.9.12　室内供暖系统总压力应符合下列规定:

1. 不应大于室外热力网给定的资用压力降;

2. 应满足室内供暖系统水力平衡的要求;

3. 供暖系统总压力损失的附加值宜取10%。

5.9.13　室内供暖系统管道中的热媒流速,应根据系统的水力平衡要求及防噪声要求等因素确定,最大流速不宜超过表 5.9.13 的限值。

表 5.9.13　室内供暖系统管道中热媒的最大流速　　　　　　　　m/s

室内热水管道管径 DN/mm	15	20	25	32	40	≥50
有特殊安静要求的热水管道	0.50	0.65	0.80	1.00	1.00	1.00
一般室内热水管道	0.80	1.00	1.20	1.40	1.80	2.00
蒸汽供暖系统形式	低压蒸汽供暖系统			高压蒸汽供暖系统		
汽水同向流动	30			80		
汽水逆向流动	20			60		

5.9.14　热水垂直双管供暖系统和垂直分层布置的水平单管串联跨越式供暖系统,应对热水在散热器和管道中冷却而产生自然作用压力的影响采取相应的技术措施。

5.9.15　供暖系统供水、供汽干管的末端和回水干管始端的管径不应小于 DN20,低压蒸汽的供汽干管可适当放大。

5.9.16　静态水力平衡阀或自力式控制阀的规格应按热媒设计流量、工作压力及阀门允许压降等参数经计算确定;其安装位置应保证阀门前后有足够的直管段,没有特别说明的情况下,阀门前直管段长度不应小于 5 倍管径,阀门后直管段长度不应小于 2 倍管径。

5.9.17　蒸汽供暖系统,当供汽压力高于室内供暖系统的工作压力时,应在供暖系统入口的供汽管上装设减压装置。

5.9.18　高压蒸汽供暖系统最不利环路的供汽管,其压力损失不应大于起始压力的 25%。

5.9.19　蒸汽供暖系统的凝结水回收方式,应根据二次蒸汽利用的可能性以及室外地形、管道敷设方式等情况,分别采用以下回水方式:

1. 闭式满管同水;

2. 开式水箱自流或机械回水;

3. 余压回水。

5.9.20　高压蒸汽供暖系统,疏水器前的凝结水管不应向上抬升;疏水器后的凝结水管向上抬升的高度应经计算确定。当疏水器本身无止回功能时,应在疏水器后的凝结水管上设置止回阀。

5.9.21　疏水器至回水箱或二次蒸发箱之间的蒸汽凝结水管,应按汽水乳状体进行计算。

5.9.22　热水和蒸汽供暖系统,应根据不同情况,设置排气、泄水、排污和疏水装置。

5.10.1　集中供暖的新建建筑和既有建筑节能改造必须设置热量计量装置,并具备室温调控功能。用于热量结算的热量计量装置必须采用热量表。

5.10.2　热量计量装置设置及热计量改造应符合下列规定:

1. 热源和换热机房应设热量计量装置;居住建筑应以楼栋为对象设置热量表。对建筑类型相同、建设年代相近、围护结构做法相同、用户热分摊方式一致的若干栋建筑,也可设置一个共用的热量表;

2. 当热量结算点为楼栋或者换热机房设置的热量表时,分户热计量应采取用户热分摊的方法确定。在同一个热量结算点内,用户热分摊方式应统一,仪表的种类和型号应一致;

3. 当热量结算点为每户安装的户用热量表时,可直接进行分户热计量;

4. 供暖系统进行热计量改造时,应对系统的水力工况进行校核。当热力入口资用压差不能满足既有供暖系统要求时,应采取提高管网循环泵扬程或增设局部加压泵等补偿措施,以满足室内系统资用压差的需要。

5.10.3　用于热量结算的热量表的选型和设置应符合下列规定:

1. 热量表应根据公称流量选型,并校核在系统设计流量下的压降。公称流量可按设计流量的80%确定;

2. 热量表的流量传感器的安装位置应符合仪表安装要求,且宜安装在回水管上。

5.10.4　新建和改扩建散热器室内供暖系统,应设置散热器恒温控制阀或其他自动温度控制阀进行室温调控。散热器恒温控制阀的选用和设置应符合下列规定:

1. 当室内供暖系统为垂直或水平双管系统时,应在每组散热器的供水支管上安装高阻恒温控制阀;超过5层的垂直双管系统宜采用有预设阻力调节功能的恒温控制阀;

2. 单管跨越式系统应采用低阻力两通恒温控制阀或三通恒温控制阀;

3. 当散热器有罩时,应采用温包外置式恒温控制阀;

4. 恒温控制阀应具有产品合格证、使用说明书和质量检测部门出具的性能测试报告,其调节性能等指标应符合现行行业标准《散热器恒温控制阀》(JG/T 195)的有关要求。

5.10.5　低温热水地面辐射供暖系统应具有室温控制功能;室温控制器宜设在被控温的房间或区域内;自动控制阀宜采用热电式控制阀或自力式恒温控制阀。自动控制阀的设置可采用分环路控制和总体控制两种方式,并应符合下列规定:

1. 采用分环路控制时,应在分水器或集水器处,分路设置自动控制阀,控制房间或区域保持各自的设定温度值。自动控制阀也可内置于集水器中;

2. 采用总体控制时,应在分水器总供水管或集水器回水管上设置一个自动控制阀,控制整个用户或区域的室内温度。

5.10.6　热计量供暖系统应适应室温调控的要求;当室内供暖系统为变流量系统时,不应设自力式流量控制阀,是否设置自力式压差控制阀应通过计算热力入口的压差变化幅度确定。

(8)以下是关于《辐射供暖供冷技术规程》(JGJ 142—2012)摘录。

3.1.1　热水地面辐射供暖系统的供、回水温度应由计算确定,供水温度不应大于60 ℃,供回水温差不宜大于10 ℃且不宜小于5 ℃。民用建筑供水温度宜采用35～45 ℃。

3.1.2　毛细管网辐射系统供暖时,供水温度宜符合表3.1.2的规定,供回水温差宜采用3～6 ℃。

表3.1.2　毛细管网供水温度　　　　　　　　　℃

设置位置	宜采用温度
顶棚	25～35
墙面	25～35
地面	30～40

3.1.3 辐射供暖表面平均温度宜符合表3.1.3的规定。

表3.1.3 **辐射供暖表面平均温度** ℃

设置位置		宜采用的温度	温度上限值
地面	人员经常停留	25~27	29
	人员短期停留	28~30	32
	无人停留	35~40	42
顶棚	房间高度2.5~3.0 m	28~30	—
	房间高度3.1~4.0 m	33~36	—
墙面	距地面1 m以下	35	—
	距地面1 m以上3.5 m以下	45	—

3.1.6 辐射供暖供冷水系统冷媒或热媒的温度、流量和资用压差等参数,应同冷热源系统相匹配。冷热源系统应设置相应的控制装置。

3.1.7 采用辐射供暖的集中供暖小区,当外网的热媒温度高于60 ℃时,宜在楼栋的采暖热力入口处设置混水装置或换热装置。

3.1.8 对于冬季供暖夏季供冷的辐射供暖供冷系统,冷热源设备宜选用热泵机组或热回收装置。

3.1.9 辐射供暖供冷水系统应按设备、管道及其附件所能承受的最低工作压力和水力平衡要求进行竖向分区设置,并应符合下列规定:

1.现场敷设的加热供冷管及其附件应满足系统工作压力要求;

2.采用供暖板地面辐射供暖时,应根据辐射供暖系统压力选择相应承压能力的产品。供暖板的承压能力应根据产品样本确定。

3.1.12 采用加热电缆地面辐射供暖时,应符合下列规定:

1.当敷设间距等于50 mm,且加热电缆连续供暖时,加热电缆的线功率不宜大于17 W/m;当敷设间距大于50 mm时,加热电缆线功率不宜大于20 W/m。

2.当面层采用带龙骨的架空木地板时,应采取散热措施;加热电缆的线功率不应大于10 W/m,且功率密度不宜大于80 W/m²。

3.加热电缆布置时应考虑家具位置的影响。

3.8.1 新建住宅热水辐射供暖系统应设置分户热计量和室温调控装置。

3.8.2 辐射供暖系统应能实现气候补偿,自动控制供水温度。辐射供冷系统宜能实现气候补偿,自动控制供水温度。

3.8.3 地面辐射供暖供冷水系统室温控制可采用分环路控制和总体控制两种方式,自动控制阀宜采用电热式控制阀,也可采用自力式温控阀和电动阀,并应符合下列规定:

1.当采用分环路控制时,应在分水器或集水器处的各个分支管上分别设置自动控制阀,控制各房间或区域的室内空气温度;

2.当采用总体控制时,应在分水器或集水器总管上设置自动控制阀,控制整个用户或区域的室内空气温度。

3.8.4　当采用加热电缆辐射供暖时,每个独立加热电缆辐射供暖环路对应的房间或区域应设置温控器。

3.8.5　温控器设置及选型应符合下列规定:

1.室温型温控器应设置在附近无散热体、周围无遮挡物、不受风直吹、不受阳光直晒、通风干燥、周围无热源体、能正确反映室内温度的位置,且不宜设在外墙上;

2.在需要同时控制室温和限制地面温度的场合,应采用双温型温控器;

3.当加热电缆辐射供暖系统仅担一部分供暖负荷或作为值班供暖时,可采用地温型温控器;

4.对开放大空间场所,室温型温控器应布置在所对应回路的附近,当无法布置在所对应的回路附近时,可采用地温型温控器;

5.地温型温控器的传感器不应被家具、地毯等覆盖或遮挡,宜布置在人员经常停留的位置且在加热部件之间;

6.对浴室、带沐浴设备的卫生间、游泳池等潮湿区域,室温型温控器的防护等级和设置位置应符合国家现行相关标准的要求;当不能满足要求时,应采用地温型温控器;

7.温控器的控制器设置高度宜距地面1.4 m,或与照明开关在同一水平线上。

3.5　通风设计

为了审查方便,现将规范对通风设计要求汇总如下(**黑体部分**为强制性条文)。

(1)以下是关于《建筑设计防火规范》(GB 50016—2012)摘录。

11.1.1　通风、空气调节系统应采取防火安全措施。

11.1.2　甲、乙类厂房中的空气不应循环使用。

含有燃烧或爆炸危险粉尘、纤维的丙类厂房中的空气,在循环使用前应经净化处理,并应使空气中的含尘浓度低于其爆炸下限的25%。

11.1.3　甲、乙类厂房用的送风设备与排风设备不应布置在同一通风机房内,且排风设备不应和其他房间的送、排风设备布置在同一通风机房内。

11.1.4　民用建筑内空气中含有容易起火或爆炸危险物质的房间,应有良好的自然通风或独立的机械通风设施,且其空气不应循环使用。

11.1.5　排除含有比空气轻的可燃气体与空气的混合物时,其排风水平管全长应顺气流方向向上坡度敷设。

11.1.6　可燃气体管道和甲、乙、丙类液体管道不应穿过通风机房和通风管道,且不应紧贴通风管道的外壁敷设。

11.3.1　通风和空气调节系统,横向宜按防火分区设置,竖向不宜超过5层。当管道设置防止回流设施或防火阀时,该管道布置可不受此限制。垂直风管应设置在管井内。

11.3.2　有爆炸危险的厂房内的排风管道,严禁穿过防火墙和有爆炸危险的车间隔墙。

11.3.3　甲、乙、丙类厂房中的送、排风管道宜分层设置。当水平或垂直送风管在进入生产车间处设置防火阀时,各层的水平或垂直送风管可合用一个送风系统。

11.3.4　空气中含有易燃易爆危险物质的房间,其送、排风系统应采用防爆型的通风设备。当送风机布置在单独隔开的通风机房内且送风干管上设置了止回阀门时,可采用普通型的通风设备。

11.3.5　含有燃烧和爆炸危险粉尘的空气,在进入排风机前应采用不产生火花的除尘器进行处理。对于遇水可能形成爆炸的粉尘,严禁采用湿式除尘器。

11.3.6　处理有爆炸危险粉尘的除尘器、排风机的设置应符合下列规定:

1.应与其他普通型的风机、除尘器分开设置;

2.宜按单一粉尘分组布置。

11.3.7　处理有爆炸危险粉尘的干式除尘器和过滤器宜布置在厂房外的独立建筑中。该建筑与所属厂房的防火间距不应小于 10 m。

符合下列规定之一的干式除尘器和过滤器,可布置在厂房内的单独房间内,但应采用耐火极限分别不低于 3.00 h 的隔墙和 1.50 h 的楼板与其他部位分隔:

1.有连续清灰设备;

2.定期清灰的除尘器和过滤器,且其风量不大于 15 000 m³/h、集尘斗的储尘量小于60 kg。

11.3.8　处理有爆炸危险粉尘和碎屑的除尘器、过滤器、管道,均应设置泄压装置。

净化有爆炸危险粉尘的干式除尘器和过滤器应布置在系统的负压段上。

11.3.9　排除、输送有燃烧或爆炸危险气体、蒸气和粉尘的排风系统,均应设置导除静电的接地装置,且排风设备不应布置在地下、半地下建筑(室)中。

11.3.10　排除有爆炸或燃烧危险气体、蒸气和粉尘的排风管应采用金属管道,并应直接通到室外的安全处,不应暗设。

11.3.11　排除和输送温度超过 80 ℃的空气或其他气体以及易燃碎屑的管道,与可燃或难燃物体之间应保持不小于 150 mm 的间隙,或采用厚度不小于 50 mm 的不燃材料隔热。当管道互为上下布置时,表面温度较高者应布置在上面。

11.3.12　下列情况之一的通风、空气调节系统的风管上应设置防火阀:

1.穿越防火分区处;

2.穿越通风、空气调节机房的房间隔墙和楼板处;

3.穿越重要的或火灾危险性大的房间隔墙和楼板处;

4.穿越防火分隔处的变形缝两侧;

5.垂直风管与每层水平风管交接处的水平管段上,但当建筑内每个防火分区的通风、空气调节系统均独立设置时,该防火分区内的水平风管与垂直总管的交接处可不设置防火阀。

11.3.13　公共建筑的浴室、卫生间和厨房的垂直排风管,应采取防回流措施或在支管上设置防火阀。公共建筑的厨房的排油烟管道宜按防火分区设置,且在与垂直排风管连接的支管处应设置动作温度为 150 ℃的防火阀。

11.3.14　防火阀的设置应符合下列规定:

1.除本规范另有规定者外,动作温度应为 70 ℃;

2.防火阀宜靠近防火分隔处设置;

3.防火阀暗装时,应在安装部位设置方便检修的检修口;

4.在防火阀两侧各 2.0 m 范围内的风管及其绝热材料应采用不燃材料;

5.防火阀应符合现行国家标准《建筑通风和排烟系统用防火阀门》(GB 15930)的有关规定。

11.3.15　通风、空气调节系统的风管应采用不燃材料,但下列情况除外:

1.接触腐蚀性介质的风管和柔性接头可采用难燃材料;

2.体育馆、展览馆、候机(车、船)建筑(厅)等大空间建筑、单、多层办公建筑和丙、丁、戊类厂房内的通风、空气调节系统,当风管不跨越防火分区且设置了防烟防火阀时,可采用难燃材料。

11.3.16　设备和风管的绝热材料、用于加湿器的加湿材料、消声材料及其黏结剂,宜采用不燃材料,当确有困难时,可采用难燃材料。

风管内设置电加热器时,电加热器的开关应与风机的启停联锁控制。电加热器前后各0.8 m范围内的风管和穿越有高温、火源等容易起火房间的风管,均应采用不燃材料。

11.3.17　燃油、燃气锅炉房应有良好的自然通风或机械通风。燃气锅炉房应选用防爆型的事故排风机。当采取机械通风时,该机械通风设施应设置导除静电的接地装置,通风量应符合下列规定:

1.燃油锅炉房的正常通风量应按换气次数不少于3次/h确定,事故排风量应按换气次数不少于6次/h确定;

2.燃气锅炉房的正常通风量应按换气次数不少于6次/h确定,事故排风量应按换气次数不少于12次/h确定。

(2)以下是关于《高层民用建筑设计防火规范(2005年版)》(GB 50045—1995)摘录。

8.5.1　空气中含有易燃、易爆物质的房间,其送、排风系统应采用相应的防爆型通风设备;当送风机设在单独隔开的通风机房内且送风干管上设有止回阀时,可采用普通型通风设备,其空气不应循环使用。

8.5.2　通风、空气调节系统,横向应按每个防火分区设置,竖向不宜超过五层,当排风管道设有防止回流设施且各层设有自动喷水灭火系统时,其进风和排风管道可不受此限制。垂直风管应设在管井内。

8.5.3　下列情况之一的通风、空气调节系统的风管道应设防火阀:

8.5.3.1　管道穿越防火分区处。

8.5.3.2　穿越通风、空气调节机房及重要的或火灾危险性大的房间隔墙和楼板处。

8.5.3.3　垂直风管与每层水平风管交接处的水平管段上。

8.5.3.4　穿越变形缝处的两侧。

8.5.4　防火阀的动作温度宜为70 ℃。

8.5.5　厨房、浴室、厕所等的垂直排风管道,应采取防止回流的措施或在支管上设置防火阀。

8.5.6　通风、空气调节系统的管道等,应采用不燃烧材料制作,但接触腐蚀性介质的风管和柔性接头,可采用难燃烧材料制作。

8.5.7　管道和设备的保温材料、消声材料和黏结剂应为不燃烧材料或难燃烧材料。

穿过防火墙和变形缝的风管两侧各2.00 m范围内应采用不燃烧材料及其黏结剂。

8.5.8　风管内设有电加热器时,风机应与电加热器联锁。电加热器前后各800 mm范围内的风管和穿过设有火源等容易起火部位的管道,均必须采用不燃保温材料。

(3)以下是关于《汽车库、修车库、停车场设计防火规范》(GB 50067—1997)摘录。

8.1.4　喷漆间、电瓶间均应设置独立的排气系统,乙炔站的通风系统设计应按现行国家标准《乙炔站设计规范》的规定执行。

8.1.5 设有通风系统的汽车库,其通风系统宜独立设置。

8.1.6 风管应采用不燃烧材料制作,并不应穿过防火墙、防火隔墙,当必须穿过时,除应满足本规范第5.2.5条的要求外,还应在穿过处设置防火阀。防火阀的动作温度宜为70 ℃。

风管的保温材料应采用不燃烧或难燃烧材料;穿过防火墙的风管,其位于防火墙两侧各2 m 范围内的保温材料应为不燃烧材料。

(4)以下是关于《住宅设计规范》(GB 50096—2011)摘录。

8.5.1 排油烟机的排气管道可通过竖向排气道或外墙排向室外。当通过外墙直接排至室外时,应在室外排气口设置避风、防雨和防止污染墙面的构件。

8.5.2 严寒、寒冷、夏热冬冷地区的厨房,应设置供厨房间全面通风的自然通风设施。

8.5.3 无外窗的暗卫生间,应设置防止回流的机械通风设施或预留机械通风设置条件。

8.5.4 以煤、薪柴、燃油为燃料进行分散式采暖的住宅,以及以煤、薪柴为燃料的厨房,应设烟囱;上下层或相邻房间合用一个烟囱时,必须采取防止串烟的措施。

(5)以下是关于《人民防空工程设计防火规范》(GB 50098—2009)摘录。

6.7.1 电影院的放映机室宜设置独立的排风系统。当需要合并设置时,通向放映机室的风管应设置防火阀。

6.7.2 设置气体灭火设备的房间,应设置有排除废气的排风装置;与该房间连通的风管应设置自动阀门,火灾发生时,阀门应自动关闭。

6.7.3 通风、空气调节系统的管道宜按防火分区设置。当需要穿过防火分区时,应符合本规范第6.7.6条的规定。穿过防火分区前、后0.2 m 范围内的钢板通风管道,其厚度不应小于2 mm。

6.7.4 通风、空气调节系统的风机及风管应采用不燃材料制作,但接触腐蚀性气体的风管及柔性接头可采用难燃材料制作。

6.7.5 风管和设备的保温材料应采用不燃材料;消声、过滤材料及黏结剂应采用不燃材料或难燃材料。

6.7.6 通风、空气调节系统的风管,当出现下列情况之一时,应设置防火阀:

1. 穿过防火分区处;

2. 穿过设置有防火门的房间隔墙或楼板处;

3. 每层水平干管同垂直总管的交接处水平管段上;

4. 穿越防火分区处,且该处又是变形缝时,应在两侧各设置一个。

6.7.7 火灾发生时,防火阀的温度熔断器或与火灾探测器等联动的自动关闭装置一经动作,防火阀应能自动关闭。温度熔断器的动作温度宜为70 ℃。

6.7.8 防火阀应设置单独的支、吊架。当防火阀暗装时,应在防火阀安装部位的吊顶或隔墙上设置检修口,检修口不宜小于0.45 m×0.45 m。

6.7.9 当通风系统中设置电加热器时,通风机应与电加热器联锁;电加热器前、后0.8 m 范围内,不应设置消声器、过滤器等设备。

(6)以下是关于《民用建筑设计通则》(GB 50352—2005)摘录。

8.2.4 通风系统应符合下列要求:

1.机械通风系统的进风口应设置在室外空气清新、洁净的位置;

2.废气排放不应设置在有人停留或通行的地带；

3.机械通风系统的管道应选用不燃材料；

4.通风机房不宜与有噪声限制的房间相邻布置；

5.通风机房的隔墙及隔墙上的门应符合防火规范的有关规定。

（7）以下是关于《住宅建筑规范》（GB 50368—2005）摘录。

8.3.6　厨房和无外窗的卫生间应有通风措施，且应预留安排排风机的位置和条件。

8.3.7　当采用竖向通风道时，应采取防止支管回流和竖井泄漏的措施。

（8）以下是关于《民用建筑供暖通风与空气调节设计规范》（GB 50736—2012）摘录。

6.1.1　当建筑物存在大量余热余湿及有害物质时，宜优先采用通风措施加以消除。建筑通风应从总体规划、建筑设计和工艺等方面采取有效的综合预防和治理措施。

6.1.2　对不可避免放散的有害或污染环境的物质，在排放前必须采取通风净化措施，并达到国家有关大气环境质量标准和各种污染物排放标准的要求。

6.1.3　应首先考虑采用自然通风消除建筑物余热、余湿和进行室内污染物浓度控制。对于室外空气污染和噪声污染严重的地区，不宜采用自然通风。当自然通风不能满足要求时，应采用机械通风，或自然通风和机械通风结合的复合通风。

6.1.4　设有机械通风的房间，人员所需的新风量应满足第3.0.6条的要求。

6.1.5　对建筑物内放散热、蒸汽或有害物质的设备，宜采用局部排风。当不能采用局部排风或局部排风达不到卫生要求时，应辅以全面通风或采用全面通风。

6.1.6　凡属下列情况之一时，应单独设置排风系统：

1.两种或两种以上的有害物质混合后能引起燃烧或爆炸时；

2.混合后能形成毒害更大或腐蚀性的混合物、化合物时；

3.混合后易使蒸汽凝结并聚积粉尘时；

4.散发剧毒物质的房间和设备；

5.建筑物内设有储存易燃易爆物质的单独房间或有防火防爆要求的单独房间；

6.有防疫的卫生要求时。

6.1.7　室内送风、排风设计时，应根据污染物的特性及污染源的变化，优化气流组织设计；不应使含有大量热、蒸汽或有害物质的空气流入没有或仅有少量热、蒸汽或有害物质的人员活动区，且不应破坏局部排风系统的正常工作。

6.1.8　采用机械通风时，重要房间或重要场所的通风系统应具备防止以空气传播为途径的疾病通过通风系统交叉传染的功能。

6.1.9　进入室内或室内产生的有害物质数量不能确定时，全面通风量可按类似房间的实测资料或经验数据，按换气次数确定，亦可按国家现行的各相关行业标准执行。

6.1.10　同时放散余热、余湿和有害物质时，全面通风量应按其中所需最大的空气量确定。多种有害物质同时放散于建筑物内时，其全面通风量的确定应符合现行国家有关工业企业设计卫生标准的有关规定。

6.1.11　建筑物的通风系统设计应符合国家现行防火规范要求。

6.2.1　利用自然通风的建筑在设计时，应符合下列规定：

1.利用穿堂风进行自然通风的建筑，其迎风面与夏季最多风向宜成60°～90°角，且不应小于45°，同时应考虑可利用的春秋季风向以充分利用自然通风；

2.建筑群平面布置应重视有利自然通风因素,如优先考虑错列式、斜列式等布置形式。

6.2.2 自然通风应采用阻力系数小、噪声低、易于操作和维修的进排风口或窗扇。严寒寒冷地区的进排风口还应考虑保温措施。

6.2.3 夏季自然通风用的进风口,其下缘距室内地面的高度不宜大于 1.2 m。自然通风进风口应远离污染源 3 m 以上;冬季自然通风用的进风口,当其下缘距室内地面的高度小于 4 m 时,宜采取防止冷风吹向人员活动区的措施。

6.2.4 采用自然通风的生活、工作的房间的通风开口有效面积不应小于该房间地板面积的 5%;厨房的通风开口有效面积不应小于该房间地板面积的 10%,并不得小于 0.60 m²。

6.2.5 自然通风设计时,宜对建筑进行自然通风潜力分析,依据气候条件确定自然通风策略并优化建筑设计。

6.2.6 采用自然通风的建筑,自然通风量的计算应同时考虑热压以及风压的作用。

6.2.7 热压作用的通风量,宜按下列方法确定:

1.室内发热量较均匀、空间形式较简单的单层大空间建筑,可采用简化计算方法确定;

2.住宅和办公建筑中,考虑多个房间之间或多个楼层之间的通风,可采用多区域网络法进行计算;

3.建筑体形复杂或室内发热量明显不均的建筑,可按计算流体动力学(CFD)数值模拟方法确定。

6.2.8 风压作用的通风量,宜按下列原则确定:

1.分别计算过渡季及夏季的自然通风量,并按其最小值确定;

2.室外风向按计算季节中的当地室外最多风向确定;

3.室外风速按基准高度室外最多风向的平均风速确定。当采用计算流体动力学(CFD)数值模拟时,应考虑当地地形条件及其梯度风、遮挡物的影响;

4.仅当建筑迎风面与计算季节的最多风向成 45°~90° 角时,该面上的外窗或有效开口利用面积可作为进风口进行计算。

6.2.9 宜结合建筑设计,合理利用被动式通风技术强化自然通风。被动通风可采用下列方式:

1.当常规自然通风系统不能提供足够风量时,可采用捕风装置加强自然通风;

2.当采用常规自然通风难以排除建筑内的余热、余湿或污染物时,可采用屋顶无动力风帽装置,无动力风帽的接口直径宜与其连接的风管管径相同;

3.当建筑物利用风压有局限或热压不足时,可采用太阳能诱导等通风方式。

6.3.1 机械送风系统进风口的位置,应符合下列规定:

1.应设在室外空气较清洁的地点;

2.应避免进风、排风短路;

3.进风口的下缘距室外地坪不宜小于 2 m,当设在绿化地带时,不宜小于 1 m。

6.3.2 建筑物全面排风系统吸风口的布置,应符合下列规定:

1.位于房间上部区域的吸风口,除用于排除氢气与空气混合物时,吸风口上缘至顶棚平面或屋顶的距离不大于 0.4 m;

2.用于排除氢气与空气混合物时,吸风口上缘至顶棚平面或屋顶的距离不大于 0.1 m;

3.用于排出密度大于空气的有害气体时,位于房间下部区域的排风口,其下缘至地板距

离不大于 0.3 m;

4. 因建筑结构造成有爆炸危险气体排出的死角处,应设置导流设施。

6.3.3 选择机械送风系统的空气加热器时,室外空气计算参数应采用供暖室外计算温度;当其用于补偿全面排风耗热量时,应采用冬季通风室外计算温度。

6.3.4 住宅通风系统设计应符合下列规定:

1. 自然通风不能满足室内卫生要求的住宅,应设置机械通风系统或自然通风与机械通风结合的复合通风系统。室外新风应先进入人员的主要活动区;

2. 厨房、无外窗卫生间应采用机械排风系统或预留机械排风系统开口,且应留有必要的进风面积;

3. 厨房和卫生间全面通风换气次数不宜小于 3 次/h;

4. 厨房、卫生间宜设竖向排风道,竖向排风道应具有防火、防倒灌及均匀排气的功能,并应采取防止支管回流和竖井泄漏的措施。顶部应设置防止室外风倒灌装置。

6.3.5 公共厨房通风应符合下列规定:

1. 发热量大且散发大量油烟和蒸汽的厨房设备应设排气罩等局部机械排风设施;其他区域当自然通风达不到要求时,应设置机械通风;

2. 采用机械排风的区域,当自然补风满足不了要求时,应采用机械补风。厨房相对于其他区域应保持负压,补风量应与排风量相匹配,且宜为排风量的 80% ~ 90%。严寒和寒冷地区宜对机械补风采取加热措施;

3. 产生油烟设备的排风应设置油烟净化设施,其油烟排放浓度及净化设备的最低去除效率不应低于国家现行相关标准的规定,排风口的位置应符合本规范第 6.6.18 条的规定;

4. 厨房排油烟风道不应与防火排烟风道共用;

5. 排风罩、排油烟风道及排风机设置安装应便于油、水的收集和油污清理,且应采取防止油烟气味外溢的措施。

6.3.6 公共卫生间和浴室通风应符合下列规定:

1. 公共卫生间应设置机械排风系统。公共浴室宜设气窗;无条件设气窗时,应设独立的机械排风系统。应采取措施保证浴室、卫生间对更衣室以及其他公共区域的负压;

2. 公共卫生间、浴室及附属房间采用机械通风时,其通风量宜按换气次数确定。

6.3.7 设备机房通风应符合下列规定:

1. 设备机房应保持良好的通风,无自然通风条件时,应设置机械通风系统。设备有特殊要求时,其通风应满足设备工艺要求;

2. 制冷机房的通风应符合下列规定:

1) 制冷机房设备间排风系统宜独立设置且应直接排向室外。冬季室内温度不宜低于 10 ℃,夏季不宜高于 35 ℃,冬季值班温度不应低于 5 ℃;

2) 机械排风宜按制冷剂的种类确定事故排风口的高度。当设于地下制冷机房,且泄漏气体密度大于空气时,排风口应上、下分别设置;

3) 氟制冷机房应分别计算通风量和事故通风量。当机房内设备放热量的数据不全时,通风量可取(4~6)次/h。事故通风量不应小于 12 次/h。事故排风口上沿距室内地坪的距离不应大于 1.2 m;

4) 氨冷冻站应设置机械排风和事故通风排风系统。通风量不应小于 3 次/h,事故通风量宜按 183 m³/(m²·h)进行计算,且最小排风量不应小于 34000 m³/h。事故排风机应选用防爆型,排风口应位于侧墙高处或屋顶;

5)直燃溴化锂制冷机房宜设置独立的送、排风系统。燃气直燃溴化锂制冷机房的通风量不应小于 6 次/h,事故通风量不应小于 12 次/h。燃油直燃溴化锂制冷机房的通风量不应小于 3 次/h,事故通风量不应小于 6 次/h。机房的送风量应为排风量与燃烧所需的空气量之和;

3.柴油发电机房宜设置独立的送、排风系统。其送风量应为排风量与发电机组燃烧所需的空气量之和;

4.变配电室宜设置独立的送、排风系统。设在地下的变配电室送风气流宜从高低压配电区流向变压器区,从变压器区排至室外。排风温度不宜高于 40 ℃。当通风无法保障变配电室设备工作要求时,宜设置空调降温系统;

5.泵房、热力机房、中水处理机房、电梯机房等采用机械通风时,换气次数可按表 6.3.7 选用。

表 6.3.7　部分设备机房机械通风换气次数

机房名称	清水泵房	软化水间	污水泵房	中水处理机房	蓄电池室	电梯机房	热力机房
换气次数/(次·h⁻¹)	4	4	8~12	8~12	10~12	10	6~12

6.3.8　汽车库通风应符合下列规定:

1.自然通风时,车库内 CO 最高允许浓度大于 30 mg/m³ 时,应设机械通风系统;

2.地下汽车库,宜设置独立的送风、排风系统;具备自然进风条件时,可采用自然进风、机械排风的方式。室外排风口应设于建筑下风向,且远离人员活动区并宜作消声处理;

3.送排风量宜采用稀释浓度法计算,对于单层停放的汽车库可采用换气次数法计算,并应取两者较大值。送风量宜为排风量的 80%~90%;

4.可采用风管通风或诱导通风方式,以保证室内不产生气流死角;

5.车流量随时间变化较大的车库,风机宜采用多台并联方式或设置风机调速装置;

6.严寒和寒冷地区,地下汽车库宜在坡道出入口处设热空气幕;

7.车库内排风与排烟可共用一套系统,但应满足消防规范要求。

6.3.9　事故通风应符合下列规定:

1.可能突然放散大量有害气体或有爆炸危险气体的场所应设置事故通风。事故通风量宜根据放散物的种类、安全及卫生浓度要求,按全面排风计算确定,且换气次数不应小于 12 次/h;

2.事故通风应根据放散物的种类,设置相应的检测报警及控制系统。事故通风的手动控制装置应在室内外便于操作的地点分别设置;

3.放散有爆炸危险气体的场所应设置防爆通风设备;

4.事故排风宜由经常使用的通风系统和事故通风系统共同保证,当事故通风量大于经常使用的通风系统所要求的风量时,宜设置双风机或变频调速风机;但在发生事故时,必须保证事故通风要求;

5. 事故排风系统室内吸风口和传感器位置应根据放散物的位置及密度合理设计；

6. 事故排风的室外排风口应符合下列规定：

1）不应布置在人员经常停留或经常通行的地点以及邻近窗户、天窗、室门等设施的位置；

2）排风口与机械送风系统的进风口的水平距离不应小于 20 m；当水平距离不足 20 m 时，排风口应高出进风口，并不宜小于 6 m；

3）当排气中含有可燃气体时，事故通风系统排风口应远离火源 30 m 以上，距可能火花溅落地点应大于 20 m；

4）排风口不应朝向室外空气动力阴影区，不宜朝向空气正压区。

6.4.1　大空间建筑及住宅、办公室、教室等易于在外墙上开窗并通过室内人员自行调节实现自然通风的房间，宜采用自然通风和机械通风结合的复合通风。

6.4.2　复合通风中的自然通风量不宜低于联合运行风量的30%。复合通风系统设计参数及运行控制方案应经技术经济及节能综合分析后确定。

6.4.3　复合通风系统应具备工况转换功能，并应符合下列规定：

1. 应优先使用自然通风；

2. 当控制参数不能满足要求时，启用机械通风；

3. 对设置空调系统的房间，当复合通风系统不能满足要求时，关闭复合通风系统，启动空调系统。

6.4.4　高度大于 15 m 的大空间采用复合通风系统时，宜考虑温度分层等问题。

6.5.1　通风机应根据管路特性曲线和风机性能曲线进行选择，并应符合下列规定：

1. 通风机风量应附加风管和设备的漏风量。送、排风系统可附加5%～10%，排烟兼排风系统宜附加10%～20%；

2. 通风机采用定速时，通风机的压力在计算系统压力损失上宜附加10%～15%；

3. 通风机采用变速时，通风机的压力应以计算系统总压力损失作为额定压力；

4. 设计工况下，通风机效率不应低于其最高效率的90%；

5. 兼用排烟的风机应符合国家现行建筑设计防火规范的规定。

6.5.2　选择空气加热器、空气冷却器和空气热回收装置等设备时，应附加风管和设备等的漏风量。系统允许漏风量不应超过第6.5.1条的附加风量。

6.5.3　通风机输送非标准状态空气时，应对其电动机的轴功率进行验算。

6.5.4　多台风机并联或串联运行时，宜选择相同特性曲线的通风机。

6.5.5　当通风系统使用时间较长且运行工况（风量、风压）有较大变化时，通风机宜采用双速或变速风机。

6.5.6　排风系统的风机应尽可能靠近室外布置。

6.5.7　符合下列条件之一时，通风设备和风管应采取保温或防冻等措施：

1. 所输送空气的温度相对环境温度较高或较低，且不允许所输送空气的温度有较显著升高或降低时；

2. 需防止空气热回收装置结露（冻结）和热量损失时；

3. 排出的气体在进入大气前，可能被冷却而形成凝结物堵塞或腐蚀风管时。

6.5.8　通风机房不宜与要求安静的房间贴邻布置。如必须贴邻布置时，应采取可靠的消声隔振措施。

6.5.9　排除、输送有燃烧或爆炸危险混合物的通风设备和风管,均应采取防静电接地措施(包括法兰跨接),不应采用容易积聚静电的绝缘材料制作。

6.5.10　空气中含有易燃易爆危险物质的房间中的送风、排风系统应采用防爆型通风设备;送风机如设置在单独的通风机房内且送风干管上设置止回阀时,可采用非防爆型通风设备。

6.6.1　通风、空调系统的风管,宜采用圆形、扁圆形或长、短边之比不宜大于4的矩形截面。风管的截面尺寸宜按现行国家标准《通风与空调工程施工质量验收规范》GB 50243的有关规定执行。

6.6.2　通风与空调系统的风管材料、配件及柔性接头等应符合现行国家标准《建筑设计防火规范》GB 50016的有关规定。当输送腐蚀性或潮湿气体时,应采用防腐材料或采取相应的防腐措施。

6.6.3　通风与空调系统风管内的空气流速宜按表6.6.3采用。

表6.6.3　风管内的空气流速(低速风管)　　　　　　　　　m/s

风管分类	住宅	公共建筑
干管	$\dfrac{3.5 \sim 4.5}{6.0}$	$\dfrac{5.0 \sim 6.5}{8.0}$
支管	$\dfrac{3.0}{5.0}$	$\dfrac{3.0 \sim 4.5}{6.5}$
从支管上接出的风管	$\dfrac{2.5}{4.0}$	$\dfrac{3.0 \sim 3.5}{6.0}$
通风机入口	$\dfrac{3.5}{4.5}$	$\dfrac{4.0}{5.0}$
通风机出口	$\dfrac{5.0 \sim 8.0}{8.5}$	$\dfrac{6.5 \sim 10}{11.0}$

注:1.表列值的分子为推荐流速,分母为最大流速。
　　2.对消声有要求的系统,风管内的流速宜符合本规范10.1.5的。

6.6.4　自然通风的进排风口风速宜按表6.6.4－1采用。自然通风的风道内风速宜按表6.6.4－2采用。

表6.6.4.1　自然通风系统的进排风口空气流速　　　　　　　　　m/s

部位	进风百叶	排风口	地面出风口	顶棚出风口
风速	0.5 ~ 1.0	0.5 ~ 1.0	0.2 ~ 0.5	0.5 ~ 1.0

表6.6.4-2　　自然进排风系统的风道空气流速　　　　　　　m/s

部位	进风竖井	水平干管	通风竖井	排风道
风速	1.0～1.2	0.5～1.0	0.5～1.0	1.0～1.5

6.6.5　机械通风的进排风口风速宜按表6.6.5采用。

表6.6.5　机械通风系统的进排风口空气流速　　　　　　　m/s

部位		新风入口	风机出口
空气流速	住宅和公共建筑	3.5～4.5	5.0～10.5
	机房、库房	4.5～5.0	8.0～14.0

6.6.6　通风与空调系统各环路的压力损失应进行水力平衡计算。各并联环路压力损失的相对差额,不宜超过15%。当通过调整管径仍无法达到上述要求时,应设置调节装置。

6.6.7　风管与通风机及空气处理机组等振动设备的连接处,应装设柔性接头,其长度宜为150～300 mm。

6.6.8　通风、空调系统通风机及空气处理机组等设备的进风或出风口处宜设调节阀,调节阀宜选用多叶式或花瓣式。

6.6.9　多台通风机并联运行的系统应在各自的管路上设置止回或自动关断装置。

6.6.10　通风与空调系统的风管布置,防火阀、排烟阀、排烟口等的设置,均应符合国家现行有关建筑设计防火规范的规定。

6.6.11　矩形风管采取内外同心弧形弯管时,曲率半径宜大于33%的平面边长;当平面边长大于500 mm,且曲率半径小于33%的平面边长时,应设置弯管导流叶片。

6.6.12　风管系统的主干支管应设置风管测定孔、风管检查孔和清洗孔。

6.6.13　高温烟气管道应采取热补偿措施。

6.6.14　输送空气温度超过80 ℃的通风管道,应采取一定的保温隔热措施,其厚度按隔热层外表面温度不超过80 ℃确定。

6.6.15　当风管内设有电加热器时,电加热器前后各800 mm范围内的风管和穿过设有火源等容易起火房间的风管及其保温材料均应采用不燃材料。

6.6.16　可燃气体管道、可燃液体管道和电线等,不得穿过风管的内腔,也不得沿风管的外壁敷设。可燃气体管道和可燃液体管道,不应穿过通风、空调机房。

6.6.17　当风管内可能产生沉积物、凝结水或其他液体时,风管应设置不小于0.005的坡度,并在风管的最低点和通风机的底部设排液装置;当排除有氢气或其他比空气密度小的可燃气体混合物时,排风系统的风管应沿气体流动方向具有上倾的坡度,其值不小于0.005。

6.6.18　对于排除有害气体的通风系统,其风管的排风口宜设置在建筑物顶端,且宜采用防雨风帽。屋面送、排(烟)风机的吸、排风(烟)口应考虑冬季不被积雪掩埋的措施。

3.6　空调设计

为了审查方便,现将规范对空调设计要求汇总如下(**黑体部分为强制性条文**)。

（1）以下是关于《住宅设计规范》（GB 50096—2011）摘录。

8.6.1　位于寒冷（B 区）、夏热冬冷和夏热冬暖地区的住宅，当不采用集中空调系统时，主要房间应设置空调设施或预留安装空调设施的位置和条件。

8.6.2　室内空调设备的冷凝水应能有组织地排放。

8.6.3　当采用分户或分室设置的分体式空调器时，室外机的安装位置应符合本规范第5.6.8 条的规定。

8.6.4　住宅计算夏季冷负荷和选用空调设备时，室内设计参数宜符合下列规定：

1.卧室、起居室室内设计温度宜为 26 ℃；

2.无集中新风供应系统的住宅新风换气宜为 1 次/h。

8.6.5　空调系统应设置分室或分户温度控制设施。

（2）以下是关于《民用建筑设计通则》（GB 50352—2005）摘录。

8.2.5　空气调节系统应符合下列要求：

1.空气调节系统的民用建筑，其层高、吊顶高度应满足空调系统的需要；

2.空气调节系统的风管管道应选用不燃材料；

3.空气调节机房不宜与有噪声限制的房间相邻；

4.空气调节系统的新风采集口应设置在室外空气清新、洁净的位置；

5.空调机房的隔墙及隔墙上的门应符合防火规范的有关规定。

（3）以下是关于《住宅建筑规范》（GB 50368—2005）摘录。

8.3.8　当选择水源热泵作为居住区或户用空调（热泵）机组的冷热源时，必须确保水源热泵系统的回灌水不破坏和不污染所使用的水资源。

（4）以下是关于《民用建筑供暖通风与空气调节设计规范》（GB 50736—2012）摘录。

7.1.1　符合下列条件之一时，应设置空气调节：

1.采用供暖通风达不到人体舒适、设备等对室内环境的要求，或条件不允许、不经济时；

2.采用供暖通风达不到工艺对室内温度、湿度、洁净度等要求时；

3.对提高工作效率和经济效益有显著作用时；

4.对身体健康有利，或对促进康复有效果时。

7.1.2　空调区宜集中布置。功能、温湿度基数、使用要求等相近的空调区宜相邻布置。

7.1.3　工艺性空调在满足空调区环境要求的条件下，宜减少空调区的面积和散热、散湿设备。

7.1.4　采用局部性空调能满足空调区环境要求时，不应采用全室性空调。高大空间仅要求下部区域保持一定的温湿度时，宜采用分层空调。

7.1.5　空调区内的空气压力，应满足下列要求：

1.舒适性空调，空调区与室外或空调区之间有压差要求时，其压差值宜取 5～10 Pa。

2.工艺性空调，应按空调区环境要求确定。

7.1.6　舒适性空调区建筑热工，应根据建筑物性质和所处的建筑气候分区设计，并符合国家现行节能设计标准的有关规定。

7.1.7　工艺性空调区围护结构传热系数，应符合国家现行节能设计标准的有关规定，并不应大于表 7.1.7 中的规定值。

表7.1.7　工艺性空调区围护结构最大传热系数 K 值　　　　　　　W/(m²·K)

围护结构名称	室温波动范围/℃		
	±0.1~0.2	±0.5	≥±1.0
屋顶	—	—	0.8
顶棚	0.5	0.8	0.9
外墙	—	0.8	1.0
内墙和楼板	0.7	0.9	1.2

注:表中内墙和楼板的有关数值,仅适用于相邻空调区的温差大于5℃时。

7.1.8　工艺性空调区,当室温波动范围小于或等于±0.5℃时,其围护结构的热惰性指标,不应小于表7.1.8的规定。

表7.1.8　工艺性空调区围护结构最小热惰性指标 D 值

围护结构名称	室温波动范围/℃	
	±0.1~0.2	±0.5
屋顶	—	3
顶棚	4	3
外墙	—	4

7.1.9　工艺性空调区的外墙、外墙朝向及其所在层次,应符合表7.1.9的要求。

表7.1.9　工艺性空调区外墙、外墙朝向及其所在层次

室温允许波动范围/℃	外墙	外墙朝向	层次
±0.1~0.2	不应有外墙	—	宜底层
±0.5	不宜有外墙	如有外墙,宜北向	宜底层
≥±1.0	宜减少外墙	宜北向	宜避免在顶层

注:1.室温允许波动范围小于或等于±0.5℃的空调区,宜布置在室温允许波动范围较大的空调区之中,当布置在单层建筑物内时,宜设通风屋顶;

2.本条与本规范第7.1.10条规定的"北向",适用于北纬23.5°以北的地区;北纬23.5°及其以南的地区,可相应地采用南向。

7.1.10　工艺性空调区的外窗,应符合下列规定:

1.室温波动范围大于等于±1.0℃时,外窗宜设置在北向;

2.室温波动范围小于±1.0℃时,不应有东西向外窗;

3.室温波动范围小于±0.5℃时,不宜有外窗,如有外窗应设置在北向。

7.1.11　工艺性空调区的门和门斗,应符合表7.1.11的要求。舒适性空调区开启频繁的外门,宜设门斗、旋转门或弹簧门等,必要时宜设置空气幕。

表7.1.11　工艺性空调区的门和门斗

室温允许波动范围/℃	外门和门斗	内门和门斗
±0.1~0.2	不应设外门	内门不宜通向室温基数不同或室温允许波动范围大于±1.0 ℃的邻室
±0.5	不应设外门,必须设外门时,必须设门斗	门两侧温差大于3 ℃时,宜设门斗
≥±1.0	不宜设外门,如有经常开启的外门,应设门斗	门两侧温差大于7 ℃时,宜设门斗

注:外门门缝应严密,当门两侧温差大于7 ℃时,应采用保温门。

7.1.12　下列情况,宜对空调系统进行全年能耗模拟计算:

1.对空调系统设计方案进行对比分析和优化时;

2.对空调系统节能措施进行评估时。

7.2.1　除在方案设计或初步设计阶段可使用热、冷负荷指标进行必要的估算外,施工图设计阶段应对空调区的冬季热负荷和夏季逐时冷负荷进行计算。

7.2.2　空调区的夏季计算得热量,应根据下列各项确定:

1.通过围护结构传入的热量;

2.通过透明围护结构进入的太阳辐射热量;

3.人体散热量;

4.照明散热量;

5.设备、器具、管道及其他内部热源的散热量;

6.食品或物料的散热量;

7.渗透空气带入的热量;

8.伴随各种散湿过程产生的潜热量。

7.2.3　空调区的夏季冷负荷,应根据各项得热量的种类、性质以及空调区的蓄热特性,分别进行计算。

7.2.4　空调区的下列各项得热量,应按非稳态方法计算其形成的夏季冷负荷,不应将其逐时值直接作为各对应时刻的逐时冷负荷值:

1.通过围护结构传入的非稳态传热量;

2.通过透明围护结构进入的太阳辐射热量;

3.人体散热量;

4.非全天使用的设备、照明灯具散热量等。

7.2.5　空调区的下列各项得热量,可按稳态方法计算其形成的夏季冷负荷:

1.室温允许波动范围大于或等于±1 ℃的空调区,通过非轻型外墙传入的传热量;

2.空调区与邻室的夏季温差大于3 ℃时,通过隔墙、楼板等内围护结构传入的传热量;

3.人员密集空调区的人体散热量;

4.全天使用的设备、照明灯具散热量等。

7.2.6　空调区的夏季冷负荷计算,应符合下列规定:

1.舒适性空调可不计算地面传热形成的冷负荷;工艺性空调有外墙时,宜计算距外墙

2 m范围内的地面传热形成的冷负荷;

2. 计算人体、照明和设备等散热形成的冷负荷时,应考虑人员群集系数、同时使用系数、设备功率系数和通风保温系数等;

3. 屋顶处于空调区之外时,只计算屋顶进入空调区的辐射部分形成的冷负荷;高大空间采用分层空调时,空调区的逐时冷负荷可按全室性空调计算的逐时冷负荷乘以小于1的系数确定。

7.2.9 空调区的夏季计算散湿量,应考虑散湿源的种类、人员群集系数、同时使用系数以及通风系数等,并根据下列各项确定:

1. 人体散湿量;

2. 渗透空气带入的湿量;

3. 化学反应过程的散湿量;

4. 非围护结构各种潮湿表面、液面或液流的散湿量;

5. 食品或气体物料的散湿量;

6. 设备散湿量;

7. 围护结构散湿量。

7.2.10 **空调区的夏季冷负荷,应按空调区各项逐时冷负荷的综合最大值确定。**

7.2.11 空调系统的夏季冷负荷,应按下列规定确定:

1. **末端设备设有温度自动控制装置时,空调系统的夏季冷负荷按所服务各空调区逐时冷负荷的综合最大值确定;**

2. 末端设备无温度自动控制装置时,空调系统的夏季冷负荷按所服务各空调区冷负荷的累计值确定;

3. **应计入新风冷负荷、再热负荷以及各项有关的附加冷负荷。**

4. 应考虑所服务各空调区的同时使用系数。

7.2.12 空调系统的夏季附加冷负荷,宜按下列各项确定:

1. 空气通过风机、风管温升引起的附加冷负荷;

2. 冷水通过水泵、管道、水箱温升引起的附加冷负荷。

7.2.13 空调区的冬季热负荷,宜按本规范第5.2节的规定计算;计算时,室外计算温度应采用冬季空调室外计算温度,并扣除室内设备等形成的稳定散热量。

7.2.14 空调系统的冬季热负荷,应按所服务各空调区热负荷的累计值确定,除空调风管局部布置在室外环境的情况外,可不计入各项附加热负荷。

7.3.1 选择空调系统时,应符合下列原则:

1. 根据建筑物的用途、规模、使用特点、负荷变化情况、参数要求、所在地区气象条件和能源状况,以及设备价格、能源预期价格等,经技术经济比较确定;

2. 功能复杂、规模较大的公共建筑,宜进行方案对比并优化确定;

3. 干热气候区应考虑其气候特征的影响。

7.3.2 符合下列情况之一的空调区,宜分别设置空调风系统;需要合用时,应对标准要求高的空调区做处理。

1. 使用时间不同;

2. 温湿度基数和允许波动范围不同;

3.空气洁净度标准要求不同;

4.噪声标准要求不同,以及有消声要求和产生噪声的空调区;

5.需要同时供热和供冷的空调区。

7.3.3　空气中含有易燃易爆或有毒有害物质的空调区,应独立设置空调风系统。

7.3.4　下列空调区,宜采用全空气定风量空调系统:

1.空间较大、人员较多;

2.温湿度允许波动范围小;

3.噪声或洁净度标准高。

7.3.5　全空气空调系统设计,应符合下列规定:

1.宜采用单风管系统;

2.允许采用较大送风温差时,应采用一次回风式系统;

3.送风温差较小、相对湿度要求不严格时,可采用二次回风式系统;

4.除温湿度波动范围要求严格的空调区外,同一个空气处理系统中,不应有同时加热和冷却过程。

7.3.6　符合下列情况之一时,全空气空调系统可设回风机。设置回风机时,新回风混合室的空气压力应为负压。

1.不同季节的新风量变化较大、其他排风措施不能适应风量的变化要求;

2.回风系统阻力较大,设置回风机经济合理。

7.3.7　空调区允许温湿度波动范围或噪声标准要求严格时,不宜采用全空气变风量空调系统。技术经济条件允许时,下列情况可采用全空气变风量空调系统:

1.服务于单个空调区,且部分负荷运行时间较长时,采用区域变风量空调系统;

2.服务于多个空调区,且各区负荷变化相差大、部分负荷运行时间较长并要求温度独立控制时,采用带末端装置的变风量空调系统。

7.3.8　全空气变风量空调系统设计,应符合下列规定:

1.应根据建筑模数、负荷变化情况等对空调区进行划分;

2.系统形式,应根据所服务空调区的划分、使用时间、负荷变化情况等,经技术经济比较确定;

3.变风量末端装置,宜选用压力无关型;

4.空调区和系统的最大送风量,应根据空调区和系统的夏季冷负荷确定;空调区的最小送风量,应根据负荷变化情况、气流组织等确定;

5.应采取保证最小新风量要求的措施;

6.风机应采用变速调节;

7.送风口应符合本规范第7.4.2条的规定要求。

7.3.9　空调区较多,建筑层高较低且各区温度要求独立控制时,宜采用风机盘管加新风空调系统;空调区的空气质量、温湿度波动范围要求严格或空气中含有较多油烟时,不宜采用风机盘管加新风空调系统。

7.3.10　风机盘管加新风空调系统设计,应符合下列规定:

1.新风宜直接送入人员活动区;

2.空气质量标准要求较高时,新风宜负担空调区的全部散湿量。低温新风系统设计,应

符合本规范第7.3.13条的规定要求;

3. 宜选用出口余压低的风机盘管机组。

7.3.11　空调区内振动较大、油污蒸汽较多以及产生电磁波或高频波等场所,不宜采用多联机空调系统。多联机空调系统设计,应符合下列要求:

1. 空调区负荷特性相差较大时,宜分别设置多联机空调系统;需要同时供冷和供热时,宜设置热回收型多联机空调系统;

2. 室内、外机之间以及室内机之间的最大管长和最大高差,应符合产品技术要求;

3. 系统冷媒管等效长度应满足对应制冷工况下满负荷的性能系数不低于2.8;当产品技术资料无法满足核算要求时,系统冷媒管等效长度不宜超过70 m;

4. 室外机变频设备,应与其他变频设备保持合理距离。

7.3.12　有低温冷媒可利用时,宜采用低温送风空调系统;空气相对湿度或送风量较大的空调区,不宜采用低温送风空调系统。

7.3.13　低温送风空调系统设计,应符合下列规定:

1. 空气冷却器的出风温度与冷媒的进口温度之间的温差不宜小于3 ℃,出风温度宜采用4~10 ℃,直接膨胀式蒸发器出风温度不应低于7 ℃;

2. 空调区送风温度应计算送风机、风管以及送风末端装置的温升;

3. 空气处理机组的选型,应经技术经济比较确定。空气冷却器的迎风面风速宜采用1.5~2.3 m/s,冷媒通过空气冷却器的温升宜采用9~13 ℃;

4. 送风末端装置,应符合本规范第7.4.2条的规定;

5. 空气处理机组、风管及附件、送风末端装置等应严密保冷,保冷层厚度应经计算确定,并符合本规范第11.1.4条的规定。

7.3.14　空调区散湿量较小且技术经济合理时,宜采用温湿度独立控制空调系统。

7.3.15　温度湿度独立控制空调系统设计,应符合下列规定:

1. 温度控制系统,末端设备应负担空调区的全部显热负荷,并根据空调区的显热热源分布状况等,经技术经济比较确定;

2. 湿度控制系统,新风应负担空调区的全部散湿量,其处理方式应根据夏季空调室外计算湿球温度和露点温度、新风送风状态点要求等,经技术经济比较确定;

3. 当采用冷却除湿处理新风时,新风再热不应采用热水、电加热等;采用转轮或溶液除湿处理新风时,转轮或溶液再生不应采用电加热;

4. 应对室内空气的露点温度进行监测,并采取确保末端设备表面不结露的自动控制措施。

7.3.16　夏季空调室外设计露点温度较低的地区,经技术经济比较合理时,宜采用蒸发冷却空调系统。

7.3.17　蒸发冷却空调系统设计,应符合下列规定:

1. 空调系统形式,应根据夏季空调室外计算湿球温度和露点温度以及空调区显热负荷、散湿量等确定;

2. 全空气蒸发冷却空调系统,应根据夏季空调室外计算湿球温度、空调区散湿量和送风状态点要求等,经技术经济比较确定。

7.3.18　下列情况时,应采用直流式(全新风)空调系统:

1. 夏季空调系统的室内空气比焓大于室外空气比焓;

2. 系统所服务的各空调区排风量大于按负荷计算出的送风量;

3. 室内散发有毒有害物质,以及防火防爆等要求不允许空气循环使用;

4. 卫生或工艺要求采用直流式(全新风)空调系统。

7.3.19　空调区、空调系统的新风量计算,应符合下列规定:

1. 人员所需新风量,应根据人员的活动和工作性质,以及在室内的停留时间等确定,并符合本规范第3.0.6条的规定要求;

2. 空调区的新风量,应按不小于人员所需新风量,补偿排风和保持空调区空气压力所需新风量之和以及新风除湿所需新风量中的最大值确定;

3. 全空气空调系统的新风量,当系统服务于多个不同新风比的空调区时,系统新风比应小于空调区新风比中的最大值;

4. 新风系统的新风量,宜按所服务空调区或系统的新风量累计值确定。

7.3.20　舒适性空调和条件允许的工艺性空调,可用新风作冷源时,应最大限度地使用新风。

7.3.21　新风进风口的面积应适应最大新风量的需要。进风口处应装设能严密关闭的阀门,进风口的位置应符合本规范第6.3.1条的规定要求。

7.3.22　空调系统应进行风量平衡计算,空调区内的空气压力应符合本规范第7.1.5条的规定。人员集中且密闭性较好,或过渡季节使用大量新风的空调区,应设置机械排风设施,排风量应适应新风量的变化。

7.3.23　设有集中排风的空调系统,且技术经济合理时,宜设置空气 – 空气能量回收装置。

7.3.24　空气能量回收系统设计,应符合下列要求:

1. 能量回收装置的类型,应根据处理风量、新排风中显热量和潜热量的构成以及排风中污染物种类等选择;

2. 能量回收装置的计算,应考虑积尘的影响,并对是否结霜或结露进行核算。

7.4.1　空调区的气流组织设计,应根据空调区的温湿度参数、允许风速、噪声标准、空气质量、温度梯度以及空气分布特性指标(ADPI)等要求,结合内部装修、工艺或家具布置等确定;复杂空间空调区的气流组织设计,宜采用计算流体动力学(CFD)数值模拟计算。

7.4.2　空调区的送风方式及送风口选型,应符合下列规定:

1. 宜采用百叶、条缝型等风口贴附侧送;当侧送气流有阻碍或单位面积送风量较大,且人员活动区的风速要求严格时,不应采用侧送;

2. 设有吊顶时,应根据空调区的高度及对气流的要求,采用散流器或孔板送风。当单位面积送风量较大,且人员活动区内的风速或区域温差要求较小时,应采用孔板送风;

3. 高大空间宜采用喷口送风、旋流风口送风或下部送风;

4. 变风量末端装置,应保证在风量改变时,气流组织满足空调区环境的基本要求;

5. 送风口表面温度应高于室内露点温度;低于室内露点温度时,应采用低温风口。

7.4.3　采用贴附侧送风时,应符合下列规定:

1. 送风口上缘与顶棚的距离较大时,送风口应设置向上倾斜10°~20°的导流片;

2. 送风口内宜设置防止射流偏斜的导流片;

3. 射流流程中应无阻挡物。

7.4.4　采用孔板送风时,应符合下列规定:

1. 孔板上部稳压层的高度应按计算确定,且净高不应小于 0.2 m;

2. 向稳压层内送风的速度宜采用 3~5 m/s。除送风射流较长的以外,稳压层内可不设送风分布支管。稳压层的送风口处,宜设防止送风气流直接吹向孔板的导流片或挡板;

3. 孔板布置应与局部热源分布相适应。

7.4.5　采用喷口送风时,应符合下列规定:

1. 人员活动区宜位于回流区;

2. 喷口安装高度,应根据空调区的高度和回流区分布等确定;

3. 兼作热风供暖时,宜具有改变射流出口角度的功能。

7.4.6　采用散流器送风时,应满足下列要求:

1. 风口布置应有利于送风气流对周围空气的诱导,风口中心与侧墙的距离不宜小于 1.0 m;

2. 采用平送方式时,贴附射流区无阻挡物;

3. 兼作热风供暖,且风口安装高度较高时,宜具有改变射流出口角度的功能。

7.4.7　采用置换通风时,应符合下列规定:

1. 房间净高宜大于 2.7 m;

2. 送风温度不宜低于 18 ℃;

3. 空调区的单位面积冷负荷不宜大于 120 W/m²;

4. 污染源宜为热源,且污染气体密度较小;

5. 室内人员活动区 0.1 m 至 1.1 m 高度的空气垂直温差不宜大于 3 ℃;

6. 空调区内不宜有其他气流组织。

7.4.8　采用地板送风时,应符合下列规定:

1. 送风温度不宜低于 16 ℃;

2. 热分层高度应在人员活动区上方;

3. 静压箱应保持密闭,与非空调区之间有保温隔热处理;

4. 空调区内不宜有其他气流组织。

7.4.9　分层空调的气流组织设计,应符合下列规定:

1. 空调区宜采用双侧送风;当空调区跨度较小时,可采用单侧送风,且回风口宜布置在送风口的同侧下方;

2. 侧送多股平行射流应互相搭接;采用双侧对送射流时,其射程可按相对喷口中点距离的 90% 计算;

3. 宜减少非空调区向空调区的热转移;必要时,宜在非空调区设置送、排风装置。

7.4.10　上送风方式的夏季送风温差,应根据送风口类型、安装高度、气流射程长度以及是否贴附等确定,并宜符合下列规定:

1. 在满足舒适、工艺要求的条件下,宜加大送风温差;

2. 舒适性空调,宜按表 7.4.10-1 采用;

表7.4.10-1 舒适性空调的送风温差

送风口高度/m	送风温差/℃
≤5.0	5~10
>5.0	10~15

注:表中所列的送风温差不适用于低温送风空调系统以及置换通风采用上送风方式等。

3. 工艺性空调,宜按表7.4.10-2采用。

表7.4.10-2 工艺性空调的送风温差

室温允许波动范围/℃	送风温差/℃
>±1.0	≤15
±1.0	6~9
±0.5	3~6
±0.1~0.2	2~3

7.4.11 送风口的出口风速,应根据送风方式、送风口类型、安装高度、空调区允许风速和噪声标准等确定。

7.4.12 回风口的布置,应符合下列规定:

1. 不应设在送风射流区内和人员长期停留的地点;采用侧送时,宜设在送风口的同侧下方;

2. 兼做热风供暖、房间净高较高时,宜设在房间的下部;

3. 条件允许时宜采用集中回风或走廊回风,但走廊的断面风速不宜过大;

4. 采用置换通风、地板送风时,应设在人员活动区的上方。

7.4.13 回风口的吸风速度,宜按表7.4.13选用。

表7.4.13 回风口的吸风速度

回风口的位置		最大吸风速度/(m·s⁻¹)
房间上部		≤4.0
房间下部	不靠近人经常停留的地点时	≤3.0
	靠近人经常停留的地点时	≤1.5

7.5.1 空气的冷却应根据不同条件和要求,分别采用下列处理方式:

1. 循环水蒸发冷却;

2. 江水、湖水、地下水等天然冷源冷却;

3. 采用蒸发冷却和天然冷源等冷却方式达不到要求时,应采用人工冷源冷却。

7.5.2 凡与被冷却空气直接接触的水质均应符合卫生要求。空气冷却采用天然冷源时,应符合下列规定:

1. 水的温度、硬度等符合使用要求;

2. 地表水使用过后的回水予以再利用;

3. 使用过后的地下水应全部回灌到同一含水层,并不得造成污染。

7.5.3　空气冷却装置的选择,应符合下列规定:

1. 采用循环水蒸发冷却或天然冷源时,宜采用直接蒸发式冷却装置、间接蒸发式冷却装置和空气冷却器;

2. 采用人工冷源时,宜采用空气冷却器。当要求利用循环水进行绝热加湿或利用喷水增加空气处理后的饱和度时,可选用带喷水装置的空气冷却器。

7.5.4　空气冷却器的选择,应符合下列规定:

1. 空气与冷媒应逆向流动;

2. 冷媒的进口温度,应比空气的出口干球温度至少低 3.5 ℃。冷媒的温升宜采用 5 ℃ ~ 10 ℃,其流速宜采用 0.6~1.5 m/s:

3. 迎风面的空气质量流速宜采用 2.5~3.5 kg/(m² · s),当迎风面的空气质量流速大于 3.0 kg/(m² · s)时,应在冷却器后设置挡水板;

4. 低温送风空调系统的空气冷却器,应符合本规范第 7.3.13 条的规定要求。

7.5.5　制冷剂直接膨胀式空气冷却器的蒸发温度,应比空气的出口干球温度至少低 3.5 ℃。常温空调系统满负荷运行时,蒸发温度不宜低于 0 ℃;低负荷运行时,应防止空气冷却器表面结霜。

7.5.6　空调系统不得采用氨作制冷剂的直接膨胀式空气冷却器。

7.5.7　空气加热器的选择,应符合下列规定:

1. 加热空气的热媒宜采用热水;

2. 工艺性空调,当室温允许波动范围小于 ±1.0 ℃时,送风末端的加热器宜采用电加热器;

3. 热水的供水温度及供回水温差,应符合本规范第 8.5.1 条的规定。

7.5.8　两管制水系统,当冬夏季空调负荷相差较大时,应分别计算冷、热盘管的换热面积;当二者换热面积相差很大时,宜分别设置冷、热盘管。

7.5.9　空调系统的新风和回风应经过滤处理。空气过滤器的设置,应符合下列规定:

1. 舒适性空调,当采用粗效过滤器不能满足要求时,应设置中效过滤器;

2. 工艺性空调,应按空调区的洁净度要求设置过滤器;

3. 空气过滤器的阻力应按终阻力计算;

4. 宜设置过滤器阻力监测、报警装置,并应具备更换条件。

7.5.10　对于人员密集空调区或空气质量要求较高的场所,其全空气空调系统宜设置空气净化装置。空气净化装置的类型,应根据人员密度、初投资、运行费用及空调区环境要求等,经技术经济比较确定,并符合下列规定:

1. 空气净化装置类型的选择应根据空调区污染物性质选择;

2. 空气净化装置的指标应符合现行相关标准。

7.5.11　空气净化装置的设置应符合下列规定:

1. 空气净化装置在空气净化处理过程中不应产生新的污染;

2. 空气净化装置宜设置在空气热湿处理设备的进风口处,净化要求高时可在出风口处设

置二级净化装置;

3. 应设置检查口;

4. 宜具备净化失效报警功能;

5. 高压静电空气净化装置应设置与风机有效联动的措施。

7.5.12　冬季空调区湿度有要求时,宜设置加湿装置。加湿装置的类型,应根据加湿量、相对湿度允许波动范围要求等,经技术经济比较确定,并应符合下列规定:

1. 有蒸汽源时,宜采用干蒸汽加湿器;

2. 无蒸汽源,且空调区湿度控制精度要求严格时,宜采用电加湿器;

3. 湿度要求不高时,可采用高压喷雾或湿膜等绝热加湿器;

4. 加湿装置的供水水质应符合卫生要求。

7.5.13　空气处理机组宜安装在空调机房内。空调机房应符合下列规定:

1. 邻近所服务的空调区;

2. 机房面积和净高应根据机组尺寸确定,并保证风管的安装空间以及适当的机组操作、检修空间;

3. 机房内应考虑排水和地面防水设施。

(5)以下是关于《旅馆建筑设计规范》(JGJ 62—1990)摘录。

第 5.2.3 条　空调系统。

一、严寒地区、寒冷地区和温暖地区(沿海地区除外)一、二、三级旅馆建筑客房的新风系统应有加湿措施。

二、客房内卫生间应保持负压。

三、一、二级旅馆建筑门厅出入口宜采用冷、热风空气幕;三、四级旅馆建筑宜采用循环风空气幕。

四、餐厅、宴会厅、商店等公共部分宜采用低速空调系统;三、四级旅馆建筑可采用独立机组空调。厨房宜采用直流式低速通风或空调系统。

五、厨房应保持负压,餐厅应维持正压。

六、新风系统宜采用二次过滤措施。

七、严寒地区公共建筑物宜设值班采暖。

第 5.2.4 条　冷源、热源。

一、严寒地区空调冷源宜优先考虑利用室外空气。

二、严禁采用氨制冷机,有条件时宜采用溴化锂吸收式制冷机。

三、空调冷、热水管的系统环路,应按建筑层数、使用规律及设备承受压力大小划分。

四、系统环路宜采用同程式系统,如采用导程式系统时,宜装设平衡阀。

五、冷冻水和冷却水应采取水质控制措施,蒸发器及冷凝器水侧的污垢系数应不大于 $0.0001 \ km^2 ℃/Kcal(0.086 m^2 ℃/kW)$。

3.7　防排烟设计

为了审查方便,现将规范对防排烟设计要求汇总如下(**黑体部分**为强制性条文)。

(1)以下是关于《建筑设计防火规范》(GB 50016—2012)摘录。

10.1.1 建筑中的防烟可采用机械加压送风防烟方式或可开启外窗的自然排烟方式。建筑中的排烟可采用机械排烟方式或可开启外窗的自然排烟方式。

10.1.2 机械排烟系统与通风、空气调节系统宜分开设置。当合用时,必须采取可靠的防火安全措施,并应符合机械排烟系统的有关要求。

10.1.3 防烟和排烟系统用的管道、风口及阀门等必须采用不燃材料制作。排烟管道应采取隔热防火措施或可燃物保持不小于150 mm的距离。

排烟管道的厚度应按现行国家标准《通风与空调工程施工质量验收规范》(GB 50243)的有关规定执行。

10.1.4 机械加压送风防烟系统中送风口的风速不宜大于7 m/s。机械排烟系统中排烟口的风速不宜大于10 m/s。机械加压送风管道、排烟管道和补风管道内的风速应符合下列规定:

1. 采用金属管道时,不宜大于20 m/s;

2. 采用非金属管道时,不宜大于15 m/s。

10.1.5 加压送风管道和排烟补风管道不宜穿过防火分区或其他火灾危险性较大的房间;确需穿过时,应在穿过房间隔墙或楼板处设置防火阀。

补风管道和加压送风管道上的防火阀的公称动作温度应为70 ℃。

10.1.6 机械加压送风机、排烟风机和用于排烟补风的送风机,宜设置在通风机房内或室外屋面上。

10.2.1 下列建筑中靠外墙的防烟楼梯间及其前室、消防电梯间前室和合用前室宜采用自然排烟设施进行防烟:

1. 二类高层公共建筑;

2. 建筑高度不大于100 m的住宅建筑;

3. 建筑高度不大于50 m的其他建筑。

10.2.2 设置自然排烟设施的场所,其自然排烟口的有效面积应符合下列规定:

1. 防烟楼梯间前室、消防电梯间前室,不应小于2.0 m²;合用前室,不应小于3.0 m²;

2. 靠外墙的防烟楼梯间,每5层内可开启排烟窗的总面积不应小于2.0 m²;

3. 中庭、剧场舞台,不应小于其楼地面面积的5%;

4. 其他场所,宜取该场所建筑面积的2%～5%。

10.2.3 自然排烟的窗口应设置在房间的外墙上方或屋顶上,并应有方便开启的装置。防烟分区内任一点距自然排烟口的水平距离不应大于30 m。

10.3.1 下列场所或部位应设置机械加压送风设施:

1. 不具备自然排烟条件的防烟楼梯间;

2. 不具备自然排烟条件的消防电梯间前室或合用前室;

3. 设置自然排烟设施的防烟楼梯间,其不具备自然排烟条件的前室;

4. 封闭的避难层(间)、避难走道的前室;

5. 不宜进行自然排烟的场所。

注:当高层民用建筑的防烟楼梯间及其前室,消防电梯间前室或合用前室,在上部利用可开启外窗进行自然排烟,在下部不具备自然排烟条件时,下部的前室或合用前室应设置局部正压送风系统。

10.3.2　防烟楼梯间及其前室,消防电梯间前室和合用前室的机械加压送风量应由计算确定,或按表10.3.2-1至表10.3.2-4的规定确定。当计算值和本表不一致时,应按两者中较大值确定。

表 10.3.2-1　防烟楼梯间(前室不送风)的加压送风量表

系统负担层数(高度)	加压送风量/(m³·h⁻¹)
<20 层(60 m)	25 000 ~ 30 000
20 ~ 32 层(60 ~ 100 m)	35 000 ~ 40 000

表 10.3.2-2　防烟楼梯间及其合用前室的分别加压送风量表

系统负担层数(高度)	送风部位	加压送风量/(m³·h⁻¹)
<20 层(60m)	防烟楼梯间	16 000 ~ 20 000
	合用前室	13 000 ~ 16 000
20 ~ 32 层(60 ~ 100m)	防烟楼梯间	20 000 ~ 25 000
	合用前室	18 000 ~ 22 000

表 10.3.2-3　消防电梯间前室的加压送风量表

系统负担层数(高度)	加压送风量/(m³·h⁻¹)
<20 层(60 m)	15 000 ~ 20 000
20 ~ 32 层(60 ~ 100 m)	22 000 ~ 27 000

表 10.3.2-4　防烟楼梯间采用自然排烟,前室或合用前室不具备自然排烟条件时的送风量表

系统负担层数(高度)	加压送风量/(m³·h⁻¹)
<20 层(60 m)	22 000 ~ 27 000
20 ~ 32 层(60 ~ 100 m)	28 000 ~ 32 000

注:1. 表10.3.2-1~表10.3.2-4的风量数值系按开启宽×高=2.0 m×1.6 m的双扇为基础的计算值。当采用单扇门时,其风量宜按表列数值乘以0.75计算确定;当前室有2个或2个以上的门时,其风量应按表列数值乘以1.50~1.75计算确定。开启门时,通过门的风速不应小于0.70 m/s。

　　2. 风量上下限选取应按层数、风道材料、防火门漏风量等因素综合比较确定。

10.3.3　封闭避难层(间)的机械加压送风量应按避难层(间)净面积每平方米不小于30 m³/h计算。避难走道的机械加压送风量应按通过前室入口门洞风速0.70~1.2 m/s计算确定。

10.3.4　建筑高度大于100 m的高层建筑,其送风系统及送风量应分段设计。

10.3.5　剪刀楼梯间可合用一个风道,其送风量应按二个楼梯间的风量计算,送风口应分别设置。

10.3.6　机械加压送风系统的全压,除计算的最不利环路损失外的余压值应符合下列规

定：

1. 防烟楼梯间、封闭楼梯间的余压值应为 40~50 Pa；

2. 前室、合用前室、封闭避难层(间)、避难走道的余压值应为 25~30 Pa。

10.3.7 防烟楼梯间和合用前室的机械加压送风防烟系统宜分别独立设置，当必须共用一个系统时，应在通向合用前室的支风管上设置压差自动调节装置。

10.3.8 防烟楼梯间的前室或合用前室的加压送风口应每层设置 1 个。防烟楼梯间的加压送风口宜每隔 2~3 层设置 1 个。

10.3.9 地下、半地下室与地上层设置机械加压送风系统的防烟楼梯间，地上部分和地下部分的加压送风系统宜分别设置。当防烟楼梯间的地上部分和地下部分在同一平面位置时，可合用一个风道，但风量应叠加计算，且均应满足地上、地下加压送风系统的要求。

10.3.10 机械加压送风机可采用轴流风机或中、低压离心风机。

10.4.1 下列部位应设置机械排烟设施：

1. 无直接自然通风且长度大于 20 m 的内走道；

2. 虽有直接自然通风，但长度大于 60 m 的内走道；

3. 除利用窗井等开窗进行自然排烟的房间外，各房间总建筑面积大于 200 m² 或一个房间建筑面积大于 50 m²，且经常有人停留或可燃物较多的地下室；

4. 应设置排烟设施，但不具备自然排烟条件的其他场所。

10.4.2 需设置机械排烟设施且室内净高不大于 6.0 m 的场所应划分防烟分区；每个防烟分区的建筑面积不宜大于 500 m²，防烟分区不应跨越防火分区。

防烟分区宜采用挡烟垂壁、隔墙、顶棚下凸出不小于 500 mm 的结构梁等其他不燃烧体进行分隔。

10.4.3 机械排烟系统的设置应符合下列规定：

1. 横向宜按防火分区设置；

2. 竖向穿越防火分区时，垂直排烟管道宜设置在管井内；

3. 穿越防火分区的排烟管道应在穿越处设置排烟防火阀。排烟防火阀应符合现行国家标准《建筑通风和排烟系统用防火阀门》(GB 15930)的有关规定。

10.4.4 在地下建筑和地上密闭场所中设置机械排烟系统时，应同时设置补风系统。当设置机械补风系统时，其补风量不宜小于排烟量的 50%。

10.4.5 机械排烟系统的排烟量不应小于表 10.4.5 的规定。

表 10.4.5 机械排烟系统的最小排烟量

条件和部位	单位排烟量/($m^3 \cdot h^{-1} \cdot m^{-2}$)	换气次数/(次·h^{-1})	备注
担负 1 个防烟分区	60	—	风机排烟量不应小于 7 200 m³/h
室内净高大于 6.0 m 且不划分防烟分区的空间			

续表 10.4.5

条件和部位		单位排烟量/(m³·h⁻¹·m⁻²)	换气次数/(次·h⁻¹)	备注
担负 2 个及以上防烟分区		120	—	应按最大的防烟分区面积确定
中庭	体积不大于 17 000m³	—	6	体积大于 17 000 m³ 时,排烟量不应小于 102 000 m³/h
	体积大于 17 000m³	—	4	

10.4.6　机械排烟系统中的排烟口、排烟阀和排烟防火阀的设置应符合下列规定:

1.排烟口或排烟阀应按防烟分区设置。排烟口或排烟阀应与排烟风机连锁,当任一排烟口或排烟阀开启时,排烟风机应能自行启动;

2.排烟口或排烟阀平时为关闭时,应设置手动和自动开启装置;

3.排烟口应设置在顶棚或靠近顶棚的墙面上,且与附近安全出口沿走道方向相邻边缘之间的最小水平距离不应小于 1.5 m。设置在顶棚上的排烟口,距可燃构件或可燃物的距离不应小于 1.0 m;

4.设置机械排烟系统的地下、半地下场所,除歌舞娱乐放映游艺场所和建筑面积大于 50 m² 的房间外,其排烟口可设置在疏散走道;

5.防烟分区内任一点距排烟口的水平距离不应大于 30.0 m;

6.排烟支管上应设置当烟气温度超过 280 ℃时能自行关闭的排烟防火阀。

10.4.7　机械加压送风防烟系统和排烟补风系统的室外进风口宜布置在室外排烟口的下方,且高差不宜小于 3.0 m;当水平布置时,水平距离不宜小于 10.0 m。

10.4.8　排烟风机的设置应符合下列规定:

1.排烟风机的全压应满足排烟系统最不利环路的要求。其排烟量应考虑 10% ~20% 的漏风量;

2.排烟风机可采用离心风机或排烟专用的轴流风机;

3.排烟风机应能在 280 ℃的环境条件下连续工作不少于 30 min;

4.在排烟风机入口处的总管上应设置当烟气温度超过 280 ℃时能自行关闭的排烟防火阀,该阀应与排烟风机连锁,当该阀关闭时,排烟风机应能停止运转。

10.4.9　排烟风机及系统中设置的软接头,应能在 280 ℃的环境条件下连续工作不少于 30 min。

(2)以下是关于《高层民用建筑设计防火规范(2005 年版)》(GB 50045—1995)摘录。

8.1.1　高层建筑的防烟设施应分为机械加压送风的防烟设施和可开启外窗的自然排烟设施。

8.1.2　高层建筑的排烟设施应分为机械排烟设施和可开启外窗的自然排烟设施。

8.1.3　一类高层建筑和建筑高度超过 32 m 的二类高层建筑的下列部位应设排烟设施:

8.1.3.1　长度超过 20 m 的内走道。

8.1.3.2　面积超过 100 ²,且经常有人停留或可燃物较多的房间。

8.1.3.3　高层建筑的中庭和经常有人停留或可燃物较多的地下室。

8.1.4 通风、空气调节系统应采取防火、防烟措施。

8.1.5 机械加压送风和机械排烟的风速,应符合下列规定:

8.1.5.1 采用金属风道时,不应大于 20 m/s。

8.1.5.2 采用内表面光滑的混凝土等非金属材料风道时,不应大于 15 m/s。

8.1.5.3 送风口的风速不宜大于 7 m/s;排烟口的风速不宜大于 10 m/s。

8.2.1 除建筑高度超过 50 m 的一类公共建筑和建筑高度超过 100 m 的居住建筑外,靠外墙的防烟楼梯间及其前室、消防电梯间前室和合用前室,宜采用自然排烟方式。

8.2.2 采用自然排烟的开窗面积应符合下列规定:

8.2.2.1 防烟楼梯间前室、消防电梯间前室可开启外窗面积不应小于 2.00 m²,合用前室不应小于 3.00 m²。

8.2.2.2 靠外墙的防烟楼梯间每五层内可开启外窗总面积之和不应小于 2.00 m²。

8.2.2.3 长度不超过 60 m 的内走道可开启外窗面积不应小于走道面积的 2%。

8.2.2.4 需要排烟的房间可开启外窗面积不应小于该房间面积的 2%。

8.2.2.5 净空高度小于 12 m 的中庭可开启的天窗或高侧窗的面积不应小于该中庭地面积的 5%。

8.2.3 防烟楼梯间前室或合用前室,利用敞开的阳台、凹廊或前室内有不同朝向的可开启外窗自然排烟时,该楼梯间可不设防烟设施。

8.2.4 排烟窗宜设置在上方,并应有方便开启的装置。

8.3.1 下列部位应设置独立的机械加压送风的防烟设施:

8.3.1.1 不具备自然排烟条件的防烟楼梯间、消防电梯间前室或合用前室。

8.3.1.2 采用自然排烟措施的防烟楼梯间,其不具备自然排烟条件的前室。

8.3.1.3 封闭避难层(间)。

8.3.2 高层建筑防烟楼梯间及其前室、合用前室和消防电梯间前室的机械加压送风量应由计算确定,或按表 8.3.2-1 至表 8.3.2-4 的规定确定。当计算值和本表不一致时,应按两者中较大值确定。

表 8.3.2-1 防烟楼梯间(前室不送风)的加压送风量

系统负担层数	加压送风量/(m³·h⁻¹)
<20 层	25000~30000
20~32 层	35000~40000

表 8.3.2-2 防烟楼梯间及其合用前室的分别加压送风量

系统负担层数	送风部位	加压送风量/(m³·h⁻¹)
<20 层	防烟楼梯间	16000~20000
	合用前室	12000~16000
20~32 层	防烟楼梯间	20000~25000
	合用前室	18000~22000

表 8.3.2 - 3　消防电梯间前室的加压送风量

系统负担层数	加压送风量/$(m^3 \cdot h^{-1})$
<20 层	15 000 ~ 20 000
20 ~ 32 层	22 000 ~ 27 000

表 8.3.2 - 4　防烟楼梯间采用自然排烟,前室或合用前室不具备自然排烟条件时的送风量

系统负担层数	加压送风量/$(m^3 \cdot h^{-1})$
<20 层	22 000 ~ 27 000
20 ~ 32 层	28 000 ~ 32 000

注:1. 表 8.3.2 - 1 ~ 表 8.3.2 - 4 的风量按开启 2.00 m×1.60 m 的双扇门确定。当采用单扇门时,其风量可乘以 0.75 系数计算;当有两个或两个以上出入口时,其风量应乘以 1.50 ~ 1.75 系数计算。开启门时,通过门的风速不宜小于 0.70 m/s。

2. 风量上下限选取应按层数、风道材料、防火门漏风量等因素综合比较确定。

8.3.3　层数超过三十二层的高层建筑,其送风系统及送风量应分段设计。

8.3.4　剪刀楼梯间可合用一个风道,其风量应按二个楼梯间风量计算,送风口应分别设置。

8.3.5　封闭避难层(间)的机械加压送风量应按避难层净面积每平方米不小于 30 m^3/h 计算。

8.3.6　机械加压送风的防烟楼梯间和合用前室,宜分别独立设置送风系统,当必须共用一个系统时,应在通向合用前室的支风管上设置压差自动调节装置。

8.3.7　机械加压送风机的全压,除计算最不利环管道压头损失外,尚应有余压。其余压值应符合下列要求:

8.3.7.1　防烟楼梯间为 40 Pa 至 50 Pa。

8.3.7.2　前室、合用前室、消防电梯间前室、封闭避难层(间)为 25 Pa 至 30 Pa。

8.3.8　楼梯间宜每隔二至三层设一个加压送风口;前室的加压送风口应每层设一个。

8.3.9　机械加压送风机可采用轴流风机或中、低压离心风机,风机位置应根据供电条件、风量分配均衡、新风入口不受火、烟威胁等因素确定。

8.4.1　一类高层建筑和建筑高度超过 32 m 的二类高层建筑的下列部位,应设置机械排烟设施:

8.4.1.1　无直接自然通风,且长度超过 20 m 的内走道或虽有直接自然通风,但长度超过 60 m 的内走道。

8.4.1.2　面积超过 100 m^2,且经常有人停留或可燃物较多的地上无窗房间或设固定窗的房间。

8.4.1.3　不具备自然排烟条件或净空高度超过 12 m 的中庭。

8.4.1.4　除利用窗井等开窗进行自然排烟的房间外,各房间总面积超过 200 m^2 或一个房间面积超过 50 m^2,且经常有人停留或可燃物较多的地下室。

8.4.2　设置机械排烟设施的部位,其排烟风机的风量应符合下列规定:

8.4.2.1　担负一个防烟分区排烟或净空高度大于 6.00 m 的不划防烟分区的房间时,应按每平方米面积不小于 60 m³/h 计算(单台风机最小排烟量不应小于 7 200 m³/h)。

8.4.2.2　担负两个或两个以上防烟分区排烟时,应按最大防烟分区面积每平方米不小于 120 m³/h 计算。

8.4.2.3　中庭体积小于或等于 17 000 m³ 时,其排烟量按其体积的 6 次/h 换气计算;中庭体积大于 17 000 m³ 时,其排烟量按其体积的 4 次/h 换气计算,但最小排烟量不应小于 102 000 m³/h。

8.4.3　带裙房的高层建筑防烟楼梯间及其前室,消防电梯间前室或合用前室,当裙房以上部分利用可开启外窗进行自然排烟,裙房部分不具备自然排烟条件时,其前室或合用前室应设置局部正压送风系统,正压值应符合 8.3.7 条的规定。

8.4.4　排烟口应设在顶棚上或靠近顶棚的墙面上,且与附近安全出口沿走道方向相邻边缘之间的最小水平距离不应小于 1.50 m。设在顶棚上的排烟口,距可燃构件或可燃物的距离不应小于 1.00 m。排烟口平时关闭,并应设置有手动和自动开启装置。

8.4.5　防烟分区内的排烟口距最远点的水平距离不应超过 30 m。在排烟支管上应设有当烟气温度超过 280 ℃ 时能自行关闭的排烟防火阀。

8.4.6　走道的机械排烟系统宜竖向设置;房间的机械排烟系统宜按防烟分区设置。

8.4.7　排烟风机可采用离心风机或采用排烟轴流风机,并应在其机房入口处设有当烟气温度超过 280 ℃ 时能自动关闭的排烟防火阀。排烟风机应保证在 280 ℃ 时能连续工作 30 min。

8.4.8　机械排烟系统中,当任一排烟口或排烟阀开启时,排烟风机应能自行启动。

8.4.9　排烟管道必须采用不燃材料制作。安装在吊顶内的排烟管道,其隔热层应采用不燃烧材料制作,并应与可燃物保持不小于 150 mm 的距离。

8.4.10　机械排烟系统与通风、空气调节系统宜分开设置。若合用时,必须采取可靠的防火安全措施,并应符合排烟系统要求。

8.4.11　设置机械排烟的地下室,应同时设置送风系统,且送风量不宜小于排烟量的 50%。

8.4.12　排烟风机的全压应按排烟系统最不利环管道进行计算,其排烟量应增加漏风系数。

(3)以下是关于《汽车库、修车库、停车场设计防火规范》(GB 50067—1997)摘录。

8.2.1　面积超过 2 000 m² 的地下汽车库应设置机械排烟系统。机械排烟系统可与人防、卫生等排气、通风系统合用。

8.2.2　设有机械排烟系统的汽车库,其每个防烟分区的建筑面积不宜超过 2 000 m²,且防烟分区不应跨越防火分区。

防烟分区可采用挡烟垂壁、隔墙或从顶棚下突出不小于 0.5 m 的梁划分。

8.2.3　每个防烟分区应设置排烟口,排烟口宜设在顶棚或靠近顶棚的墙面上;排烟口距该防烟分区内最远点的水平距离不应超过 30 m。

8.2.4　排烟风机的排烟量应按换气次数不小于 6 次/h 计算确定。

8.2.5　排烟风机可采用离心风机或排烟轴流风机,并应在排烟支管上设有烟气温度超过 280 ℃ 时能自动关闭的排烟防火阀。排烟风机应保证 280 ℃ 时能连续工作 30 min。

排烟防火阀应联锁关闭相应的排烟风机。

8.2.6　机械排烟管道风速,采用金属管道时不应大于 20 m/s;采用内表面光滑的非金属材料风道时,不应大于 15 m/s。排烟口的风速不宜超过 10 m/s。

8.2.7　汽车库内无直接通向室外的汽车疏散出口的防火分区,当设置机械排烟系统时,应同时设置进风系统,且送风量不宜小于排烟量的 50%。

(4)以下是关于《人民防空工程设计防火规范》(GB 50098—2009)摘录。

6.1.1　人防工程下列部位应设置机械加压送风防烟设施:

1.防烟楼梯间及其前室或合用前室;

2.避难走道的前室。

6.1.2　下列场所除符合本规范第 6.1.3 条和第 6.1.4 条的规定外,应设置机械排烟设施:

1.总建筑面积大于 200 m² 的人防工程;

2.建筑面积大于 50 m²,且经常有人停留或可燃物较多的房间;

3.丙、丁类生产车间;

4.长度大于 20 m 的疏散走道;

5.歌舞娱乐放映游艺场所;

6.中庭。

6.1.3　丙、丁、戊类物品库宜采用密闭防烟措施。

6.1.4　设置自然排烟设施的场所,自然排烟口底部距室内地面不应小于 2 m,并应常开或发生火灾时能自动开启,其自然排烟口的净面积应符合下列规定:

1.中庭的自然排烟口净面积不应小于中庭地面面积的 5%;

2.其他场所的自然排烟口净面积不小于该防烟分区面积的 2%。

6.2.1　防烟楼梯间送风系统的余压值应为 40～50 Pa,前室或合用前室送风系统的余压值应为(25～30)Pa。防烟楼梯间、防烟前室或合用前室的送风量应符合下列规定:

1.当防烟楼梯间和前室或合用前室分别送风时,防烟楼梯间的送风量不应小于 16 000 m³/h,前室或合用前室的送风量不应小于 13 000 m³/h;

2.当前室或合用前室不直接送风时,防烟楼梯间的送风量不应小于 25 000 m³/h,并应在防烟楼梯间和前室或合用前室的墙上设置余压阀。

注:楼梯间及其前室或合用前室的门按 1.5 m×2.1 m 计算,当采用其他尺寸的门时,送风量应根据门的面积按比例修正。

6.2.2　避难走道的前室送风余压值应为(25～30)Pa,机械加压送风量应按前室入口门洞风速 0.7～1.2 m/s 计算确定。

避难走道的前室宜设置条缝送风口,并应靠近前室入口门,且通向避难走道的前室两侧宽度均应大于门洞宽度 0.1 m(图 6.2.2)。

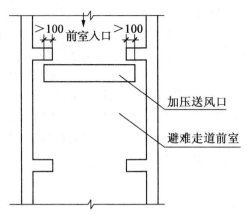

图6.2.2　避难走道前室加压送风口布置图

6.2.3　避难走道的前室、防烟楼梯间及其前室或合用前室的机械加压送风系统宜分别设置。当需要共用系统时,应在支风管上设置压差自动调节装置。

6.2.4　避难走道的前室、防烟楼梯间及其前室或合用前室的排风应设置余压阀,并应按本规范第6.2.1条的规定值整定。

6.2.5　机械加压送风机可采用普通离心式、轴流式或斜流式风机。风机的全压值除应计算最不利环管路的压头损失外,其余压值应符合本规范第6.2.1条的规定。

6.2.6　机械加压送风系统送风口的风速不宜大于7 m/s。

6.2.7　机械加压送风系统和排烟补风系统应采用室外新风,采风口与排烟口的水平距离宜大于15 m,并宜低于排烟口。当采风口与排烟口垂直布置时,宜低于排烟口3 m。

6.3.1　机械排烟时,排烟风机和风管的风量计算应符合下列规定:

1. 担负一个或两个防烟分区排烟时,应按该部分面积每平方米不小于60 m³/h 计算,但排烟风机的最小排烟风量不应小于7 200 m³/h;

2. 担负三个或三个以上防烟分区排烟时,应按其中最大防烟分区面积每平方米不小于计算120 m³/h;

3. 中庭体积小于或等于17 000 m³ 时,排烟量应按其体积的6 次/h 换气计算;中庭体积大于17 000 m³ 时,其排烟量应按其体积的4 次/h 换气计算,但最小排烟风量不应小于102 000 m³/h。

6.3.2　排烟区应有补风措施,并应符合下列要求:

1. 当补风通路的空气阻力不大于50 Pa 时,可采用自然补风;

2. 当补风通路的空气阻力大于50 Pa 时,应设置火灾时可转换成补风的机械送风系统或单独的机械补风系统,补风量不应小于排烟风量的50%。

6.3.3　机械排烟系统宜单独设置或与工程排风系统合并设置。当合并设置时,应采取在火灾发生时能将排风系统自动转换为排烟系统的措施。

6.4.1　**每个防烟分区内必须设置排烟口,排烟口应设置在顶棚或墙面的上部。**

6.4.2　排烟口宜在该防烟分区内均匀布置,并应与疏散出口的水平距离大于2 m,且与该分区内最远点的水平距离不应大于30 m。

6.4.3　排烟口可单独设置,也可与排风口合并设置;排烟口的总排烟量应按该防烟分区面积每平方米不小于 60m³/h 计算。

6.4.4　排烟口的开闭状态和控制应符合下列要求：

1. 单独设置的排烟口，平时应处于关闭状态；其控制方式可采用自动或手动开启方式；手动开启装置的位置应便于操作；

2. 排风口和排烟口合并设置时，应在排风口或排风口所在支管设置自动阀门；该阀门必须具有防火功能，并应与火灾自动报警系统联动；火灾时，着火防烟分区内的阀门仍应处于开启状态，其他防烟分区内的阀门应全部关闭。

6.4.5　排烟口的风速不宜大于 10 m/s。

6.5.1　机械加压送风防烟管道和排烟管道内的风速，当采用金属风道或内表面光滑的其他材料风道时，不宜大于 20 m/s；当采用内表面抹光的混凝土或砖砌风道时，不宜大于 15 m/s。

6.5.2　机械加压送风防烟管道、排烟管道、排烟口和排烟阀等必须采用不燃材料制作。排烟管道与可燃物的距离不应小于 0.15 m，或应采取隔热防火措施。

6.5.3　排烟管道的厚度应按现行国家标准《通风与空调工程施工质量验收规范》GB 50243 的规定执行，但当金属风道为钢制风道时，钢板厚度不应小于 1 mm。

6.5.4　机械加压送风防烟管道和排烟管道不宜穿过防火墙。当需要穿过时，过墙处应符合下列规定：

1. 防烟管道应设置温度大于 70 ℃时能自动关闭的防火阀；

2. 排烟管道应设置温度大于 280 ℃时能自动关闭的防火阀。

6.5.5　人防工程内厨房的排油烟管道宜按防火分区设置，且在与垂直排风管连接的支管处应设置动作温度为 150 ℃的防火阀。

6.6.1　排烟风机可采用普通离心式风机或排烟轴流风机；排烟风机及其进出口软接头应在烟气温度 280 ℃时能连续工作 30 min。排烟风机必须采用不燃材料制作。排烟风机入口处的总管上应设置当烟气温度超过 280 ℃时能自动关闭的排烟防火阀，该阀应与排烟风机联锁，当阀门关闭时，排烟风机应能停止运转。

6.6.2　排烟风机可单独设置或与排风机合并设置；当排烟风机与排风机合并设置时，宜选用变速风机。

6.6.3　排烟风机的全压应按排烟系统最不利环管路进行计算，排烟量应按本规范第 6.3.1 条计算确定，并应增加 10%。

6.6.4　排烟风机的安装位置，宜处于排烟区的同层或上层。排烟管道宜顺气流方向向上或水平敷设。

6.6.5　排烟风机应与排烟口联动，当任何一个排烟口、排烟阀开启或排风口转为排烟口时，系统应转为排烟工作状态，排烟风机应自动转换为排烟工况；当烟气温度大于 280 ℃时，排烟风机应随设置于风机入口处防火阀的关闭而自动关闭。

（5）以下是关于《旅馆建筑设计规范》(JGJ 62—1990) 摘录。

第 5.2.5 条　排烟、排风。

一、防排烟设计除应符合现行的《高层民用建筑设计防火规范》的规定外，四季厅内应考虑排烟，并宜与通风系统相结合，排烟量不小于 4 次/h 的换气量。

二、空调系统的新风与排风系统宜设冷热量回收装置。

三、地下室排水泵房及设备用房等应设机械排风。

四、一、二、三级旅馆建筑宜采用水路自动调节控制;四级旅馆建筑仅开停风机控制。

3.8 节能设计

3.8.1 公共建筑节能

为了审查方便,现将规范对公共建筑节能要求汇总如下(黑体部分为强制性条文)。

以下是关于《公共建筑节能设计标准》(GB 50189—2005)摘录。

4.1.2 严寒、寒冷地区建筑的体形系数应小于或等于0.40。当不能满足本条文的规定时,必须按本标准第4.3节的规定进行权衡判断。

4.2.1 各城市的建筑的气候分区应按表4.2.1确定。

表4.2.1　主要城市所处气候分区

气候分区	代表性城市
严寒地区 A 区	海伦、博克图、伊春、呼玛、海拉尔、满洲里、齐齐哈尔、富锦、哈尔滨、牡丹江、克拉玛依、佳木斯、安达
严寒地区 B 区	长春、乌鲁木齐、延吉、通辽、通化、四平、呼和浩特、抚顺、大柴旦、沈阳、大同、本溪、阜新、哈密、鞍山、张家口、酒泉、伊宁、吐鲁番、西宁、银川、丹东
寒冷地区	兰州、太原、唐山、阿坝、喀什、北京、天津、大连、阳泉、平凉、石家庄、德州、晋城、天水、西安、拉萨、康定、济南、青岛、安阳、郑州、洛阳、宝鸡、徐州
夏热冬冷地区	南京、蚌埠、盐城、南通、合肥、安庆、九江、武汉、黄石、岳阳、汉中、安康、上海、杭州、宁波、宜昌、长沙、南昌、株洲、永州、赣州、韶关、桂林、重庆、达县、万州、涪陵、南充、宜宾、成都、贵阳、遵义、凯里、绵阳
夏热冬暖地区	福州、莆田、龙岩、梅州、兴宁、英德、河池、柳州、贺州、泉州、厦门、广州、深圳、湛江、汕头、海口、南宁、北海、梧州

4.2.2　根据建筑所处城市的建筑气候分区,围护结构的热工性能应符合表4.2.2－1、表4.2.2－2、表4.2.2－3、表4.2.2－4、表4.2.2－5以及表4.2.2－6的规定,其中外墙的传热系数为包括结构性热桥在内的平均值 K_m。当建筑所处城市属于温和地区时,应判断该城市的气象条件与表4.2.1中的哪个城市最接近,围护结构的热工性能应符合那个城市所属气候分区的规定。当本条文的规定不能满足时,必须按本标准第4.3节的规定进行权衡判断。

表 4.2.2-1　严寒地区 A 区围护结构传热系数限值

围护结构部位		体形系数≤0.3 传热系数 K /(W·m^{-2}·K^{-1})	0.3<体形系数≤0.4 传热系数 K /(W·m^{-2}·K^{-1})
屋面		≤0.35	≤0.30
外墙(包括非透明幕墙)		≤0.45	≤0.40
底面接触室外空气的架空或外挑楼板		≤0.45	≤0.40
非采暖房间与采暖房间的隔墙或楼板		≤0.6	≤0.6
单一朝向外窗 (包括透明幕墙)	窗墙面积比≤0.2	≤3.0	≤2.7
	0.2<窗墙面积比≤0.3	≤2.8	≤2.5
	0.3<窗墙面积比≤0.4	≤2.5	≤2.2
	0.4<窗墙面积比≤0.5	≤2.0	≤1.7
	0.5<窗墙面积比≤0.7	≤1.7	≤1.5
屋顶透明部分		≤2.5	

表 4.2.2-2　严寒地区 B 区围护结构传热系数限值

围护结构部位		体形系数≤0.3 传热系数 K /(W·m^{-2}·K^{-1})	0.3<体形系数≤0.4 传热系数 K /(W·m^{-2}·K^{-1})
屋面		≤0.45	≤0.35
外墙(包括非透明幕墙)		≤0.50	≤0.45
底面接触室外空气的架空或外挑楼板		≤0.50	≤0.45
非采暖房间与采暖房间的隔墙或楼板		≤0.8	≤0.8
单一朝向外窗 (包括透明幕墙)	窗墙面积比≤0.2	≤3.2	≤2.8
	0.2<窗墙面积比≤0.3	≤2.9	≤2.5
	0.3<窗墙面积比≤0.4	≤2.6	≤2.2
	0.4<窗墙面积比≤0.5	≤2.1	≤1.8
	0.5<窗墙面积比≤0.7	≤1.8	≤1.6
屋顶透明部分		≤2.6	

表4.2.2-3　寒冷地区围护结构传热系数和遮阳系数限值

围护结构部位		体形系数≤0.3 传热系数 K /(W·m^{-2}·K^{-1})		0.3<体形系数≤0.4 传热系数 K /(W·m^{-2}·K^{-1})	
屋面		≤0.55		≤0.45	
外墙(包括非透明幕墙)		≤0.60		≤0.50	
底面接触室外空气的架空或外挑楼板		≤0.60		≤0.50	
非采暖空调房间与采暖空调房间的隔墙或楼板		≤1.5		≤1.5	
外窗(包括透明幕墙)		传热系数 K /(W·m^{-2}·K^{-1})	遮阳系数 SC (东、南、西向/北向)	传热系数 K /(W·m^{-2}·K^{-1})	遮阳系数 SC (东、南、西向/北向)
单一朝向外窗(包括透明幕墙)	窗墙面积比≤0.2	≤3.5	—	≤3.0	—
	0.2<窗墙面积比≤0.3	≤3.0	—	≤2.5	—
	0.3<窗墙面积比≤0.4	≤2.7	≤0.70/—	≤2.3	≤0.70/—
	0.4<窗墙面积比≤0.5	≤2.3	≤0.60/—	≤2.0	≤0.60/—
	0.5<窗墙面积比≤0.7	≤2.0	≤0.50/—	≤1.8	≤0.50/—
屋顶透明部分		≤2.7	≤0.50	≤2.7	≤0.50

注:有外遮阳时,遮阳系数=玻璃的遮阳系数×外遮阳的遮阳系数;无外遮阳时,遮阳系数=玻璃的遮阳系数。

表4.2.2-4　夏热冬冷地区围护结构传热系数和遮阳系数限值

围护结构部位		传热系数 K/(W·m^{-2}·K^{-1})	
屋面		≤0.70	
外墙(包括非透明幕墙)		≤1.0	
底面接触室外空气的架空或外挑楼板		≤1.0	
外窗(包括透明幕墙)		传热系数 K/(W·m^{-2}·K^{-1})	遮阳系数 SC (东、南、西向/北向)
单一朝向外窗 (包括透明幕墙)	窗墙面积比≤0.2	≤4.7	—
	0.2<窗墙面积比≤0.3	≤3.5	≤0.55/—
	0.3<窗墙面积比≤0.4	≤3.0	≤0.50/0.60
	0.4<窗墙面积比≤0.5	≤2.8	≤0.45/0.55
	0.5<窗墙面积比≤0.7	≤2.5	≤0.40/0.50
屋顶透明部分		≤3.0	≤0.40

注:有外遮阳时,遮阳系数=玻璃的遮阳系数×外遮阳的遮阳系数;无外遮阳时,遮阳系数=玻璃的遮阳系数。

表4.2.2-5　夏热冬暖地区围护结构传热系数和遮阳系数限值

围护结构部位		传热系数 $K/(\mathrm{W} \cdot \mathrm{m}^{-2} \cdot \mathrm{K}^{-1})$	
屋面		$\leqslant 0.90$	
外墙(包括非透明幕墙)		$\leqslant 1.5$	
底面接触室外空气的架空或外挑楼板		$\leqslant 1.5$	
外窗(包括透明幕墙)		传热系数 $K/(\mathrm{W} \cdot \mathrm{m}^{-2} \cdot \mathrm{K}^{-1})$	遮阳系数 SC (东、南、西向/北向)
单一朝向外窗 (包括透明幕墙)	窗墙面积比≤0.2	$\leqslant 6.5$	—
	0.2<窗墙面积比≤0.3	$\leqslant 4.7$	$\leqslant 0.50/0.60$
	0.3<窗墙面积比≤0.4	$\leqslant 3.5$	$\leqslant 0.45/0.55$
	0.4<窗墙面积比≤0.5	$\leqslant 3.0$	$\leqslant 0.40/0.50$
	0.5<窗墙面积比≤0.7	$\leqslant 3.0$	$\leqslant 0.35/0.45$
外窗(包括透明幕墙)		传热系数 $K/(\mathrm{W} \cdot \mathrm{m}^{-2} \cdot \mathrm{K}^{-1})$	遮阳系数 SC (东、南、西向/北向)
屋顶透明部分		$\leqslant 3.5$	$\leqslant 0.35$

注:有外遮阳时,遮阳系数=玻璃的遮阳系数×外遮阳的遮阳系数;无外遮阳时,遮阳系数=玻璃的遮阳系数。

表4.2.2-6　不同气候区地面和地下室外墙热阻限值

气候分区	围护结构部位		热阻 $R/(\mathrm{W} \cdot \mathrm{m}^{-2} \cdot \mathrm{K}^{-1})$
严寒地区 A 区	地面:周边地面		$\geqslant 2.0$
	非周边地面		$\geqslant 1.8$
	采暖地下室外墙(与土壤接触的墙)		$\geqslant 2.0$
严寒地区 B 区	地面:周边地面		$\geqslant 2.0$
	非周边地面		$\geqslant 1.8$
	采暖地下室外墙(与土壤接触的墙)		$\geqslant 1.8$
寒冷地区	地面:周边地面 非周边地面		$\geqslant 1.5$
	采暖地下室外墙(与土壤接触的墙)		$\geqslant 1.5$
夏热冬冷地区	地面		$\geqslant 1.2$
	地下室外墙(与土壤接触的墙)		$\geqslant 1.2$
夏热冬暖地区	地面		$\geqslant 1.0$
	地下室外墙(与土壤接触的墙)		$\geqslant 1.0$

注:周边地面系指距外墙内表面2 m以内的地面。

地面热阻系指建筑基础持力层以上各层材料的热阻之和。

地下室外墙热阻系指土壤以内各层材料的热阻之和。

4.2.3　外墙与屋面的热桥部位的内表面温度不应低于室内空气露点温度。

4.2.4　建筑每个朝向的窗(包括透明幕墙)墙面积比均不应大于0.70。当窗(包括透明幕墙)墙面积比小于0.40时,玻璃(或其他透明材料)的可见光透射比不应小于0.4。当不能满足本条文的规定时,必须按本标准第4.3节的规定进行权衡判断。

4.2.5　夏热冬暖地区、夏热冬冷地区的建筑以及寒冷地区中制冷负荷大的建筑,外窗(包括透明幕墙)宜设置外部遮阳,外部遮阳的遮阳系数按本标准附录A确定。

4.2.6　**屋顶透明部分的面积不应大于屋顶总面积的20%**,当不能满足本条文的规定时,必须按本标准第4.3节的规定进行权衡判断。

4.2.7　建筑中庭夏季应利用通风降温,必要时设置机械排风装置。

4.2.8　外窗的可开启面积不应小于窗面积的30%;透明幕墙应具有可开启部分或设有通风换气装置。

4.2.9　严寒地区建筑的外门应设门斗,寒冷地区建筑的外门宜设门斗或应采取其他减少冷风渗透的措施。其他地区建筑外门也应采取保温隔热节能措施。

4.2.10　外窗的气密性不应低于《建筑外窗气密性能分级及其检测方法》(GB 7107)规定的4级。

4.2.11　透明幕墙的气密性不应低于《建筑幕墙物理性能分级》(GB/T 15225)规定的3级。

3.8.2　居住建筑节能

为了审查方便,现将规范对居住建筑节能要求汇总如下(**黑体部分为强制性条文**)。

(1)以下是关于《住宅建筑规范》(GB 50368—2005)摘录。

10.2.1　住宅节能设计的规定性指标主要包括:建筑物体形系数、窗墙面积比、各部分围护结构的传热系数、外窗遮阳系数等。各建筑热工设计分区的具体规定性指标应根据节能目标分别确定。

(2)以下是关于《严寒和寒冷地区居住建筑节能设计标准》(JGJ 26—2010)摘录。

4.1.3　**严寒和寒冷地区居住建筑的体形系数不应大于表4.1.3规定的限值。当体形系数大于表4.1.3规定的限值时,必须按照本标准第4.3节的要求进行围护结构热工性能的权衡判断。**

表4.1.3　严寒和寒冷地区居住建筑的体形系数限值

	建筑层数			
	≤3层	(4~8)层	(9~13)层	≥14层
严寒地区	0.50	0.30	0.28	0.25
寒冷地区	0.52	0.33	0.30	0.26

4.1.4　**严寒和寒冷地区居住建筑的窗墙面积比不应大于表4.1.4规定的限值。当窗墙面积比大于表4.1.4规定的限值时,必须按照本标准第4.3节的要求进行围护结构热工性能的权衡判断,并且在进行权衡判断时,各朝向的窗墙面积比最大也只能比表4.1.4中的对应**

值大 0.1。

表 4.1.4 严寒和寒冷地区居住建筑的窗墙面积比限值

朝向	窗墙面积比	
	严寒地区	寒冷地区
北	0.25	0.30
东、西	0.30	0.35
南	0.45	0.50

注:1. 敞开式阳台的阳台上部透明部分应计入窗户面积,下部不透明部分不应计入窗户面积。
　　2. 表中的窗墙面积比应按开间计算。表中的"北"代表从北偏东小于 60° 至北偏西小于 60° 的范围;"东、西"代表从东或西偏北小于等于 30° 至偏南小于 60° 的范围;"南"代表从南偏东小于等于 30° 至偏西小于等于 30° 的范围。

4.2.2 根据建筑物所处城市的气候分区区属不同,建筑围护结构的传热系数不应大于表 4.2.2 - 1 ~ 表 4.2.2 - 5 规定的限值,周边地面和地下室外墙的保温材料层热阻不应小于表 4.2.2 - 1 ~ 表 4.2.2 - 5 规定的限值,寒冷(B)区外窗综合遮阳系数不应大于表 4.2.2 - 6 规定的限值。当建筑围护结构的热工性能参数不满足上述规定时,必须按照本标准第 4.3 节的规定进行围护结构热工性能的权衡判断。

表 4.2.2 - 1 严寒(A)区围护结构热工性能参数限值

围护结构部位	传热系数 $K/(\text{W} \cdot \text{m}^{-2} \cdot \text{K}^{-1})$		
	≤3 层建筑	(4~8) 层的建筑	≥9 层建筑
屋面	0.20	0.25	0.25
外墙	0.25	0.40	0.50
架空或外挑楼板	0.30	0.40	0.40
非采暖地下室顶板	0.35	0.45	0.45
分隔采暖与非采暖空间的隔墙	1.2	1.2	1.2
分隔采暖与非采暖空间的户门	1.5	1.5	1.5
阳台门下部门芯板	1.2	1.2	1.2
外窗　窗墙面积比≤0.2	2.0	2.5	2.5
外窗　0.2 < 窗墙面积比≤0.3	1.8	2.0	2.2
外窗　0.3 < 窗墙面积比≤0.4	1.6	1.8	2.0
外窗　0.4 < 窗墙面积比≤0.45	1.5	1.6	1.8
围护结构部位	保温材料层热阻 $R/(\text{W} \cdot \text{m}^{-2} \cdot \text{K}^{-1})$		
周边地面	1.70	1.40	1.10
地下室外墙(与土壤接触的外墙)	1.80	1.50	1.20

表 4.2.2－2 严寒(B)区围护结构热工性能参数限值

围护结构部位		传热系数 $K/(W \cdot m^{-2} \cdot K^{-1})$		
		≤3 层建筑	(4~8) 层的建筑	≥9 层建筑
屋面		0.25	0.30	0.30
外墙		0.30	0.45	0.55
架空或外挑楼板		0.30	0.45	0.45
非采暖地下室顶板		0.35	0.50	0.50
分隔采暖与非采暖空间的隔墙		1.2	1.2	1.2
分隔采暖与非采暖空间的户门		1.5	1.5	1.5
阳台门下部门芯板		1.2	1.2	1.2
外窗	窗墙面积比≤0.2	2.0	2.5	2.5
	0.2<窗墙面积比≤0.3	1.8	2.2	2.2
	0.3<窗墙面积比≤0.4	1.6	1.9	2.0
	0.4<窗墙面积比≤0.45	1.5	1.7	1.8
围护结构部位		保温材料层热阻 $R/(W \cdot m^{-2} \cdot K^{-1})$		
周边地面		1.40	1.10	0.83
地下室外墙(与土壤接触的外墙)		1.50	1.20	0.91

表 4.2.2－3 严寒(C)区围护结构热工性能参数限值

围护结构部位		传热系数 $K/(W \cdot m^{-2} \cdot K^{-1})$		
		≤3 层建筑	(4~8) 层的建筑	≥9 层建筑
屋面		0.30	0.40	0.40
外墙		0.35	0.50	0.60
架空或外挑楼板		0.35	0.50	0.50
非采暖地下室顶板		0.50	0.60	0.60
分隔采暖与非采暖空间的隔墙		1.5	1.5	1.5
分隔采暖与非采暖空间的户门		1.5	1.5	1.5
阳台门下部门芯板		1.2	1.2	1.2
外窗	窗墙面积比≤0.2	2.0	2.5	2.5
	0.2<窗墙面积比≤0.3	1.8	2.2	2.2
	0.3<窗墙面积比≤0.4	1.6	2.0	2.0
	0.4<窗墙面积比≤0.45	1.5	1.8	1.8
围护结构部位		保温材料层热阻 $R/(W \cdot m^{-2} \cdot K^{-1})$		
周边地面		1.10	0.83	0.56
地下室外墙(与土壤接触的外墙)		1.20	0.90	0.61

表 4.2.2 - 4　寒冷(A)区围护结构热工性能参数限值

围护结构部位		传热系数 $K/(\mathrm{W} \cdot \mathrm{m}^{-2} \cdot \mathrm{K}^{-1})$		
		≤3 层建筑	(4~8)层的建筑	≥9 层建筑
屋面		0.35	0.45	0.45
外墙		0.45	0.60	0.70
架空或外挑楼板		0.45	0.60	0.60
非采暖地下室顶板		0.50	0.65	0.65
分隔采暖与非采暖空间的隔墙		1.5	1.5	1.5
分隔采暖与非采暖空间的户门		2.0	2.0	2.0
阳台门下部门芯板		1.7	1.7	1.7
外窗	窗墙面积比≤0.2	2.8	3.1	3.1
	0.2<窗墙面积比≤0.3	2.5	2.8	2.8
	0.3<窗墙面积比≤0.4	2.0	2.5	2.5
	0.4<窗墙面积比≤0.5	1.8	2.0	2.3
围护结构部位		保温材料层热阻 $R/(\mathrm{W} \cdot \mathrm{m}^{-2} \cdot \mathrm{K}^{-1})$		
		≤3 层建筑	(4~8)层的建筑	≥9 层建筑
周边地面		0.83	0.56	—
地下室外墙(与土壤接触的外墙)		0.91	0.61	—

表 4.2.2 - 5　寒冷(B)区围护结构热工性能参数限值

围护结构部位		传热系数 $K/[\mathrm{W}/(\mathrm{m}^2 \cdot \mathrm{K})]$		
		≤3 层建筑	(4~8)层的建筑	≥9 层建筑
屋面		0.35	0.45	0.45
外墙		0.45	0.60	0.70
架空或外挑楼板		0.45	0.60	0.60
非采暖地下室顶板		0.50	0.65	0.65
分隔采暖与非采暖空间的隔墙		1.5	1.5	1.5
分隔采暖与非采暖空间的户门		2.0	2.0	2.0
阳台门下部门芯板		1.7	1.7	1.7
外窗	窗墙面积比≤0.2	2.8	3.1	3.1
	0.2<窗墙面积比≤0.3	2.5	2.8	2.8
	0.3<窗墙面积比≤0.4	2.0	2.5	2.5
	0.4<窗墙面积比≤0.5	1.8	2.0	2.3
围护结构部位		保温材料层热阻 $R/[(\mathrm{m}^2 \cdot \mathrm{K})/\mathrm{W}]$		
周边地面		0.83	0.56	—
地下室外墙(与土壤接触的外墙)		0.91	0.61	—

注:周边地面和地下室外墙的保温材料层不包括土壤和混凝土地面。

表 4.2.2 - 6　寒冷(B)区外窗综合遮阳系数限值

围护结构部位		遮阳系数 SC(东、西向/南、北向)		
		≤3 层建筑	(4~8)层的建筑	≥9 层建筑
外窗	窗墙面积比≤0.2	—/—	—/—	—/—
	0.2 <窗墙面积比≤0.3	—/—	—/—	—/—
	0.3 <窗墙面积比≤0.4	0.45/—	0.45/—	0.45/—
	0.4 <窗墙面积比≤0.5	0.35/—	0.35/—	0.35/—

4.2.6　外窗及敞开式阳台门应具有良好的密闭性能。严寒地区外窗及敞开式阳台门的气密性等级不应低于国家标准《建筑外门窗气密、水密、抗风压性能分级及检测方法》(GB/T 7106—2008)中规定的 6 级。寒冷地区 1~6 层的外窗及敞开式阳台门的气密性等级不应低于国家标准《建筑外门窗气密、水密、抗风压性能分级及检测方法》(GB/T 7106—2008)中规定的 4 级,7 层及 7 层以上不应低于 6 级。

5.1.1　集中采暖和集中空气调节系统的施工图设计,必须对每一个房间进行热负荷和逐项逐时的冷负荷计算。

5.1.6　除当地电力充足和供电政策支持,或者建筑所在地无法利用其他形式能源外,严寒和寒冷地区的居住建筑内,不应设计直接电热采暖。

5.2.4　锅炉的选型,应与当地长期供应的燃料种类相适应。锅炉的设计效率不应低于 5.2.4 中规定的数值。

表 5.2.4　锅炉的最低设计效率　　　　　　　　　　　　%

锅炉类型、燃料种类及发热值			在下列锅炉容量(MW)下的设计效率						
			0.7	1.4	2.8	4.2	7.0	14.0	>28.0
燃煤	烟煤	Ⅱ	—	—	73	74	78	79	80
		Ⅲ	—	—	74	76	78	80	82
燃油、燃气			86	87	87	88	89	90	90

5.2.9　锅炉房和热力站的总管上,应设置计量总供热量的热量表(热量计量装置)。集中采暖系统中建筑物的热力入口处,必须设置楼前热量表,作为该建筑物采暖耗热量的热量结算点。

5.2.13　室外管网应进行严格的水力平衡计算。当室外管网通过阀门截流来进行阻力平衡时,各并联环路之间的压力损失差值,不应大于 15%。当室外管网水力平衡计算达不到上述要求时,应在热力站和建筑物热力入口处设置静态水力平衡阀。

5.2.19　当区域供热锅炉房设计采用自动监测与控制的运行方式时,应满足下列规定:

1. 应通过计算机自动监测系统,全面、及时地了解锅炉的运行状况。

2. 应随时测量室外的温度和整个热网的需求,按照预先设定的程序,通过调节投入燃料量实现锅炉供热量调节,满足整个热网的热量需求,保证供暖质量。

3. 应通过锅炉系统热特性识别和工况优化分析程序,根据前几天的运行参数、室外温度,预测该时段的最佳工况。

4. 应通过对锅炉运行参数的分析,作出及时判断。

5. 应建立各种信息数据库,对运行过程中的各种信息数据进行分析,并应能够根据需要打印各类运行记录,储存历史数据。

6. 锅炉房、热力站的动力用电、水泵用电和照明用电应分别计量。

5.2.20　对于未采用计算机进行自动监测与控制的锅炉房和换热站,应设置供热量控制装置。

5.3.3　集中采暖(集中空调)系统,必须设置住户分室(户)温度调节、控制装置及分户热计量(分户热分摊)的装置或设施。

(3)以下是关于《夏热冬冷地区居住建筑节能设计标准》(JGJ 134—2010)摘录。

4.0.3　夏热冬冷地区居住建筑的体形系数不应大于表4.0.3规定的限值。当体形系数大于表4.0.3规定的限值时,必须按照本标准第5章的要求进行建筑围护结构热工性能的综合判断。

表4.0.3　夏热冬冷地区居住建筑的体形系数限值

建筑层数	≤3层	(4~11)层	≥12层
建筑的体形系数	0.55	0.40	0.35

4.0.4　建筑围护结构各部分的传热系数和热惰性指标不应大于表4.0.4规定的限值。当设计建筑的围护结构中的屋面、外墙、架空或外挑楼板、外窗不符合表4.0.4的规定时,必须按照本标准第5章的规定时行建筑围护结构热工性能的综合判断。

表4.0.4　建筑围护结构各部分的传热系数(K)和热惰性指标(D)的限值

围护结构部位		传热系数 $K/(\mathrm{W \cdot m^{-2} \cdot K^{-1}})$	
		热惰性指标 $D \leq 2.5$	热惰性指标 $D > 2.5$
体形系数 ≤0.40	屋面	0.8	1.0
	外墙	1.0	1.5
	底面接触室外空气的架空或外挑楼板	1.5	
	分户墙、楼板、楼梯间隔墙、外走廊隔墙	2.0	
	户门	3.0(通往封闭空间)	
		2.0(通往非封闭空间或户外)	
	外窗(含阳台门透明部分)	应符合表4.0.5-1、表4.0.5-2的规定	

续表 4.0.4

围护结构部位		传热系数 $K/(\mathrm{W \cdot m^{-2} \cdot K^{-1}})$	
		热惰性指标 $D \leqslant 2.5$	热惰性指标 $D > 2.5$
体形系数 >0.40	屋面	0.5	0.6
	外墙	0.80	1.0
	底面接触室外空气的架空或外挑楼板	1.0	
	分户墙、楼板、楼梯间隔墙、外走廊隔墙	2.0	
	户门	3.0(通往封闭空间) 2.0(通往非封闭空间或户外)	
	外窗(含阳台门透明部分)	应符合表 4.0.5-1、表 4.0.5-2 的规定	

4.0.5　不同朝向外窗(包括阳台门的透明部分)的窗墙面积比不应大于表 4.0.5-1 规定的限值。不同朝向、不同窗墙面积比的外窗传热系数不应大于表 4.0.5-2 规定的限值;综合遮阳系数应符合表 4.0.5-2 的规定。当外窗为凸窗时,凸窗的传热系数限值应比表 4.0.5-2规定的限值小 10%;计算窗墙面积比时,凸窗的面积应按洞口面积计算。当设计建筑的窗墙面积比或传热系数、遮阳系数不符合表 4.0.5-1 和表 4.0.5-2 的规定时,必须按照本标准第 5 章的规定进行建筑围护结构热工性能的综合判断。

表 4.0.5-1　不同朝向外窗的窗墙面积比限值

朝向	窗墙面积比
北	0.40
东、西	0.35
南	0.45
每套房间允许一个房间(不分朝向)	0.60

表 4.0.5-2　不同朝向、不同窗墙面积比的外窗传热系数和综合遮阳系数限值

建筑	窗墙面积比	传热系数 K $/(\mathrm{W \cdot m^{-2} \cdot K^{-1}})$	外窗综合遮阳系数 SC_{w} (东、西向/南向)
体形系数 ≤0.40	窗墙面积比≤0.20	4.7	—/—
	0.20 < 窗墙面积比≤0.30	4.0	—/—
	0.30 < 窗墙面积比≤0.40	3.2	夏季≤0.40/夏季≤0.45
	0.40 < 窗墙面积比≤0.45	2.8	夏季≤0.35/夏季≤0.40
	0.45 < 窗墙面积比≤0.60	2.5	东、西、南向设置外遮阳 夏季≤0.25　冬季≥0.60

续表 4.0.5－2

建筑	窗墙面积比	传热系数 K /(W·m⁻²·K⁻¹)	外窗综合遮阳系数 SC_w （东、西向/南向）
体形系数 ＞0.40	窗墙面积比≤0.20	4.0	—/—
	0.20＜窗墙面积比≤0.30	3.2	—/—
	0.30＜窗墙面积比≤0.40	2.8	夏季≤0.40/夏季≤0.45
	0.40＜窗墙面积比≤0.45	2.5	夏季≤0.35/夏季≤0.40
	0.45＜窗墙面积比≤0.60	2.3	东、西、南向设置外遮阳 夏季≤0.25　冬季≥0.60

注:1.表中的"东、西"代表从东或西偏北30°(含30°)至偏南60°(含60°)的范围;"南"代表从南偏东30°至偏西30°的范围。

　　2.楼梯间、外走廊的窗不按本表规定执行。

5.0.1　当设计建筑不符合本标准第4.0.3、第4.0.4和第4.0.5条中的各项规定时,应按本章的规定对设计建筑进行围护结构热工性能的综合判断。

5.0.2　建筑围护结构热工性能的综合判断应以建筑物在本标准第5.0.6条规定的条件下计算得出的采暖和空调耗电量之和为判据。

5.0.6　设计建筑和参照建筑的采暖和空调年耗电量的计算应符合下列规定:

1.整栋建筑每套住宅室内计算温度,冬季应全天为18 ℃,夏季应全天为26 ℃;

2.采暖计算期应为当年12月1日至次年2月28日,空调计算期应为当年6月15日至8月31日;

3.室外气象计算参数应采用典型气象年;

4.采暖和空调时,换气次数应为1.0次/年;

5.采暖、空调设备为家用空气源热泵空调器,制冷时额定能效比应取2.3,采暖时额定能效比应取1.9;

6.室内得热平均强度应取4.3 W/m²。

第4章　建筑水暖施工图审查常遇问题汇总

4.1　生活给水是否采用非自灌吸水水泵

生活给水的加压水泵宜采用自灌吸水,非自灌吸水的水泵给自动控制带来困难,并使加压系统的可靠性差,应尽量避免采用。若需要采用时,应有可靠的自动灌水或引水措施。

生活给水水泵的自灌吸水,并不要求水泵位于贮水池最低水位以下。自灌吸水水泵不可能在贮水池最低水位启动。因此,贮水池应按满足水泵自灌要求设定一个启泵水位,水位在启泵水位以上时,允许启动水泵,水位在启泵水位以下时,不允许启动水泵,但已经在运行的水泵应继续运行,达到贮水池最低水位时自动停泵(只要吸程满足要求,甚至在最低水位之下还可继续运行)。因此,卧式离心泵的泵顶放气孔、立式多级离心泵吸水端第一级(段)泵体可置于最低设计水位标高以下。

贮水池的启泵水位,在一般情况下,宜取 1/3 贮水池总水深。

贮水池的最低水位是以水泵吸水管喇叭口的最小淹没水深来确定的。淹没水深不足时,就产生空气旋涡漏斗,水面上的空气经旋涡漏斗被吸入水泵,对水泵造成损害。影响最小淹没水深的因素很多,目前尚无确切的计算方法,吸水喇叭口的水深不宜小于 0.3 m,是以建筑给水系统中使用的水泵均不大,吸水管管径不大于 200 mm 而定的。当吸水管管径大于 200 mm 时,应相应加深水深,可按管径每增大 100 mm,水深加深 0.1 m 计。

对于吸水喇叭口上水深达不到 0.3 m 的情况,常用的办法是在喇叭口缘加设水平防涡板,防涡板的直径为喇叭口缘直径的 2 倍,即吸水管管径为 1D,喇叭口缘直径为 2D,防涡板外径为 4D。

有关吸水管的安装尺寸要求是为水泵工作时能正常吸水,并避免相邻水泵之间的互相干扰。

水泵宜自灌吸水,卧式离心泵的泵顶放气孔,立式多级离心泵吸水端第一级(段)泵体可置于最低设计水位标高以下,每台水泵宜设置单独从水池吸水的吸水管。吸水管内的流速宜采用 1.0 ~ 1.2 m/s;吸水管口应设置喇叭口。喇叭口宜向下,低于水池最低水位不宜小于 0.3 m,当达不到此要求时,应采取防止空气被吸入的措施。

吸水管喇叭口至池底的净距,不应小于 0.8 倍吸水管管径,且不应小于 0.1 m;吸水管喇叭口边缘与池壁的净距不宜小于 1.5 倍吸水管管径;吸水管与吸水管之间的净距,不应小于 3.5 倍吸水管管径(管径以相邻两者的平均值计)。

注:当水池水位不能满足水泵自灌启动水位时,应有防止水泵启动的保护措施。

4.2　如何处理给水管网压力过大

当给水管网压力过大时,会对整个建筑积水系统带来安全隐患,因此,应该在给水管网上设置减压阀。减压阀的配置应符合相关规定,限制比例式减压阀的减压比和可调式减压阀的减压差,是为了防止阀内产生汽蚀损坏减压阀和减少振动及噪声。应防止减压阀失效时,阀后卫生器具给水栓受损坏。阀前水压稳定,阀后水压才能稳定。减压阀并联设置的作用只是为了当一个阀失效时,将其关闭检修,使管路不需停水检修。减压阀若设旁通管,因旁通管上的阀门渗漏会导致减压阀减压作用失效,故不得设置旁通管。

给水管网的压力高于配水点允许的最高使用压力时,应设置减压阀,减压阀的配置应符合下列要求:

(1)比例式减压阀的减压比不宜大于 3:1;当采用减压比大于 3:1 时,应避免气蚀区。可调式减压阀的阀前与阀后的最大压差不应大于 0.4 MPa,要求环境安静的场所不应大于 0.3 MPa;当最大压差超过规定值时,宜串联设置。

(2)阀后配水件处的最大压力应按减压阀失效情况下进行校核,其压力不应大于配水件的产品标准规定的水压试验压力。

注:1. 当减压阀串联使用时按其中一个失效情况下,计算阀后最高压力。

　　2. 配水件的试验压力应按其工作压力的 1.5 倍计。

(3)减压阀前的水压且保持稳定,阀前的管道不宜兼做配水管。

(4)当阀后压力允许波动时,宜采用比例式减压阀;当阀后压力要求稳定时,宜采用可调式减压阀。

(5)当供水保证率要求高,停水会引起重大经济损失的给水管道上设置减压阀时,宜采用两个减压阀,并联设置,一用一备,但不得设置旁通管。

(6)减压阀的设置应符合下列要求:

①减压阀的公称直径应与管道管径相一致。

②减压阀前应设阀门和过滤器;需拆卸阀体才能检修的减压阀后应设管道伸缩器;检修时阀后水会倒流时,阀后应设阀门。

③减压阀节点处的前后应装设压力表。

④比例式减压阀宜垂直安装,可调式减压阀宜水平安装。

⑤设置减压阀的部位,应便于管道过滤器的排污和减压阀的检修,地面宜有排水设施。

4.3　如何选择游泳池内的过滤器

过滤是游泳池和水上游乐池水净化的关键性工序。目前采用的过滤设备主要有石英砂压力过滤器、硅藻土过滤器、多层滤料过滤器等。石英砂滤料过滤器具有过滤效率高、纳污能力强、再生简单、滤料经济易获得,且能适应公共游泳池和水上游乐池负荷变化幅度大等特点,故在国内、外得到较广泛的应用。

过滤速度由滤料的组成和级配、滤料层厚度、出水水质等因素决定。根据公共游泳池和水上游乐池人数负荷不均匀、池水易脏等特点,规定采用中速过滤;比赛游泳池和专用游泳池虽然使用人数较少,人员相对稳定,但在非比赛和非训练期间一般都向公众开放,通过提高使用率而产生较好的社会效益和经济效益,因此也宜采用中速过滤;家庭游泳池由于人数负荷少、人员较稳定,为节省投资可选用较高的滤速。

滤池反冲洗强度有一定要求并实施自动化,由于市政给水管网水压有变化,利用其水压反冲洗,会影响冲洗效果。

游泳池内循环水过滤宜采用压力过滤器,压力过滤器应符合下列要求:

(1)过滤器的滤速应根据池的类型、滤料种类确定。专用游泳池、公共游泳池、水上游乐池等宜采用滤速15～25 m/h石英砂中速过滤器或硅藻土低速过滤器。

(2)过滤器的个数及单个过滤器面积,应根据循环流量的大小、运行维护等情况,通过技术经济比较确定,且不宜少于两个。

(3)过滤器宜采用水进行反冲洗,石英砂过滤器宜采用气、水组合反冲洗。过滤器反冲洗宜采用游泳池水;当采用生活饮用水时,冲洗管道不得与利用城镇给水管网水压的给水管道直接连接。

4.4　环形通气管如何设置

环形通气管,曾称辅助通气管,是参照日本、美国、英国规范沿用过来的,一般在公共建筑集中的卫生间或盥洗室内,在横支管上承担的卫生器具数量超过允许负荷时才设置。设置环形通气管时,必须用主通气立管或副通气立管逐层将环形通气管连接。主通气立管与副通气立管原统称辅助通气立管。

器具通气管,曾有“小透气”、“各个通气”之类的名称。器具通气管系指卫生器具存水弯出口端接出的通气管道,这种通气管般在卫生和防噪要求较高的建筑物的卫生间设置。典型的通气形式如图4.1所示。

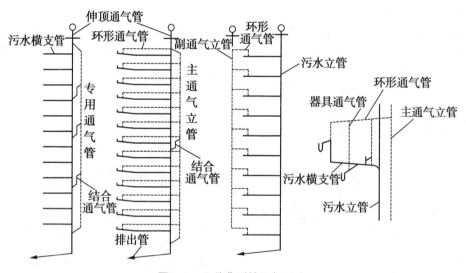

图4.1　几种典型的通气形式

主通气立管、副通气立管与专用通气立管效果一致,设置了环形通气管、主通气立管或副通气立管,就不必设置专用通气立管。

(1)下列排水管段应设置环形通气管:

①连接4个及4个以上卫生器具且横支管的长度大于12 m的排水横支管。

②连接6个及6个以上大便器的污水横支管。

③设有器具通气管。

（2）对卫生、安静要求较高的建筑物内,生活排水管道宜设置器具通气管。

（3）建筑物内各层的排水管道上设有环形通气管时,应设置连接各层环形通气管的主通气力管或副通气力管。

4.5　如何应对中水处理站的臭气、振动和噪声对环境的影响

《室外排水设计规范(2011 年版)》(GB 50014—2006)指出由采用药剂所产生的危害主要指药剂对设备及房屋五金配件的腐蚀,以及生成的有害气体的扩散而产生的污染、毒害,爆炸等。比如,混凝剂〔尤其是铁盐〕的腐蚀、液氯投加的溢散氯气、次氯酸钠发生器产氢的排放以及臭氧发生器尾气的排放等,中水处理站多设在地下室,对这些问题尤应注意。

中水处理站的除臭是非常必要的。除臭措施有活性炭吸附、土壤除臭等,但目前尚未形成较规范的设计参数为工程中使用。工程中普遍采用的方式仍是通风换气,把臭气转移到室外。

减少臭气、振动和噪声对环境的影响的措施如下:

（1）防臭措施。

①尽量选用产生臭气较少的处理工艺。

②对产生臭气和有害气体的处理工序必须采用密闭性好的设备。

③处理站尤其是产生臭味的地方必须保障有良好的通风换气设施。

④对不可避免的臭气和集中排出的臭气应采取防臭措施。常用的臭味处置方法有:

隔离法:对产生臭气的设备加盖、加罩防止散发或收集处理;

稀释法:把收集的臭气排到不影响周围环境的大气中;

燃烧法:将废气在高温下燃烧除掉臭味;

化学法:采用水洗、碱洗及氧气、氧化剂氧化除臭;

吸附法:一般采用活性炭过滤吸附除臭;

土壤法:将臭气用管道排至松散透气好的土壤中,靠土层中的微生物作用将空气中的氨等有臭气体转化为无臭气体。

（2）减振、降噪措施。

①尽量选用不产生或少产生振动和噪声的处理工艺和处理设备。

②处理站设置在建筑内部地下室时,必须与主体建筑及相邻房间严密隔开,隔声处卫以防空气传声。

③所有转动设备的基座均应采取减振处理,用橡胶垫、弹簧或软木基础与楼板隔开。

④所有连接振动设备的管道均应采用减振接头和减振吊架以防固体传声。

4.6　如何选择局部热水供应设备

选择局部加热设备时,首先要因地制宜按太阳能、电能、燃气等热源来选择,另外还要结合建筑物的性质、使用对象、操作管理条件、安装位置、采用燃气与电加热时的安全装置等因素综合考虑。

当局部水加热器供给多个用水器具同时使用时,宜带有贮热调节容积,以减少热源的瞬

时负荷。尤其是电加热器,如果完全按即热即用没有一点贮热容积作用调节时,则供一个 $q = 0.15$ L/s 的标准淋浴器的电热水器其功率约为 18 kW,显然作为局部热水器供多个器具同时用,没有调贮容积是很不合适的。

当以太阳能作热源时,为保证没有太阳的时候不断热水,应有辅助热源,而以用电热来辅热最为简便可行。

当选用局部热水供应设备时,应符合下列要求:

(1)选用设备应综合考虑热源条件、建筑物性质、安装位置、安全要求及设备性能特点等因素。

(2)需同时供给多个卫生器具或设备热水时,宜选用带贮热容积的加热设备。

(3)当地太阳能资源充足时,宜选用太阳能热水器或太阳能辅以电加热的热水器。

(4)热水器不应安装在易燃物堆放或对燃气管、表或电气设备产生影响及有腐蚀性气体和灰尘多的地方。

4.7　集中供暖系统如何进行热负荷计算

集中供暖的建筑,供暖热负荷的正确计算对供暖设备选择、管道计算以及节能运行都起到关键作用,且与现行《严寒和寒冷地区居住建筑节能设计标准》(JGJ 26—2010)和《公共建筑节能设计标准》(GB 50189—2005)保持一致。

在实际工程中,供暖系统有时是按照“分区域”来设置的,在一个供暖区域中可能存在多个房间,如果按照区域来计算,对于每个房间的热负荷仍然没有明确的数据。为了防止设计人员对“区域”的误解,这里强调的是对每一个房间进行计算而不是按照供暖区域来计算。

集中供暖系统的施工图设计,必须对每个房间进行热负荷计算。

4.8　如何设计集中供暖系统施工图

集中供暖的建筑,供暖热负荷的正确计算对供暖设备选择、管道计算以及节能运行都起到关键作用,因此,集中供暖系统的施工图设计,必须对每个房间进行热负荷,且与现行《严寒和寒冷地区居住建筑节能设计标准》(JGJ 26—2010)和《公共建筑节能设计标准》(GB 50189—2005)保持一致。

在实际工程中,供暖系统有时是按照“分区域”来设置的,在一个供暖区域中可能存在多个房间,如果按照区域来计算,对于每个房间的热负荷仍然没有明确的数据。为了防止设计人员对“区域”的误解,这里强调的是对每一个房间进行计算而不是按照供暖区域来计算。

4.9　如何计算加热由门窗缝隙渗入室内的冷空气的耗热量

(1)多层和高层民用建筑,加热由门窗缝隙渗入室内的冷空气的耗热量,可按下式计算:

$$Q = 0.28c_p\rho_{wn}L(t_n - t_w) \tag{4.1}$$

式中　Q——由门窗缝隙渗入室内的冷空气的耗热量(W);

　　　c_p——空气的定压比热容,$c_p = 1.01$ kJ/(kg·K);

ρ_{wn}——供暖室外计算温度下的空气密度(kg/m^3);

L——渗透冷空气量(m^3/h),按(2)确定;

t_n——供暖室内计算温度(℃),严寒和寒冷地区主要房间应采用 18 ~ 24 ℃;夏热冬冷地区主要房间宜采用 16 ~ 22 ℃;设置值班供暖房间不应低于 5 ℃;

t_w——供暖室外计算温度(℃),应采用历年平均不保证 5 天的日平均温度。

(2)渗透冷空气量可根据不同的朝向,按下列公式计算:

$$L = L_0 l_1 m^b \tag{4.2}$$

式中 L_0——在单纯风压作用下,不考虑朝向修正和建筑物内部隔断情况时,通过每米门窗缝隙进入室内的理论渗透冷空气量[$m^3/(m \cdot h)$],按下式计算:

$$L_0 = \alpha_1 \left(\frac{\rho_{wn}}{2} v_0^2 \right)^b \tag{4.3}$$

l_1——外门窗缝隙的长度(m);

m——风压与热压共同作用下,考虑建筑体型、内部隔断和空气流通等因素后,不同朝向、不同高度的门窗冷风渗透压差综合修正系数,按下式计算:

$$m = C_r \cdot \Delta C_f \cdot (n^{1/b} + C) \cdot C_h \tag{4.4}$$

b——门窗缝隙渗风指数,当无实测数据时,可取 $b = 0.67$;

α_1——外门窗缝隙渗风系数[$m^3/(m \cdot h \cdot Pa^b)$],当无实测数据时,按表 4.1 采用;

表 4.1 外门窗缝隙渗风系数

建筑外窗空气渗透性能分级	I	II	III	IV	V
$\alpha_1/[m^3/(m \cdot h \cdot Pa^{0.67})]$	0.1	0.3	0.5	0.8	1.2

v_0——冬季室外最多风向的平均风速(m/s);

C_r——热压系数,当无法精确计算时,按表 4.2 采用;

表 4.2 热压系数

内部隔断情况	开敞空间	有内门或房门		有前室门、楼梯间门或走廊两端设门	
		密闭性差	密闭性好	密闭性差	密闭性好
C_r	1.0	1.0 ~ 0.8	0.8 ~ 0.6	0.6 ~ 0.4	0.4 ~ 0.2

ΔC_f——风压差系数,当无实测数据时,可取 0.7;

n——单纯风压作用下,渗透冷空气量的朝向修正系数,按表 4.3 采用;

表 4.3　渗透冷空气量的朝向修正系数 n 值

地区及台站名称		朝　向							
		N	NE	E	SE	S	SW	W	NW
北京	北京	1.0	0.50	0.15	0.10	0.15	0.15	0.40	1.00
天津	天津	1.00	0.40	0.20	0.10	0.15	0.20	0.40	1.00
	塘沽	0.90	0.55	0.55	0.20	0.30	0.30	0.70	1.00
河北	承德	0.70	0.15	0.10	0.10	0.10	0.40	1.00	1.00
	张家口	1.00	0.40	0.10	0.10	0.10	0.10	0.35	1.00
	唐山	0.60	0.45	0.65	0.45	0.20	0.65	1.00	1.00
	保定	1.00	0.70	0.35	0.35	0.90	0.90	0.40	0.70
	石家庄	1.00	0.70	0.50	0.65	0.50	0.55	0.85	0.90
	邢台	1.00	0.70	0.35	0.50	0.70	0.50	0.30	0.70
山西	大同	1.00	0.55	0.10	0.10	0.10	0.30	0.40	1.00
	阳泉	0.70	0.10	0.10	0.10	0.10	0.35	0.85	1.00
	太原	0.90	0.40	0.15	0.20	0.30	0.40	0.70	1.00
	阳城	0.70	0.15	0.30	0.25	0.10	0.25	0.70	1.00
内蒙古	通辽	0.70	0.20	0.10	0.25	0.35	0.40	0.85	1.00
	呼和浩特	0.70	0.25	0.10	0.15	0.20	0.15	0.70	1.00
辽宁	抚顺	0.70	1.00	0.70	0.10	0.10	0.25	0.30	0.30
	浓阳	1.00	0.70	0.30	0.30	0.40	0.35	0.30	0.70
	锦州	1.00	1.00	0.40	0.10	0.20	0.25	0.20	0.70
	鞍山	1.00	1.00	0.40	0.25	0.50	0.50	0.25	0.55
	营口	1.00	1.00	0.60	0.20	0.45	0.45	0.20	0.40
	丹东	1.00	0.55	0.40	0.10	0.10	0.10	0.40	1.00
	大连	1.00	0.70	0.15	0.10	0.15	0.15	0.15	0.70
吉林	通榆	0.60	0.40	0.15	0.35	0.50	0.50	1.00	1.00
	长春	0.35	0.35	0.15	0.25	0.70	1.00	0.90	0.40
	延吉	0.40	0.10	0.10	0.10	0.10	0.65	1.00	1.00
黑龙江	爱辉	0.70	0.10	0.10	0.10	0.10	0.10	0.70	1.00
	齐齐哈尔	0.95	0.70	0.25	0.25	0.40	0.40	0.70	1.00
	鹤岗	0.50	0.15	0.10	0.10	0.10	0.55	1.00	1.00
	哈尔滨	0.30	0.15	0.20	0.70	1.00	0.85	0.70	0.60
	绥芬河	0.20	0.10	0.10	0.10	0.10	0.70	1.00	0.70
上海	上海	0.70	0.50	0.35	0.20	0.10	0.30	0.80	1.00
江苏	连云港	1.00	1.00	0.40	0.15	0.15	0.15	0.20	0.40
	徐州	0.55	1.00	1.00	0.45	0.20	0.35	0.45	0.65
	淮阴	0.90	1.00	0.70	0.30	0.25	0.30	0.40	0.60
	南通	0.90	0.65	0.45	0.25	0.20	0.25	0.70	1.00
	南京	0.80	1.00	0.70	0.40	0.20	0.25	0.40	0.55
	武进	0.80	0.80	0.60	0.60	0.25	0.50	1.00	1.00

续表 4.3

地区及台站名称		朝　　向							
		N	NE	E	SE	S	SW	W	NW
浙江	杭州	1.00	0.65	0.20	0.10	0.20	0.20	0.40	1.00
	宁波	1.00	0.40	0.10	0.10	0.10	0.20	0.60	1.00
	金华	0.20	1.00	1.00	0.60	0.10	0.15	0.25	0.25
	衢州	0.45	1.00	1.00	0.40	0.20	0.30	0.20	0.10
安徽	亳县	1.00	0.70	0.40	0.25	0.25	0.25	0.25	0.70
	蚌埠	0.70	1.00	1.00	0.40	0.30	0.35	0.45	0.45
	合肥	0.85	0.90	0.85	0.35	0.35	0.25	0.70	1.00
	六安	0.70	0.50	0.45	0.45	0.25	0.15	0.70	1.00
	芜湖	0.60	1.00	1.00	0.45	0.10	0.60	0.90	0.65
	安庆	0.70	1.00	0.70	0.15	0.10	0.10	0.10	0.25
	屯溪	0.70	1.00	0.70	0.20	0.20	0.15	0.15	0.15
福建	福州	0.75	0.60	0.25	0.25	0.20	0.15	0.70	1.00
江西	九江	0.70	1.00	0.70	0.10	0.10	0.25	0.35	0.30
	景德镇	1.00	1.00	0.40	0.20	0.20	0.35	0.35	0.70
	南昌	1.00	0.70	0.25	0.10	0.10	0.10	0.10	0.70
	赣州	1.00	0.70	0.10	0.10	0.10	0.10	0.10	0.70
山东	烟台	1.00	0.60	0.25	0.15	0.35	0.60	0.60	1.00
	莱阳	0.85	0.60	0.15	0.10	0.10	0.25	0.70	1.00
	潍坊	0.90	0.60	0.25	0.35	0.50	0.35	0.90	1.00
	济南	0.45	1.00	1.00	0.40	0.55	0.55	0.25	0.15
	青岛	1.00	0.70	0.10	0.10	0.20	0.20	0.40	1.00
	荷泽	1.00	0.90	0.40	0.25	0.35	0.35	0.20	0.70
	临沂	1.00	1.00	0.45	0.10	0.10	0.15	0.20	0.40
河南	安阳	1.00	0.70	0.30	0.40	0.50	0.35	0.20	0.70
	新乡	0.70	1.00	0.70	0.25	0.15	0.30	0.30	0.15
	郑州	0.65	0.90	0.65	0.15	0.20	0.40	1.00	1.00
	洛阳	0.45	0.45	0.45	0.15	0.10	0.40	1.00	1.00
	许昌	1.00	1.00	0.40	0.10	0.20	0.25	0.35	0.50
	南阳	0.70	1.00	0.70	0.15	0.10	0.15	0.10	0.10
	驻马店	1.00	0.50	0.20	0.20	0.20	0.20	0.40	1.00
	信阳	1.00	0.70	0.20	0.10	0.15	0.15	0.10	0.70
湖北	光化	0.70	1.00	0.70	0.35	0.20	0.10	0.40	0.60
	武汉	1.00	1.00	0.45	0.10	0.10	0.10	0.10	0.45
	江陵	1.00	0.70	0.20	0.15	0.20	0.15	0.10	0.70
	恩施	1.00	0.70	0.35	0.35	0.50	0.35	0.20	0.70
湖南	长沙	0.85	0.35	0.10	0.10	0.10	0.10	0.70	1.00
	衡阳	0.70	1.00	0.70	0.10	0.10	0.10	0.15	0.30
广东	广州	1.00	0.70	0.10	0.10	0.10	0.10	0.15	0.70

续表4.3

地区及台站名称		朝　向							
		N	NE	E	SE	S	SW	W	NW
广西	桂林	1.00	1.00	0.40	0.10	0.10	0.10	0.10	0.40
	南宁	0.40	1.00	1.00	0.60	0.30	0.55	0.10	0.30
四川	甘孜	0.75	0.50	0.30	0.25	0.30	0.70	1.00	0.70
	成都	1.00	1.00	0.45	0.10	0.10	0.10	0.10	0.40
重庆	重庆	1.00	0.60	0.55	0.20	0.15	0.15	0.40	1.00
贵州	威宁	1.00	1.00	0.40	0.50	0.40	0.20	0.15	0.45
	贵阳	0.70	1.00	0.70	0.15	0.25	0.15	0.10	0.25
云南	邵通	1.00	0.70	0.20	0.10	0.40	0.20	0.15	0.45
	昆明	0.10	0.10	0.10	0.15	0.25	0.15	0.10	0.25
西藏	那曲	0.50	0.50	0.20	0.10	0.35	0.90	1.00	1.00
	拉萨	0.15	0.45	1.00	1.00	0.40	0.40	0.40	0.25
	林芝	0.25	1.00	1.00	0.40	0.30	0.30	0.25	0.15
陕西	玉林	1.00	0.40	0.10	0.30	0.30	0.15	0.40	1.00
	宝鸡	0.10	0.70	1.00	0.70	0.10	0.15	0.15	0.15
	西安	0.70	1.00	0.70	0.25	0.40	0.50	0.35	0.25
甘肃	兰州	1.00	1.00	1.00	0.70	0.50	0.20	0.15	0.50
	平凉	0.80	0.40	0.85	0.85	0.35	0.70	1.00	1.00
	天水	0.20	0.70	1.00	0.70	0.10	0.15	0.20	0.15
青海	西宁	0.10	0.10	0.70	1.00	0.70	0.10	0.10	0.10
	共和	1.00	0.70	0.15	0.25	0.25	0.35	0.50	0.50
宁夏	石嘴山	1.00	0.95	0.40	0.20	0.20	0.20	0.40	1.00
	银川	1.00	1.00	0.40	0.30	0.25	0.20	0.65	0.95
	固原	0.80	0.50	0.65	0.45	0.20	0.40	0.70	1.00
新疆	阿勒泰	0.70	1.00	0.70	0.15	0.10	0.10	0.15	0.35
	克拉玛依	0.70	0.55	0.55	0.25	0.10	0.10	0.70	1.00
	乌鲁木齐	0.35	0.35	0.55	0.75	1.00	0.70	0.25	0.35
	吐鲁番	1.00	0.70	0.65	0.55	0.35	0.25	0.15	0.70
	哈密	0.70	1.00	1.00	0.40	0.35	0.10	0.10	0.10
	喀什	0.70	0.60	0.40	0.25	0.10	0.10	0.70	1.00

C——作用于门窗上的有效热压差与有效风压差之比,按下式计算:

$$C = 70 \cdot \frac{(h_z - h)}{\Delta C_f v_0^2 h^{0.4}} \cdot \frac{t'_n - t_{wn}}{273 + t'_n} \tag{4.5}$$

C_h——高度修正系数,按下式计算:

$$C_h = 0.3 h^{0.4} \tag{4.6}$$

h——计算门窗的中心线标高(m);

h_z——单纯热压作用下,建筑物中和面的标高(m),可取建筑物总高度的 1/2;

t'_n——建筑物内形成热压作用的竖井计算温度(℃)。

4.10　供暖管道如何进行热膨胀及补偿

供暖系统的管道由于热媒温度变化而引起热膨胀,不但要考虑干管的热膨胀,也要考虑立管的热膨胀,这个问题必须重视。在可能的情况下,利用管道的自然弯曲补偿是简单易行的,如果自然补偿不能满足要求,则应根据不同情况通过计算选型设置补偿器。对供暖管道进行热补偿与固定,一般应符合下列要求:

(1)水平干管或总立管固定支架的布置,要保证分支干管接点处的最大位移量不大于40 mm;连接散热器的立管,要保证管道分支接点由管道伸缩引起的最大位移量不大于20 mm;无分支管接点的管段,间距要保证伸缩量不大于补偿器或自然补偿所能吸收的最大补偿率。

(2)计算管道膨胀量时,管道的安装温度应按冬季环境温度考虑,一般可取 0~5 ℃。

(3)供暖系统供回水管道应充分利用自然补偿的可能性;当利用管道的自然补偿不能满足要求时,应设置补偿器。采用自然补偿时,常用的有 L 形或 Z 形两种形式;采用补偿器时,要优先采用方形补偿器。

(4)确定固定点的位置时,要考虑安装固定支架(与建筑物连接)的可行性。

(5)垂直双管系统及跨越管与立管同轴的单管系统的散热器立管,当连接散热器立管的长度小于 20 m 时,可在立管中间设固定卡;长度大于 20 m 时,应采取补偿措施。

(6)采用套筒补偿器或波纹管补偿器时,需设置导向支架;当管径大于等于 DN50 时,应进行固定支架的推力计算,验算支架的强度。

(7)户内长度大于 10 m 的供回水立管与水平干管相连接时,以及供回水支管与立管相连接处,应设置 2~3 个过渡弯头或弯管,避免采用"T"形直接连接。

4.11　如何进行区域供冷设计

能源的梯级利用是区域供冷系统中最合理的方式之一,因此区域供冷时,应优先考虑利用分布式能源站、热电厂等余热作为制冷能源。

(1)采用区域供冷方式时,宜采用冰蓄冷系统。由于区域供冷的管网距离长,水泵扬程高,因此加大供回水温差,可减少水流量,减少水泵的能耗。由于受到不同类型机组冷水供回水温差限制,不同供冷方式宜采用不同的冷水供回水温差。空调冷水供回水湿差应符合下列规定:

①采用电动压缩式冷水机组供冷时,不宜小于 7 ℃。

②采用冰蓄冷系统时,不应小于 9 ℃。

(2)区域供冷站的设计应符合下列规定:

①设计采用区域供冷方式时,应进行各建筑和区域的逐时冷负荷分析计算。制冷机组的总装机容量应按照整个区域的最大逐时冷负荷需求,并考虑各建筑或区域的同时使用系数后确定。这一点与建筑内确定冷水机组装机容量的理由是相同的,因此应根据建设的不同阶段

及用户的使用特点进行冷负荷分析计算,确定合理的同时使用系数和系统的总装机容量。

②由于区域供冷系统涉及的建筑或区域较大,一次建设全部完成和投入运行的情况不多。因此应考虑分期投入和建设的可能性。通常是一些固定部分,如机房土建、管网等需要一次建设到位,但冷水机组、水泵等设备可以采用位置预留的方式。

③对站房位置的要求与对建筑内部的制冷站位置的要求在原则上是一致的。区域供冷站宜位于冷负荷中心,且可根据需要独立设置。主要目的是希望减少冷水输送距离,降低输送能耗。供冷半径应经技术经济比较确定;供冷半径的确定应经过技术经济比较,一般情况不宜大于 1 500 m。

④区域供冷站房设备容量大、数量多,依靠传统的人工管理难以实现满足用户空调要求的同时,运行又节能的目标。因此,应设计自动控制系统及能源管理优化系统。

(3)区域供冷管网的设计应符合下列规定:

①负荷侧的共用输配管网和用户管道应按变流量系统设计。各段管道的设计流量应按其所负担的建筑或区域的最大逐时冷负荷,并考虑同时使用系数后确定。

②区域供冷系统管网与建筑单体的空调水系统规模较大时,宜采用用户设置换热器间接供冷的方式;规模较小时,可根据水温、系统压力和管理等因素,采用用户设置换执业器间接供冷或采用直接串联的多级泵系统。

③应进行管网的水力工况分析及水力平衡计算,并通过经济技术比较确定管网的计算比摩阻。管网设计的最大水流速不宜超过 2.9 m/s。当各环路的水车不平衡率超过 15% 时,应采取相应的水力平衡措施。

④由于管网比较长,会导致管道的传热损失增加,因此供冷管道宜采用带有保温及防水保护层的成品管材。设计沿程冷损失应小于设计输送总冷量的 5%。

⑤为了提倡用户的行为节能,用户入口应设有冷量计量装置和控制调节装置,并宜分段设置用于检修的阀门井。

4.12 冷却塔的补水量如何计算

《民用建筑供暖通风与空气调节设计规范》(GB 50736—2012)第 8.6.11 条规定:"开式冷却塔补水量应按系统的蒸发损失、飘逸损失、排污泄漏损失之和计算。不设集水箱的系统,应在冷却塔底盘处补水;设置集水箱的系统,应在集水箱处补水。"

4.13 如何进行氨制冷机房设计

尽管氨制冷在目前具有一定的节能减排的应用前景,但由于氨本身的易燃易爆特点,对于民用建筑,在使用氨制冷时需要非常重视安全问题。氨溶液溶于水时,氨与水的比例不高于每 1 kg 氨/17 L 水。

氨制冷机房设计应符合下列规定:

(1)氨制冷机房单独设置且远离建筑群。

(2)机房内严禁采用明火供暖。

(3)机房应有良好的通风条件,同时应设置事故排风装置,换气次数每小时不少于 12

次,排风机应选用防爆型。

(4)制冷剂室外泄压口应高于周围 50 m 范围内最高建筑屋脊 5 m,并采取防止雷击、防止雨水或杂物进入泄压管的装置。

(5)应设置紧急泄氨装置,在紧急情况下,能将机组氨液溶于水中,并排至经有关部门批准的储罐或水池。

4.14　如何进行直燃吸收机组机房设计

直燃吸收式机组通常采用燃气或燃油为燃料,这两种燃料的使用都涉及防火、防爆、泄爆、安全疏散等安全问题;对于燃气机组的机房还有燃气泄漏报警、紧急切断燃气供应的安全措施。相关规范包括《城镇燃气设计规范》(GB 50028—2006)、《建筑设计防火规范》(GB 50016—2012)、《高层民用建筑设计防火规范(2005 年版)》(GB 50045—1995)等。

直燃机组的烟道设计也是一个重要的内容之一。设计时应符合机组的相关设计参数要求,并按照锅炉房烟道设计的相关要求,并按照锅炉房烟道设计的相关要求来进行。

直燃吸收式机组机房的设计应符合下列规定:

(1)应符合国家现行有关防火及燃气设计规范的相关规定。

(2)宜单独设置机房;不能单独设置机房时,机房应靠建筑物的外墙,并采用耐火极限大于 2 h 防爆墙和耐火极限大于 1.5 h 现浇楼板与相邻部位隔开;当与相邻部位必须设门时,应设甲级防火门。

(3)不应与人员密集场所和主要疏散口贴邻设置。

(4)燃气直燃型制冷机组机房单层面积大于 200 m² 时,机房应设直接对外的安全出口。

(5)应设置泄压口,泄压口面积应不应小于机房占地面积的 10%(当通风管道或通风井直通室外时,其面积可计入机房的泄压面积);泄压口应避开人员密集场所和主要安全出口。

(6)不应设置吊顶。

(7)烟道布置不应影响机组的燃烧效率及制冷效率。

参考文献

[1] 中华人民共和国建设部.室外排水设计规范(2011年版)(GB 50014—2006)[S].北京:中国计划出版社,2012.

[2] 住房和城乡建设部,国家质量监督检验检疫总局.建筑给水排水设计规范(2009年版)(GB 50015—2003)[S].北京:中国计划出版社,2010.

[3] 中华人民共和国建设部.高层民用建筑设计防火规范(2005年版)(GB 50045—1995)[S].北京:中国计划出版社,2005.

[4] 中华人民共和国住房和城乡建设部.住宅设计规范(GB 50096—2011)[S].北京:中国计划出版社,2012.

[5] 中华人民共和国住房和城乡建设部,中华人民共和国国家质量监督检验检疫总局.中小学校设计规范(GB 50099—2011)[S].北京:中国建筑工业出版社,2012.

[6] 中华人民共和国建设部.住宅建筑规范(GB 50368—2005)[S].北京:中国建筑工业出版社,2006.

[7] 中华人民共和国住房和城乡建设部.民用建筑供暖通风与空气调节设计规范(GB 50736—2012)[S].北京:中国建筑工业出版社,2012.

[8] 中华人民共和国住房和城乡建设部.严寒和寒冷地区居住建筑节能设计标准(JGJ 26—2010)[S].北京:中国建筑工业出版社,2010.

[9] 中华人民共和国建设部.宿舍建筑设计规范(JGJ 36—2005)[S].北京:中国建筑工业出版社,2006.

[10] 中华人民共和国建设部.电影院建筑设计规范(JGJ 58—2008)[S].北京:中国建筑工业出版社,2008.

[11] 中华人民共和国建设部.办公建筑设计规范(JGJ 67—2006)[S].北京:中国建筑工业出版社,2007.

[12] 中华人民共和国住房和城乡建设部.夏热冬暖地区居住建筑节能设计标准(JGJ 75—2012)[S].北京:中国建筑工业出版社,2013.

[13] 中华人民共和国住房和城乡建设部.夏热冬冷地区居住建筑节能设计标准(JGJ 134—2010)[S].北京:中国建筑工业出版社,2010.